高职高专"十二五"规划教材

# 电子线路实验进阶教程

## （第 2 版）

主　编　谭永红　莫振栋

副主编　雷　跃　唐跃进

北京航空航天大学出版社

## 内容简介

本书在 2008 年出版的《电子线路实验进阶教程》的基础上进行了全新的修订,既保持了原教材的鲜明特点,又采用了项目任务式的编写方式,同时还增加了一些实用性的项目内容。

全书分为六个模块及附录部分。模块一是模拟电路实验,模块二是数字电路实验,模块三是电子线路仿真与测试,模块四是 Protel DXP 2004 SP2 在电子线路设计中的应用,模块五是电子线路综合实训,模块六是电子线路的故障分析与处理。附录部分包括常用逻辑门电路新旧逻辑符号对照表、部分电气图形符号、常用集成芯片引脚排列、Multisim 9 元器件库图标及对应的元器件。使用者可根据专业的不同和教学时数的不同,选择和组织实验、实训内容。

本书可作为高职高专院校的应用电子技术、电子信息工程技术、电气自动化技术、铁道通信信号、城市轨道交通控制、软件技术、信息安全技术、通信技术、移动通信技术、数控技术、供用电技术、电气化轨道技术等专业的教材,也可供从事电子技术工作的工程技术人员参考。

**图书在版编目(CIP)数据**

电子线路实验进阶教程 / 谭永红,莫振栋主编. --

2 版. -- 北京 : 北京航空航天大学出版社,2013.2

ISBN 978 - 7 - 5124 - 1025 - 1

Ⅰ. ①电… Ⅱ. ①谭… ②莫… Ⅲ. ①电子电路—实验—高等学校—教材 Ⅳ. ①TN710 - 33

中国版本图书馆 CIP 数据核字(2012)第 287101 号

**电子线路实验进阶教程(第 2 版)**

主　编　谭永红　莫振栋

副主编　雷　跃　唐跃进

责任编辑　董　瑞

\*

北京航空航天大学出版社出版发行

北京市海淀区学院路 37 号(邮编 100191)　http://www.buaapress.com.cn

发行部电话:(010)82317024　传真:(010)82328026

读者信箱:goodtextbook@126.com　邮购电话:(010)82316936

北京时代华都印刷有限公司印装　各地书店经销

\*

开本:787×1 092　1/16　印张:17　字数:435 千字

2013 年 2 月第 2 版　2013 年 2 月第 1 次印刷　印数:3 000 册

ISBN 978 - 7 - 5124 - 1025 - 1　定价:32.00 元

# 前　言

本书在 2008 年出版的《电子线路实验进阶教程》的基础上进行了全新的修订，以项目任务为驱动，把电子线路的实验、实训以及对应的课程设计教学内容重新整合，引入 Protel DXP 2004 SP2 和 Multisim 9 两款 EDA 主流软件，并通过具体的任务实施过程，让学生在"做中学，学中做"，高效地掌握电子线路实验的实用技能。

电子线路是电类专业的一门重要的技术基础课，它以应用性与技术实践性为鲜明特点，其中电子线路实验是整个教学过程中的重要组成部分。为了适应当前高职高专教育的新形势，我们对 2008 年出版的《电子线路实验进阶教程》进行了修订。

按照高职高专学生的培养目标，为了强化学生实践能力和创新意识，反映现代职业教育思想、方法和手段，造就技术应用型人才，我们力求使修订版教材更适合高职高专的教学特点，具有新颖性、实用性和通用性，体现定位准确、注重能力、内容创新、结构合理和叙述通俗的编写特色。

全书分为六个模块及附录部分。模块一是模拟电路实验，模块二是数字电路实验，模块三是电子线路仿真与测试，模块四是 Protel DXP 2004 SP2 在电子线路设计中的应用，模块五是电子线路综合实训，模块六是电子线路的故障分析与处理。附录部分包括常用逻辑门电路新旧逻辑符号对照表、部分电气图形符号、常用集成芯片引脚排列、Multisim 9 元器件库图标及对应的元器件。

本书由谭永红、莫振栋任主编，雷跃、唐跃进任副主编。其中，绪论、模块二、模块三、附录由谭永红编写，模块四由莫振栋编写，模块五、模块六由雷跃编写，模块一由唐跃进编写。全书由谭永红统编。

本书可作为高职高专院校的应用电子技术、电子信息工程技术、电气自动化技术、铁道通信信号、城市轨道交通控制、软件技术、信息安全技术、通信技术、移动通信技术、数控技术、供用电技术、电气化轨道技术等专业的教材，也可供从事电子技术工作的工程技术人员参考。读者在使用过程中可以根据各个专业的不同需要，适当选择有关章节。

在各位老师的积极配合和共同努力下，本书的编写和统稿工作得以完成，在此对大家的辛勤工作致以衷心的感谢。由于编者水平有限，且时间仓促，书中的疏漏和错误之处恳请广大读者批评指正。

编　者
2012 年 7 月

# 目　录

# 绪　论

实验是一种认识世界或事物、检验理论正确与否的实践性工作。从事任何实验工作均要求实验人员具备相应的理论知识、实验技能及归纳总结实验结果的能力。电子线路实验是电子工程领域最基本的实验,涉及的内容包括电子线路理论、仪器仪表使用、电路设计制作与调试,电路测量与结果分析、电路故障的分析判断及测量方法的研究等。它在教学进程中,可以促进和提高学生专业理论水平、培养学生基本实验技能并增强理论联系实际的能力。

进行一个电子线路实验,从相关知识的预习开始,经过电路连接、测试观察、数据处理,到撰写出完整的实验报告,各环节完成的好坏,均会影响到实验的质量。一方面,电子线路基本理论的建立,有许多是从实验中得到启示,并通过实验得到验证的。通过实验,可以发现现有理论与实验的差别(近似性和局限性等),从而促进电子线路理论的深化完善和发展。另一方面,通过实验可以启发人们创造发明更多的新器件和新电路,这些新器件和新电路的诞生,又有力地推动了电子线路理论的发展。

下面对电子线路实验的特点、实验过程和注意事项概述如下。

## 一、电子线路实验的分类和特点

根据电子线路实验的目的和要求,可将电子线路实验分为三类。

第一类:验证或探索类实验。进行这类实验的目的是通过实验验证电子线路的有关理论;或通过实验加深对理论知识的理解,促进对理论知识的掌握,并探索新的问题。

第二类:检测类实验。进行这类实验是为了检测电子部件(包括器件、电路)的指标参数,为分析、使用电子部件取得必要的数据。

第三类:综合设计类实验。综合应用电子线路的有关知识设计并制作实用的电子线路,解决实际问题。

电子线路实验的特点是理论与实际联系紧密,电子元器件的参数离散性大,知识与技术的综合性强。要掌握电子线路实验技术,顺利地进行各类电子线路实验,必须掌握各种电子元器件知识、模拟电路技术、数字电路技术、电子工艺技术、电子测量技术等专业知识。因此,要掌握电子线路实验技术,应认真学好电子线路理论和有关技术。

## 二、实验预习

任何电路实验都有一定的目的,并为此提出实验任务。在进行实验预习时,要恰当地应用基本理论,明确实验目的,掌握实验原理,并综合考虑实验环境和实验条件,分析所设计的实验,提出任务的可行性,最后预计实验结果并写出预习报告。预习报告的内容通常包括以下几个部分。

### 1. 实验项目名称

实验项目名称是对实验内容的最好概括。通过实验项目名称,实验设计人员、操作人员就能明白进行的是什么实验,并围绕实验的中心内容开展一系列的工作。

### 2. 实验任务目标

电子线路实验教学通过对学生基本实验技能的训练,培养学生用基本理论分析问题、解决问题的能力和严肃认真的科学态度、踏实细致的实验作风。通过实验提高学生电路设计、电路连接、电子测量、故障排除等实验能力;通过实验学习常用电子仪器仪表的基本原理及使用方法;通过实验学习如何进行数据的采集与处理以及各种实验现象的观察与分析等。依据各个实验内容的不同,实验任务目标侧重点也不同,预习报告要对此加以明确。

3. 实验任务分析

实验任务分析包括基本理论的应用、实验电路的设计、测量仪表的选择和测量方案的确定等。其中要注意实验电路与理论电路的差异,实验电路需要把测量电路包括在内,要考虑测量仪器怎样接入电路可减小对电路的影响等。完成这部分的内容,要求复习有关的理论,熟悉实验电路,了解所需的电路元器件和仪器仪表的性能、参数、基本原理及使用方法等。

4. 设计实验任务实施步骤

实验任务的实施必须保证达到实验任务目标。实验任务实施过程必须细致、充分地考虑各种因素,如仪器设备和实验人员的安全、多个数据测量的先后顺序及测量之间的相互影响等。值得注意的是,在电路实验的初始阶段,进行细致的实验操作步骤设计是对今后从事电气工程工作良好习惯的培养。例如,为了保证仪器设备的安全,应用仪表进行测量之前要选择合适的量程,使用多功能仪表测量前要确定多功能旋钮的位置,可调电源接电前一般先置零、接电后再调至合适值等;为了保证人身安全,必须采用先接线后合电源、先断电源后拆线的操作程序等,在培养技能的同时还要培养学生的职业素养。

5. 确定观察内容、待测数据及记录数据的表格

实验中要测量的物理量,包括由实验任务目标所直接确定或为获得这些物理量而确定的间接物理量、反映实验条件的物理量及作为检验用的物理量等。观察的内容包括示波器波形曲线、仪表指针的偏转方向等。预习时必须拟订好所有记录数据和有关内容的表格。凡是要求进行理论计算的内容必须提前完成,并填入表格。

**三、实验任务实施过程**

实验任务实施是在详细的预习报告指导下,在实验室进行的整个实验过程。包括熟悉、检查及使用实验器件与仪器仪表,连接实验线路,故障检查,实际测试与记录数据及实验后的整理工作等。

1. 熟悉、检查及使用实验器件与仪器仪表

实验用的元器件与仪器仪表并不一定都能达到理想状态,同一种性质的元器件或仪器仪表会因型号、用途的不同而在外观形状和内在性能上存在很大的差异。在电子线路实验中,所涉及的元器件包括电阻器、电感器、电容器、晶体管、运算放大器、集成电路等,仪器仪表有信号发生器、示波器、万用表、实验箱、逻辑笔等,这些都需要在实验中认真查验,通过实践来逐步认识、了解和熟悉。

2. 连接实验线路

连接实验线路是建立实验系统最关键的工作,需注意以下3个方面的问题。

① 实验设备的摆放:实验所用的电源、负载、测量仪器等应摆放合理。遵循的原则为:摆放应使得整体布局合理(位置、距离、跨接线长短对实验结果影响要小),便于操作(调整和读取数据方便),连线简单(用线短且用量少)。

② 连线顺序:连接的顺序视电路的复杂程度和个人技术熟练程度而定。对初学者来说,应按电路图一一对应接线。对于复杂的实验电路,应先接串联支路,后接并联支路(先串后并),每个连接点一般不多于两根连线;同时要考虑元器件和仪表的极性、参考方向、公共参考

点与电路图的对应位置等,一般最后连接电源。

③ 连线检查:对照实验电路图由左至右或由电路有明显标记处开始一一检查,不能漏掉一根哪怕很小、很短的连线,图物对照,以图校物。对初学者来说,电路连线检查是较为困难的一项工作,它既是对电路连接的再次实践,又是建立电路原理图与实物安装图之间内在联系的训练机会。对连接好的电路做细致检查,是保证实验顺利进行、防止事故发生的重要措施,因此不能疏忽实验电路的检查工作。

3. 实际测试与记录数据

实际测试与记录数据是实验过程中最重要的环节。为保证实验测试数据的可信度,需要在实际测量之前先进行预测。此时不必仔细读取数据,主要是观察各被测量的变化情况和出现的现象。预测的主要目的有两个:

① 通过预测发现可能出现的设备接线松动、虚焊,连接导线隐藏的断点,实验电路接线错误、碰线等,排除发现的隐患,确保实验电路正常工作。

② 通过预测使实验人员对实验的全貌有一个数量的概念,了解被测量的变化范围,选择合适的仪表量程,了解被测量的变化趋势,确定实际测量时合理选取数据的策略。

预测结束、恢复实验系统后,即可按预习报告的实验步骤进行实验操作并观察现象,完成测试任务。实验数据应记录在预习报告拟订的数据表格中,并注明被测量的名称和单位,保持定值的量可单独记录。经重测得到的数据应记录在原数据旁边或新的数据表格中,不要轻意涂改原始记录数据,以便比较和分析。

在测试的过程中,应尽可能及时地对数据做初步的分析,以便及时地发现问题,采取可能的必要措施以提高实验质量。实验做完以后,不要忙于拆除实验线路。应先切断电源,待检查实验测试没有遗漏和错误后再拆线。一旦发现异常,需在原有的实验状态下查找原因,并做出相应的分析处理。

4. 实验结束后的整理工作

全部实验结束后,应将所用仪器设备复归原位,将导线整理好并清理实验桌面后,再离开实验室。

**四、撰写实验报告**

实验报告是对实验工作的全面总结,要对实验的任务目标、原理、设备、过程和分析等主要方面进行明确的叙述。撰写实验报告的主要工作是实验数据的处理。要充分发挥曲线和图表的作用,其中的公式、图表、曲线应有符号、编号、标题、名称等说明,以保证叙述条理清晰。为了保证整理后数据的可信度,实验报告中必须保留原始记录数据。此外,实验报告中还应包括实验中发现的问题、现象及事故的分析、实验的收获及心得体会等,并回答思考问题。

实验报告最重要的部分是实验结论,它是实验的成果,对此结论必须有科学的根据和来自理论及实验的分析。总之,一个高质量的电路实验来自于充分的预习、认真的操作和全面的实验总结。每个环节都必须认真对待,才能达到预期的实验目的。

**五、电子线路实验的安全规则**

进行电子线路实验必须具有一定的安全常识,每个人都必须遵守电子线路实验室的安全规章制度,才能保障人身安全,防止实验仪器和实验装置损坏。注意事项如下:

① 使用实验仪器前,应阅读仪器的使用说明,了解仪器使用方法和注意事项,看清仪器所需电源的电压值;

② 使用仪器应按要求正确地接线;

③ 实验中不得随意或用力过猛地扳动、旋转仪器面板上的旋钮和开关等;

④ 不应随意拆卸实验装置,如拆接连线、插拔集成电路等;

⑤ 实验时应随时注意仪器及电路的工作状态,如发现有熔断器熔断、火花、异味、冒烟、响声、仪器失灵、读数失常、电阻或其他器件发烫等异常现象时,应立即切断电源,保持现场,待查明原因并排除故障后,方可重新通电;

⑥ 仪器使用完毕后,面板上各旋钮、开关应旋至合适的位置,如电压表量程开关应旋至最高挡位。

# 模块一　模拟电路实验

## 项目一　模拟电路基本实验技能训练

### 任务一　二极管、三极管的识别与检测

#### 一、任务目标

（1）掌握根据外形、标志识别二极管、三极管的方法。

（2）掌握使用万用表判别二极管极性和二极管管脚的方法。

（3）掌握使用万用表判别二极管和三极管质量及材料的方法。

#### 二、任务分析

二极管由一个 PN 结、两根引线构成。三极管由两个 PN 结、三根引线构成。PN 结正向电阻小，反向电阻大，使用指针式万用表的电阻挡或数字万用表的二极管挡可判别二极管的极性、三极管的管脚名称及其质量和材料。

本任务所需的仪器：指针式万用表、数字万用表、二极管、三极管。

**实验注意事项：**

➢ 指针式万用表置电阻挡时，黑表棒内接的是电源的正极，红表棒内接的是电源的负极。数字万用表恰好相反。

➢ 测试元器件时，不要从根部折弯元器件的引线，以免折断引线。

➢ 万用表使用要注意：量程开关应置于正确测量位置；红、黑表棒应插在符合测量要求的插孔内。

➢ 实验完毕，须将万用表置电压挡，数字万用表要关闭电源。

#### 三、任务实施过程

1. 二极管的识别

（1）观察外壳上的符号标记：管体上标有"—▷|—"符号，箭头指向的一端为负极，另一端为正极。

（2）观察外壳上的色点或色环：一般管体标有色环（白色或灰色）的一端为负极；一般管体标有色点（白色或红色）的一端为正极。

（3）观察引脚、内部电极、外形：普通发光二极管通常长脚为正，短脚为负；另外，仔细观察发光二极管内部的两个电极一大一小：一般电极较宽大的是负极，而较窄小的为正极。全塑封装红外发光二极管（$\phi 3$ 或 $\phi 5$）的侧面向呈一小平面，靠近小平面的引脚为负极，另一个引脚为正极。

（4）表面安装二极管又称为贴片二极管或者 SMD 二极管。贴片二极管由于外形多种多样，其极性也有多种标注方法：在有引脚的贴片二极管中，管体有白色色环的一端为负极；在有引脚无色环的贴片二极管中，引脚较长的一端为正极；无引脚的贴片二极管中，表面有色带或缺口的一端为负极；贴片发光二极管中有缺口的一端为负极。

2. 用指针万用表检测二极管

（1）鉴别正、负极性

指针式万用表欧姆挡的内部电路可以用图1-1-1(a)所示电路等效,即黑棒接内部电源正极性,红棒接内部电源负极性。将万用表选在 R×100 或 R×1k 挡,两表棒接到二极管两端如图1-1-1(b)所示,若表针指在几 kΩ 以下的阻值,则接黑表棒一端为二极管的正极,二极管正向导通;反之,如果表针指向很大(几百 kΩ)的阻值,则接红表棒的那一端为正极。

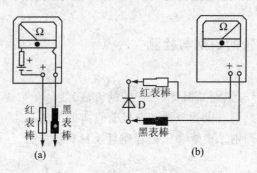

**图 1-1-1　用指针式万用表测试二极管**

（2）鉴别性能及材料

一般二极管的正向电阻为几 kΩ 以下(硅管为 3～7 kΩ,锗管为几百 Ω～2 kΩ),要求正向电阻愈小愈好,反向电阻应大于 200 kΩ 以上。若正、反向电阻均为无穷大则表明二极管已开路损坏;若正、反向电阻均为零则表明二极管已短路损坏。

3. 用数字万用表检测二极管

数字万用表电阻挡的内部电源正极接红表棒,负极接黑表棒,这与指针式万用表刚好相反。数字万用表电阻挡提供的电流只有 0.1～0.5 mA,而二极管属于非线性器件,其正、反电阻值与测试电流有很大的关系。因此,用数字万用表的电阻挡测量二极管时误差值很大,通常不用此方法。

用数字万用表测量二极管的方法:挡位开关置在二极管挡,将二极管的正极接红表棒,负极接黑表棒,此时显示为二极管的正向压降值。锗二极管为 0.150～0.300 V,硅二极管为 0.400～0.700 V。同种型号的二极管测量正向压降值越小性能越好。若正极与黑表棒相接,负极与红表棒相接,则屏幕上会显示"OL"或"1"。若显示屏显示"0000"数值,则说明二极管已短路;若显示"OL"或"1"则说明二极管内部开路或处于反向状态,此时可对调表棒再测。

4. 发光二极管检测

将指针式万用表置于 R×10k 挡,正向电阻应为 20～40 kΩ(普通发光二极管在 200 kΩ 以上);反向电阻应在 500 kΩ 以上(普通发光二极管接近∞)。要求反向电阻值越大越好。

用数字万用表检测时,挡位开关置在二极管挡,红表棒接正极、黑表棒接负时的压降值应为 0.96～1.56 V,对调表棒后,屏幕显示的数字应为溢出符号"OL"或"1"。

将上述二极管测量数据填入表 1-1-1。

5. 三极管的识别

国产中、小功率金属封装三极管通常在管壳上有一个小凸片,与该小凸片相邻最近的引脚即为发射极;大功率金属封装三极管,其外壳通常为集电极,在有些管子上还会标出另外两个电极;在一些塑料封装的三极管中,有时也会标出各引脚的名称。

表 1-1-1 二极管测量数据记录表

| 被测二极管型号 | 指针式万用表 | | 数字万用表 | | 材料 | 质量 |
|---|---|---|---|---|---|---|
| | 正向电阻 | 反向电阻 | 正向压降 | 反向压降 | | |
| | | | | | | |
| | | | | | | |
| | | | | | | |
| | | | | | | |

6. 用指针式万用表检测三极管

三极管的结构犹如"背靠背"的两个二极管,如图 1-1-2 所示。测试时用 R×100 或 R×1k 挡。

(1) 判断基极 B 和管子的类型

用万用表的红表棒接三极管的某一极,黑表棒依次接另外两个极,若两次测得电阻都很小(在几 kΩ 以下),则红表棒接的为 PNP 型管子的基极 B;若测得电阻都很大(在几百 kΩ 以上),则红表棒所接的是 NPN 型管子的基极 B。若两次测得的阻值为一大一小,应换一个极再测量。值得注意的是:当测得某一极与另外两个极的电阻都很大时,应调换表棒再测电阻是否都很小。

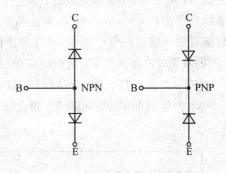

图 1-1-2 三极管的两个 PN 结结构示意图

(2) 确定发射极 E 和集电极 C

以 PNP 型管子为例,用万用表红表棒接假设的 C 极,黑表棒接假设的 E 极,同时用一个 100 kΩ 的电阻一端接 B 极,另一端接假设 C 极(相当于注入一个 $I_B$),观察接上电阻时表针摆动的幅度大小。再把假设的 C、E 两极对调,重测一次。表针摆动大(电阻小)的一次,红表棒所接的为管子的集电极 C,另一个极为发射极 E。一般用潮湿的手捏住基极 B 和假设的集电极 C,不要使这两极相碰,以人体电阻代替 100 kΩ 电阻,同样可以判别管子的极性,如图 1-1-3 所示。

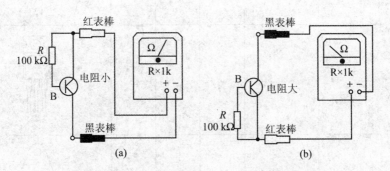

图 1-1-3 C 极和 E 极的判别

NPN 型管判断的方法相类似,表棒位置正好与 PNP 型管子相反。

测试过程中,若发现晶体管任何两极之间的正、反向电阻都很小(接近于零),或都很大(表针不动),这表明管子已击穿或烧坏。

(3)测试练习

测试给出的晶体三极管,填写表1-1-2和表1-1-3。

7. 用数字万表检测三极管

将数字万用表置二极管挡,红表棒固定任接某个引脚,黑表棒依次接触另外两个引脚,若两次显示值均小于1V或都显示溢出符号"OL"或"1",则红表棒接的引脚就是基极,同时,根据显示值可判断出NPN型或PNP型。如果在两次测试中一次显示小于1V,另一次显示"OL"或"1",则表明红表棒所接的引脚不是基极,应改换其他引脚重新测量,直到找出基极为止。

用红表棒接基极,用黑表棒先后接触其他两个引脚,若显示数值为0.6~0.8V,则被测管属于硅NPN型中、小功率三极管。其中,显示数值略大的一次,黑表棒所接的电极为发射极。若显示数值为0.400~0.600V,则被测管属于硅NPN型大功率管;若显示数值都小于0.4V,则被测管属于锗三极管。例如,用红表棒接9018的中间那个管脚,黑表棒分别接另外两个管脚,测得0.755V和0.759V两个电压值。其中,0.755V为"B"与"C"之间的电压,0.759V为"B"与"E"之间的电压。同时可判断9018为硅NPN型小功率管。

PNP型管判断的方法相类似,而表棒位置正好与NPN型管子相反。

表1-1-2 三极管管型、管脚判别记录表

| 被测三极管型号 | 管型(NPN 或 PNP) | 三极管引脚(名称) | | | 三极管管脚示意 |
|---|---|---|---|---|---|
| | | 1 | 2 | 3 | |
| | | | | |  |
| | | | | |  |
| | | | | | 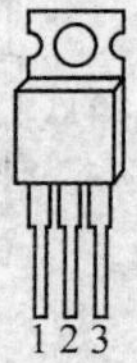 |
| | | | | | 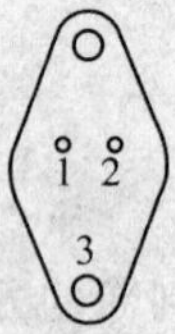 |

表 1－1－3　三极管质量判别测量数据记录表

| 被测三极管型号 | 管型（NPN 或 PNP） | 引脚间电阻名称 | 反向电阻 | 正向电阻 | 万用表挡位 | 质　量 |
|---|---|---|---|---|---|---|
| | | $R_{BE}$ | | | | |
| | | $R_{BC}$ | | | | |
| | | $R_{CE}$ | | | | |
| | | $R_{BE}$ | | | | |
| | | $R_{BC}$ | | | | |
| | | $R_{CE}$ | | | | |

**四、实验报告**

（1）总结用指针式万用表、数字万用表测试二极管和三极管的方法。

（2）说明指针式万用表、数字万用表位于电阻挡时内部电源极性与表棒颜色的关系。

（3）问答题：测试小功率三极管时为什么指针式万用表用 R×100 或 R×1k 挡？而数字万用表测量晶体管时为什么不用电阻挡？

## 任务二　常用电子仪器的使用（模拟）

**一、任务目标**

（1）学会示波器、函数信号发生器、直流稳压电源、数字万用表、交流毫伏表、频率计的正确使用方法。

（2）初步掌握用双踪示波器观察正弦信号波形和读取波形参数的方法。

**二、任务分析**

在模拟电子电路实验中，要完成对模拟电子电路的静态和动态工作情况的测试。需要对各种电子仪器进行综合使用，可按照信号流向，以连线简捷、调节顺手、观察与读数方便等原则进行合理布局，各仪器与被测实验装置之间的布局与连接如图 1－1－4 所示。为防止外界干扰，各仪器的公共接地端应连接在一起，称共地。信号源、示波器、交流毫伏表的引线通常用屏蔽线或专用电缆线，直流电源和电压表的接线用普通导线，数字万用表使用专用表棒。

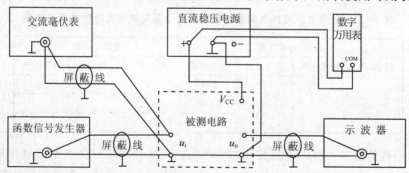

图 1－1－4　模拟电子电路中常用电子仪器布局图

本任务所需的仪器：函数信号发生器、双踪示波器、交流毫伏表、数字万用表、直流稳压电源。

函数信号发生器可输出正弦波、方波、三角波等多种波形的信号；双踪示波器可同时显示两个信号，并对被测信号进行幅度、周期、相位等各种参数的测量；交流毫伏表只能在工作频率范围内测量正弦交流电压的有效值；数字万用表应在其工作频率范围内测量交流电压、电流的有效值,直流电压、电流,电阻值等;直流稳压电源为实验电路提供所需的直流电源。

**实验注意事项:**

➤ 函数信号发生器作为信号源,它的输出端不允许短路。

➤ 示波器荧光屏上的光点不要长时间停留在一点,辉度不宜调得过亮;各种旋钮操作时用力要均匀。

➤ 不允许用数字万用表的电阻和电流挡测量电压。

➤ 实验完毕,必须关闭各种仪器设备的电源,恢复原样。

**三、任务实施过程**

1. 函数信号发生器和交流毫伏表的使用

(1) 熟悉函数信号发生器面板的主要操作键。

① 电源开关(POWER):弹出为"关"位置,按下接通电源。

② LED 显示窗口:显示输出信号的频率,当"外测"开关按入时显示外侧信号的频率。

③ 频率范围选择开关(兼频率计数闸门开关):根据需要的频率,按下其中一键。

④ 频率调节旋钮(FREQUENCY):顺时针旋增大频率,逆时针旋减小频率。

⑤ 波形选择开关(WAVE FORM):三角波、方波、正弦波三个键,按入对应波形的某一键,可选择需要的波形,三只键都未按入,无信号输出,此时为直流电平。

⑥ 幅度调节旋钮(AMPLITUDE):顺时针旋增大电压输出的幅度,逆时针旋减小电压输出的幅度。

⑦ 衰减开关(ATTENUATOR):电压输出衰减开关,两挡开关组合为 20 db、40 db,这两只键都不按入为 0 db。

⑧ 外测开关(COUNTER):此开关按入,LED 显示窗口显示外侧信号频率。

⑨ EXT. COUNTER:外测量信号输入端口。

⑩ 电压输出端口(VOLTAGE OUT):输出电压由此端口输出。

(2) 用交流毫伏表测量函数信号发生器正弦输出电压。

用交流毫伏表测量函数信号发生器正弦输出电压,按表 1-1-4 的要求完成其中的测量内容。

表 1-1-4　用交流毫伏表测量函数信号发生器正弦输出电压数据记录表

| 函数信号发生器 | | | | 交流毫伏表 | | |
| --- | --- | --- | --- | --- | --- | --- |
| 频率/Hz | 频率范围 | 波形选择 | 输出衰减 | 测量值 | 量程 | 指针示值 |
| 1 000 | | | 0 db | 3 V | | |
| | | | 20 db | | | |
| | | | 40 db | | | |

测量时,函数信号发生器的电压输出端(VOLTAGE OUT)与交流毫伏表的输入端(IN-PUT)连接,两个仪器的地端也相连接,如图 1-1-5 所示。交流毫伏表量程要选择适当,注意

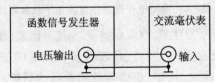

图 1-1-5　交流毫伏表与函数信号发生器连接示意图

不要过量程。

**2. 双踪示波器的使用**

(1) 熟悉双踪示波器的操作面板

1) 寻找扫描光迹

将示波器 Y 轴显示方式置"CH1 或"CH2",输入耦合方式置"⊥",开机预热后,若在显示屏上不出现光点或扫描基线,可按下列操作寻找扫描线:① 适当调节亮度旋钮。②触发方式开关置"自动"。③适当调节垂直位移(⇕)、水平位移(⇄)旋钮,使扫描光迹位于屏幕中央。

2) 双踪显示

双踪示波器一般有"CH1"、"CH2"、"叠加"三种单踪显示方式,同时按下"CH1"、"CH2"按钮即可实现双踪显示。

3) 稳定显示被测信号波形

① 为了显示稳定的被测信号波形,"触发源选择"开关一般选为"内"触发,使扫描触发信号取自示波器内部的 Y 通道。

② 触发方式开关通常先置于"自动",调出波形后,若被显示的波形不稳定,可置触发方式开关于"常态",通过调节"触发电平"旋钮找到合适的触发电压,使被测试的波形稳定地显示在示波器屏幕上。

③ 有时由于选择了较慢的扫描速率,显示屏上将会出现闪烁的光迹,但被测信号的波形不在 X 轴方向左右移动,这样的现象仍属于稳定显示。

4) 调节屏幕显示波形的幅度

调节"Y 轴灵敏度"开关(V/div),可以调节被测信号在屏幕上显示波形的幅度大小,V/div 置挡位的数值越大,显示的波形幅度越小;反之,显示的波形幅度越大。

5) 调节屏幕显示波形周期的个数

调节"扫描速率"开关(T/div),可以调节被测信号在屏幕上显示波形的疏密程度。

(2) 用示波器观察信号电压波形

① 调节有关旋钮,使荧光屏上出现扫描线,熟悉"辉度"、"聚焦"、"X 轴位移"、"Y 轴位移"等旋钮的作用。

② 启动函数信号发生器,调节其输出电压为 1~3 V(有效值),频率为 1 kHz,用示波器观察信号电压波形,熟悉"Y 轴灵敏度"(V/div)旋钮的作用。

③ 调节有关旋钮,使荧光屏上显示出的波形增加或减少(例如在荧光屏上得到 1 个、3 个或 6 个完整的正弦波),熟悉"扫描速率"开关(T/div)及"扫描微调"旋钮的作用。

**3. 用示波器和交流毫伏表测量信号参数**

(1) 按图 1-1-6 连接仪器,函数信号发生器的电压输出端分别与交流毫伏表、示波器的输入端连接,三个仪器的地端相互连接。

(2) 调节函数信号发生器有关旋钮,按表 1-1-5 要求输出正弦波信号。

(3) 用示波器测量函数信号发生器输出电压的幅值和频率。将被测电压的峰-峰值换算成有效值,与交流毫伏表测试值进行比较;将被测电压的周期换算成频率。

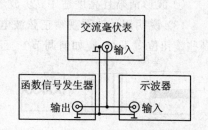

图 1-1-6　示波器和交流毫伏表测量
信号的仪器连接图

将实验结果记入表1-1-5中。

表1-1-5 信号发生器输出电压、频率测量计算数据记录表

| 信号发生器输出 | | 示波器测量值及相关计算值 | | | | | | | | 毫伏表测量值/V |
|---|---|---|---|---|---|---|---|---|---|---|
| 频率/Hz | 电压有效值/V | 周期/ms | | | 频率/Hz | 峰-峰值/V | | | 有效值/V | |
| | | T/div | div | T | | V/div | div | $V_{PP}$ | | |
| 200 | 0.1 | | | | | | | | | |
| 1 000 | 0.5 | | | | | | | | | |
| 10 000 | 1 | | | | | | | | | |

用示波器测量波形的电压峰-峰值和周期的方法如下：

① 电压测量：若"Y轴灵敏度"开关(V/div)位于"0.5"挡级，其"微调"必须位于"校准"位置，即顺时针旋到底，还要注意"扩展"旋钮的位置。此时，被测波形垂直方向所占的格数为2 div，如图1-1-7所示，电压峰-峰值为1 V，即电压$V_{PP}$=垂直 div×V/div。

值得注意的是，如果使用探头测量，应将探头的衰减量计算在内。探头衰减一般为"×1"和"×10"两挡，若置"×1"挡，测量的电压峰-峰值仍为1 V，若置"×10"挡则应把经探头衰减10倍计算在内，因此测量的电压峰-峰值为10 V。

② 周期测量："扫描速率"开关(T/div)位于1 ms挡级，其"微调"必须位于"校准"位置，即顺时针旋到底，还

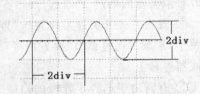

图1-1-7 示波器测量波形的电压、周期示意图

要注意"扩展"旋钮的位置。此时，被测波形一个周期水平方向所占的格数为2 div，如图1-1-7所示，因此测得周期为2 ms，即周期$T$=水平 div×T/div，频率为$1/T$。

4. 直流稳压电源的使用

调节直流稳压电源分别输出+15 V、−12 V、+5 V三个电压值，用数字万用表的直流电压挡进行监测。

5. 频率计的使用

用函数信号发生器的频率计测量示波器标准信号的频率。按下"COUNTER"键，被测信号由"EXT. COUNTER"端输入，此时函数信号发生器可作为频率计使用。

四、实验报告

(1) 整理实验数据。

(2) 说明使用示波器观察波形时，为了达到下列要求，应调节哪些旋钮？

① 波形清晰且亮度适中；② 波形在荧光屏中央且大小适中；③ 波形完整；④ 波形稳定。

(3) 说明用示波器观察正弦波电压时，若荧光屏上分别出现如图1-1-8所示图形时，是哪些旋钮位置不对，应如何调节？

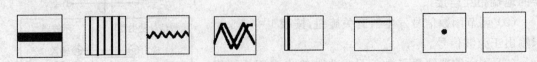

图1-1-8 示波器观察正弦波电压时荧光屏上出现的图形

### 任务三 常用电子仪器的使用(数字)

**一、任务目标**

(1)掌握任意波形发生器的基本使用方法。

(2)掌握数字存储示波器的基本使用方法。

(3)掌握台式数字万用表的使用方法。

**二、任务分析**

1. SDG1025 任意波形发生器

SDG1025 任意波形发生器采用直接数字合成(DDS)技术,可生成精确、稳定、低失真地输出信号。双通道输出,125MSa/s 采样率,14bit 垂直分辨率输出 5 种标准波形,内置 48 种任意波形。

2. SDS1062 数字存储示波器

数字示波器具有波形触发、存储、显示、测量、波形数据分析处理及自动测量等独特优点。

SDS1062 系列数字存储示波器采用彩色 TFT-LCD 及弹出式菜单显示,带宽为 60 MHz,双通道,实时采样率 1 GSa/s,存储深度 2 Mpts,并且有 3 种光标模式及 32 种自动测量种类,是小型、轻便及操作灵活的便携式仪器。

3. UT804 台式数字万用表

UT804 是 40000 计数 $4\frac{3}{4}$ 数位,自动量程真有效值数字台式机。其全功能模拟条图显示,全量程过载保护,电池、市电双供电方式,使之成为性能更为优越的高精度电工测量仪表。它可用于测量真有效值交流或(AC+DC)电压和电流、直流电压和电流、电阻、二极管、电路通断、电容、频率、占空比、温度、(4~20 mA)%、最大/最小值、相对测量等参数,并具有白色背光、用户设置、RS232 和 USB 数据传输、9 999 条数据存储、数据保持和电池供电状态下欠压显示和自动关机功能。

本任务要求熟悉上述三种仪器的面板和用户界面,掌握仪器的基本功能及使用方法。

**三、任务实施过程**

1. 掌握 SDG1025 任意波形发生器的基本使用方法

(1)熟悉 SDG1025 任意波形发生器面板和用户界面

图 1-1-9 所示为 SDG1025 任意波形发生器前面板。

图 1-1-10 所示为 SDG1025 任意波形发生器后面板。

(2)实例操作练习

1)输出正弦波

输出一个频率为 50 kHz、幅值为 $5V_{pp}$、偏移量为 1Vdc 的正弦波。操作步骤如下:

① 设置频率值

➢ 在操作菜单区选择【Sine】→频率/周期→频率。

➢ 使用数字键盘输入"50"→选择单位"kHz"→50 kHz。

② 设置幅度值

➢ 在操作菜单区选择【Sine】→幅值/高电平→幅值。

➢ 使用数字键盘输入"5"→选择单位"Vpp"→$5V_{pp}$。

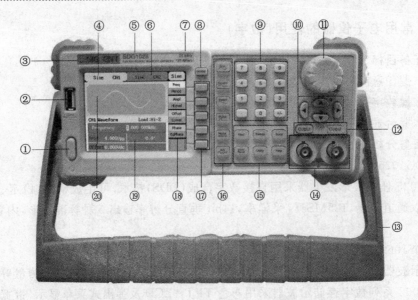

①—电源开关;②—USB Host 接口;③—鼎阳(厂家)商标;④—CH1 显示界面;⑤—仪器型号;⑥—CH2 显示界面;⑦—仪器带宽;⑧—CH1/CH2 显示界面切换按键;⑨—数字键盘;⑩—方向键;⑪—旋钮;⑫—通道输出开关键;⑬—仪器手柄;⑭—输出 BNC 口;⑮—功能按键;⑯—五种标准波形和任意波按键;⑰—与操作菜单对应的功能按键;⑱—操作菜单区;⑲—参数显示区;⑳—波形显示区

**图 1 - 1 - 9　SDG1025 任意波形发生器前面板**

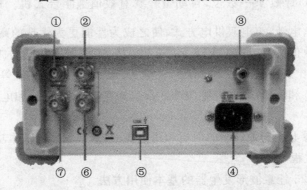

①—10 MHz 时钟输入接口;②—同步输出接口;③—专用地线;④—电源插口;⑤—USB Device 接口;⑥—EXITTrig/Gate/Fsk/Burst 接口;⑦—Modulation In 输入接口

**图 1 - 1 - 10　SDG1025 任意波形发生器后面板**

③ 设置偏移量

➢ 在操作菜单区选择【Sine】→偏移量/低电平→偏移量。

➢ 使用数字键盘输入"1"→选择单位"Vdc"→1Vdc。

将频率、幅度和偏移量设定完毕后,选择当前所编辑的通道输出,便可输出设定的正弦波,如图 1 - 1 - 11 所示。

**注意事项:**

➢ 数字输入控制:编辑波形时参数值的设置,可用数字键盘直接键入数值来改变参数值,也可以使用方向键来改变参数值所需更改的数据位,通过旋转旋钮可改变该位数的数值。

➤ 通道输出控制:在数字方向键的下面有两个输出控制按键,使用 Output 键,将开启/关闭前面板的输出接口的信号输出,选择相应的通道,按下 Output 键,该按键就被点亮,打开输出开关,同时输出信号,再次按 Output 键,将关闭输出。

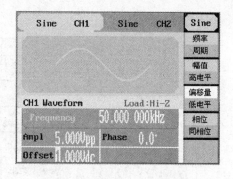

图 1-1-11 输出正弦波形

2) 输出方波波形

输出一个频率为 50 kHz、幅值为 $5V_{pp}$、偏移量为 1 Vdc,占空比为 60% 的方波波形。操作步骤如下:

① 设置频率值

➤ 选择【Square】→频率/周期→频率。

➤ 使用数字键盘输入"50"→选择单位"kHz"→50 kHz。

② 设置幅度值

➤ 选择【Square】→幅值/高电平→幅值。

➤ 使用数字键盘输入"5"→选择单位"Vpp"→$5V_{pp}$。

③ 设置偏移量

➤ 选择【Square】→偏移量/低电平→偏移量。

➤ 使用数字键盘输入"1"→选择单位"Vdc"→1Vdc。

④ 设置占空比

➤ 选择【Square】→占空比。

➤ 使用数字键盘输入"60"→选择单位"%"→60%。将频率、幅度、偏移量和占空比设定完毕后,选择当前所编辑的通道输出,便可输出设定的方波波形,如图 1-1-12 所示。

3) 输出三角波/锯齿波波形

输出一个周期为 20 μs、幅值为 $5V_{pp}$、偏移量为 1Vdc、对称性为 60% 的三角波/锯齿波形。操作步骤如下:

① 设置周期值

➤ 选择【Ramp】→频率/周期→周期。

➤ 使用数字键盘输入"20"→选择单位"μs"→20 μs。

② 设置幅度值

➤ 选择【Ramp】→幅值/高电平→幅值。

➤ 使用数字键盘输入"5"→选择单位"Vpp"→$5V_{pp}$。

③ 设置偏移量

➤ 选择【Ramp】→偏移量/低电平→偏移量。

➤ 使用数字键盘输入"1"→选择单位"Vdc"→1Vdc。

④ 设置占空比对称性

➤ 选择【Ramp】→对称性。

➤ 使用数字键盘输入"60"→选择单位"%"→60%,将周期、幅度、偏移量和对称性设定完毕后,选择当前所编辑的通道输出,便可输出设定的三角波/锯齿波形,如图 1-1-13

所示。

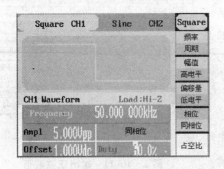

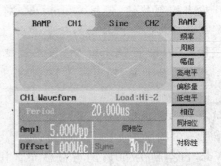

图 1-1-12　输出方波波形　　　　　　图 1-1-13　输出三角波/锯齿波波形

2. 掌握 SDS1062 数字存储示波器的基本使用方法

(1) 熟悉 SDS1062 的面板和用户界面

图 1-1-14 所示为 SDS1062 的前面板,包括垂直系统、水平系统、触发系统、常用功能按钮区、执行控制区;另外有一个万能旋钮,显示屏右侧的一列 5 个灰色按键为菜单操作键,通过它们可以设置当前菜单的不同选项。通过菜单操作键和其他功能键可以进入不同的功能菜单或直接获得特定的功能应用。以下分别介绍两个重要的功能键。

【AUTO】按钮为自动设置的功能按钮,根据输入信号可自动调整电压挡位、时基以及触发方式至最好形态显示。

【HELP】为帮助键,按下该键示波器处于帮助状态,按各个按钮进入各自功能说明,再次按【HELP】帮助键,退出帮助状态。

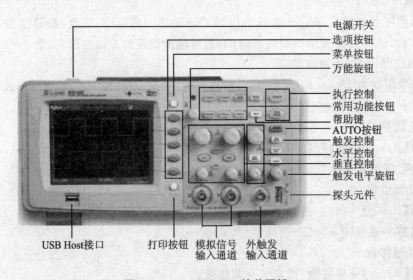

图 1-1-14　SDS1062 的前面板

图 1-1-15 所示为 SDS1062 的界面显示区,其对应数字标识说明如下:

① 触发状态:

Armed:已配备。示波器正在采集预触发数据。在此状态下忽略所有触发。

Ready:准备就绪。示波器已采集所有预触发数据并准备接受触发。

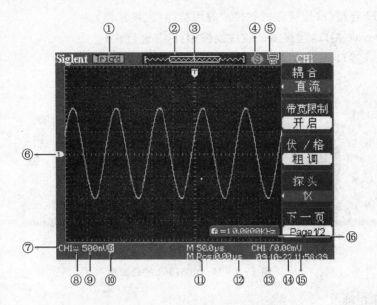

图 1－1－15 SDS1062 的界面显示区

Trig'd：已触发。示波器已发现一个触发并正在采集触发后的数据。

Stop：停止。示波器已停止采集波形数据。采集完成。示波器已完成一个"单次序列"采集。

Auto：自动。示波器处于自动模式并在无触发状态下采集波形。

Scan：扫描。在扫描模式下示波器连续采集并显示波形。

② 显示当前波形窗口在内存中的位置。

③ 使用标记显示水平触发位置，旋转水平【POSITION】旋钮调整标记位置。

④ ⚙【打印钮】选项选择【打印图像】；⑧【打印钮】选项选择【储存图像】。

⑤ 🖥【后 USB 口】设置为【计算机】；🖨【后 USB 口】设置为【打印机】。

⑥ 显示波形的通道标志。

⑦ 使用屏幕标记表明显示波形的接地参考点。若没有标记，不会显示通道，显示信号信源。

⑧ 信号耦合标志。

⑨ 以读数显示通道的垂直刻度系数。

⑩ B 图标表示通道是带宽限制的。

⑪ 以读数显示主时基设置。

⑫ 显示主时基波形的水平位置。

⑬ 采用图标显示选定的触发类型。

⑭ 显示当前示波器设置的日期和时间。

⑮ 用读数表示"边沿"、"脉冲宽度"触发电平。

⑯ 以读数显示当前信号频率。

图 1－1－16 所示为 SDS1062 的后面板，其对应数字标识说明如下：

① Pass/Fail 输出口：输出 Pass/Fail 检测脉冲。

② RS-232连接口:连接测试软件或波形打印(速度稍慢)。

③ USB Device接口:连接测试软件或波形打印(速度快)。

④ 电源输入接口:三孔电源输入。

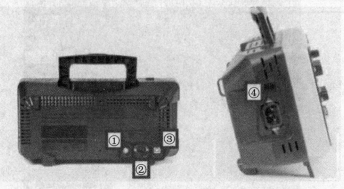

图1-1-16　SDS1062的后面板

(2) 实例操作练习

1) 检验示波器是否正常工作

① 打开示波器电源。示波器执行所有自检项目,并确认通过自检,按下【DEFAULT SETUP】按钮。探头选项默认的衰减设置为"×1"。

② 将示波器探头上的开关设定到"×1",并将探头与示波器的通道1连接。将探头连接器上的插槽对准CH1同轴电缆插接件(BNC)上的凸键,按下去即可连接,然后向右旋转以拧紧探头。将探头端部和基准导线连接到"探头元件"连接器上。

③ 按下【AUTO】按钮,可观察到频率为1 kHz、电压约为3 V峰-峰值的方波。

④ 按两次【CH1菜单】按钮删除通道1,按下【CH2菜单】按钮显示通道2,重复步骤②和步骤③。

**注意事项:**

➢ 在使用探头时要避免电击,应使手指保持在探头主体上防护装置的后面;在探头连接到电压电源时不可接触探头顶部的金属部分。

➢ 示波器测量的信号是对"地"的参考电压,接地端要正确接地,不可造成短路。

2) 简单测量

由信号发生器提供一个$f=1$ kHz,$V_{pp}=5$ V的正弦被测信号,迅速显示和测量信号的频率和峰-峰值。

① 使用自动设置

快速显示被测信号,可按如下步骤进行:

➢ 按下【CH1菜单】按钮,将探头选项衰减系数设定为"×10",并将探头上的开关设定为"×10"。

➢ 将通道1的探头连接到信号发生器的输出端。

➢ 按下【AUTO】按钮。

示波器将自动设置垂直、水平、触发控制。若要优化波形的显示,您可在此基础上手动调整上述控制,直至波形的显示符合要求。

**提示:**示波器根据检测到的信号类型在显示屏的波形区域中显示相应的自动测量结果。

② 进行自动测量

测量信号频率、峰-峰值的步骤如下:

a. 测量信号的频率

➤ 按【MEASURE】按钮,显示【自动测量】菜单。

➤ 按下顶部的选项按钮。

➤ 按下【时间测试】选项按钮,进入【时间测量】菜单。

➤ 按下【信源】选项按钮选择信号输入通道。

➤ 按下【类型】选项按钮选择【频率】。

➤ 相应的图标和测量值会显示在第三个选项处。

b. 测量信号的峰-峰值

➤ 按【MEASURE】按钮,显示【自动测量】菜单。

➤ 按下顶部的选项按钮。

➤ 按下【电压测试】选项按钮,进入【电压测量】菜单。

➤ 按下【信源】选项按钮选择信号输入通道。

➤ 按下【类型】选项按钮选择【峰峰值】。

➤ 相应的图标和测量值会显示在第三个选项处。

**提示:**

➤ 测量结果在屏幕上的显示会因为被测量信号的变化而改变。

➤ 如果"值"读数中显示为****,请尝试将"Volt/div"旋钮旋转到适当的通道以增加灵敏度或改变"S/div"设定。

3. 掌握 UT804 台式数字万用表的基本使用方法

(1) 熟悉 UT804 台式数字万用表面板

图 1-1-17 所示为 UT804 台式数字万用表前面板,其中旋钮开关及按键的功能说明如表 1-1-6 所列。

图 1-1-18 所示为 UT804 台式数字万用表后面板及说明。

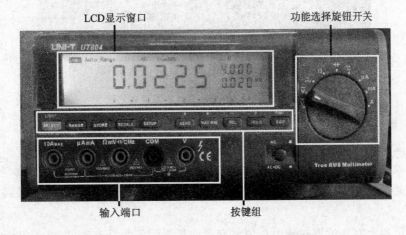

**图 1-1-17　UT804 台式数字万用表前面板**

**表 1-1-6　旋钮开关及按键功能**

| 开关位置 | 功能说明 | 开关位置 | 功能说明 |
|---|---|---|---|
| $\overline{\overline{V}}$ | 直流电压测量 | STORE | 存储键 |
| $\tilde{V}$ | 交流电压测量 | HOLD | 数据保持键 |
| mV ⎓ | 直流毫伏电压测量 | EXIT | 功能退出键 |
| Hz | 频率测量 | MAX MIN | 最大、最小值键 |
| Duty | 频率信号占空比测量 | REL Δ | 相对测试键 |
| Ω | 电阻测量 | AC+DC 键 | AC+DC 键 |
| ▶\| | 二极管 PN 结电压测量 | SELECT | 附加功能选择键 |
| ·))) | 电路通断测量 | SETUP | 设置键 |
| ⊣( | 电容测量 | RECALL | 回读数据键 |
| ℃ | 摄氏温度测量 | ◀ | 左选择键 |
| ℉ | 华氏温度测量 | Peak | 峰值测量键 |
| μA≂ | μA 交直流电流量程测量 | ▶ | 右选择键 |
| mA≂ | mA 交直流电流量程测量 | LIGHT | 背光开关键 |
| A≂ | 10A 交直流电流量程测量 | SEND | 数据发送键 |
| % | (4～20 mA)百分比测量 | − | 递减键 |
| RANGE | 量程切换键 | + | 递增键 |

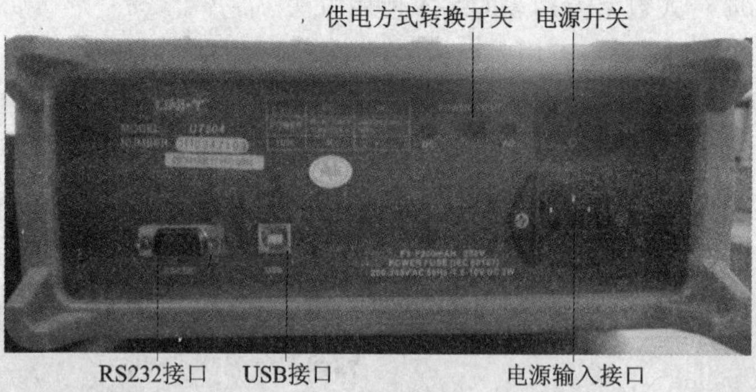


**图 1-1-18　UT804 台式数字万用表后面板**

(2) 掌握测量操作方法

1) 交直流电压测量

① 将红表笔插入“V”插孔,黑表笔插入“COM”插孔。

② 将功能量程开关置于直流电压测量挡或交流电压测量挡,并将表笔并联到待测电源或负载上。

③ 从显示器上直接读取被测电压值。交流测量显示值为真有效值。

④ 仪表的输入阻抗在直流、交流电压测量挡功能约为 10 MΩ,这种负载在高阻抗的电路

中会引起测量上的误差。大部分情况下,如果电路阻抗在 10 kΩ 以下,误差可以忽略(0.1%或更低)。

**注意事项:**

➤ 不要输入高于 1 000 V 的电压。测量更高的电压是有可能的,但有损坏仪表的危险。

➤ 在测量高电压时,要特别注意避免触电。

➤ 在完成所有的测量操作后,要断开表笔与被测电路的连接。

2) 直流 mV 电压测量

① 将红表笔插入"mV"插孔,黑表笔插入"COM"插孔。

② 将功能量程开关置于"mV"直流电压测量挡,并将表笔并联到待测电源或负载上。

③ 从显示器上直接读取被测电压值。

④ 仪表的输入阻抗在"mV"直流电压测量挡功能约为 2 GΩ。

**注意事项:**不要输入高于 200 mV 的电压。

3) 交直流电流测量

① 直流微安挡测量

a. 将红表笔插入"μAmA"插孔,黑表笔插入"COM"插孔。

b. 将功能量程开关置于"μA"电流测量挡,并将表笔串联到待测回路中。

c. 从显示器上直接读取被测电流值。

② 交流微安挡测量

按蓝色【SELECT】按键切换到交流电流测量,其余操作与直流微安挡测量相同。交流测量显示值为真有效值。

③ 交直流毫安挡测量

将功能量程开关置于"mA"电流测量挡,其余操作与直流微安挡、交流微安挡测量相同。

④ 直流安培挡测量

a. 将红表笔插入"10A"插孔,黑表笔插入"COM"插孔。

b. 将功能量程开关置于"A"电流测量挡,并将表笔串联到待测回路中。

c. 从显示器上直接读取被测电流值。

⑤ 交流安培挡测量

按蓝色【SELECT】按键切换到交流电流测量,其余操作与直流安培挡测量相同。交流测量显示值为真有效值。

**注意事项:**

➤ 在仪表串联到待测回路之前应先关闭回路中的电源。

➤ 测量时应使用正确的输入端口和功能挡位。如不能估计电流的大小,应从大电流量程开始测量。

➤ 小于或等于 5 A 允许连续测量;大于 5～10 A 连续测量时间:为了安全使用,每次测量时间应小于或等于 10 s,间隔时间应大于 15 min。

➤ 当表笔插在电流输入端口上时,切勿把表笔测试针并联到任何电路上,否则会烧断仪表内部保险丝和损坏仪表。

➤ 在完成所有的测量操作后,应先关断电源再断开表笔与被测电路的连接。对于大电流的测量,此操作尤为重要。

4）电阻测量

① 将红表笔插入"Ω"插孔,黑表笔插入"COM"插孔。

② 将功能量程开关置于"Ω·))→←"测量挡,按蓝色【SELECT】按键选择电阻测量"Ω"挡,并将表笔并联到被测电阻两端上。

③ 从显示器上直接读取被测电阻值。

**注意事项:**

➢ 如果被测电阻开路或阻值超过仪表最大量程时,显示器将显示"OL"。

➢ 当测量在线电阻时,在测量前必须先将被测电路内所有电源关断,并将所有电容器放尽残余电荷,才能保证测量正确。

➢ 在低阻测量时,表笔会带来约 $0.1 \sim 0.2\ \Omega$ 电阻的测量误差。为获得精确读数可以利用相对测量功能,首先短路输入表笔再按 REL△ 键,待仪表自动减去表笔短路显示值后再进行低阻测量。

➢ 测量 $1\ M\Omega$ 以上的电阻时,可能需要几秒钟后读数才会稳定。这对于高阻的测量属正常。为了获得稳定读数可用测试短线进行测量。

➢ 测量非固定电阻时,按下【RANGE】键开机,使用仪表的模拟电阻信号测量模式,此测量模式下仪表最后一位数字不显示,测量精度不变。

➢ 在完成所有的测量操作后要断开表笔与被测电路的连接。

5）电路通断测量·))

① 将红表笔插入"Ω"插孔,黑表笔插入"COM"插孔。

② 将功能开关置于"Ω·))→←"测量挡,按蓝色【SELECT】键选择电路通断测量·)),并将表笔并联到被测电路负载的两端。如果被测二端之间电阻约 $\leqslant 50\ \Omega$,蜂鸣器声响。

③ 从显示器上直接读取被测电路负载的电阻值,单位为 Ω。

**注意事项:**

➢ 当检查在线电路通断时,在测量前必须先将被测电路内所有电源关断,并将所有电容器放尽残余电荷。

➢ 电路通断测量,开路电压约为 $-1.2\ V$,量程为 $400\ \Omega$ 挡。

➢ 在完成所有测量操作后,要断开表笔与被测电路的连接。

6）二极管测量→←

① 将红表笔插入"Ω"插孔,黑表笔插入"COM"插孔。红表笔极性为"+",黑表笔极性为"—"。

② 将功能开关置于"Ω·))→←"测量挡,按蓝色【SELECT】键选择二极管测量,红表笔接到被测二极管的正极,黑表笔接到二极管的负极。

③ 从显示器上直接读取被测二极管的近似正向 PN 结结电压。对硅 PN 结而言,一般约为 $0.5 \sim 0.8\ V$,而锗 PN 结结电压一般约为 $0.2 \sim 0.4\ V$ 确认为正常值。

**注意事项:**

➢ 如果被测二极管开路或极性反接时,显示"OL"。

➢ 当测量在线二极管时,在测量前必须先将被测电路内所有电源关断,并放尽所有电容器残余电荷。

➢ 二极管测试开路电压约为 $2.8\ V$。

➢ 在完成所有测量操作后,要断开表笔与被测电路的连接。

7）电容测量

① 将红表笔插入"⊣⊢"插孔,黑表笔插入"COM"插孔。

② 将量程开关置于"⊣⊢"挡位,此时仪表可能会显示一个固定读数,此数为仪表内部的分布电容值。对小于 10 nF 电容的测量,被测量值一定要减去此值,才能确保测量精度。在测量中可以利用相对测量功能,首先按 REL△ 键,待仪表自动减去开路显示值后再进行小电容测量。

③ 建议用测试短线输入进行电容测量,可以减小分布电容的影响。

**注意事项:**

➢ 如果被测电容短路或容值超过仪表的最大量程时,显示器将显示"OL"。

➢ 测量大于 400 $\mu$F 的电容,会需要较长的时间,此时模拟条指针会指示完成测量过程的存余时间,便于正确读数。

➢ 为了确保测量精度,在测量过程中仪表内部会对被测电容进行放电,在放电模式下LCD 会显示"—",但放电过程较慢。建议在测试前全部放尽电容残余电荷再输入仪表进行测量,对带有高压的电容更为重要,避免损坏仪表和伤害人身安全。

➢ 在完成测量操作后,要断开表笔与被测电容的连接。

8）频率/占空比测量

① 将红表笔插入"Hz"插孔,黑表笔插入"COM"插孔。

② 将功能量程开关置于"$\frac{Hz\%}{mV}$"测量挡位,并按蓝色【SELECT】键选择"Hz"功能,将表笔并联到待测信号源上。

③ 从显示器上直接读取被测频率值。

④ 按下蓝色【SELECT】键可选择占空比测量。

**注意事项:**

➢ 测量时必须符合输入幅度 $a$ 要求。10 Hz～40 MHz 时:200 mV$\leqslant a \leqslant$30 V,大于40 MHz时:未指定。

➢ 不要输入高于 30 V 的被测信号,避免伤害人身安全。

➢ 在完成所有的测量操作后要断开表笔与被测电路的连接。

9）温度测量(见图 1-1-19)

① 将量程开关置于"℃ ℉"挡位,此时 LCD 显示"OL",短路表笔则显示室温。

② 将温度 K 型插头按图 1-1-19 所示插入对应孔位。

③ 用温度探头探测被测温度表面,数秒后从 LCD 上直接读取被测温度值。

④ 按下蓝色【SELECT】键可选择摄氏温度、华氏温度测量。

**注意事项:**

➢ 仪表所处环境温度超出 12～35 ℃ 范围,会造成测量误差,在低温环境测量误差更为明显。

➢ 在完成所有的测量操作后,取下温度探头。

➢ 点式 K 型(镍铬～镍硅)热电偶仅适用于测量 230℃ 以下的温度。

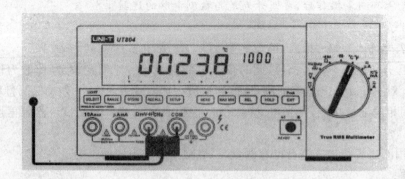

图 1-1-19　温度测量

10）（4～20 mA）％测量

将量程开关置于"$\widetilde{\overline{mA}}$%"挡位，按蓝色【SELECT】键选择（4～20mA）％功能。测试方法类同直流电流测量：4～20 mA 范围按百分比显示；＜4 mA 显示 L0；4 mA 显示 0％；20 mA 显示100％；＞20 mA 显示 HI。

**注意事项：**

➢ 在仪表及被测负载连接到待测回路之前，应先关闭回路中的电源。

➢ 不要输入高于 250 V 的供电电压，测量更高的电压是有可能的，但有损坏仪表的危险。

➢ 被测负载最大电流不得大于 10 A，小于或等于 5 A 允许连续测量；为了安全使用，大于5～10 A 时，每次测量时间应小于或等于 10 s，间隔时间应大于 15 min。

➢ 在测量时要特别注意避免触电。

➢ 在完成所有的测量操作后，应先关断电源，再移开转换插头与供电网络插孔的连接。

4．综合练习

（1）调节任意波形发生器有关旋钮，按表 1-1-7 要求输出正弦波信号。

（2）用数字示波器自动测量功能测量任意波形发生器输出信号的电压峰-峰值、周期、频率，用数字万用表测量信号的有效值，将实验结果记入表 1-1-7 中。

表 1-1-7　任意波形发生器输出信号测量数据记录表

| 任意波形发生器输出 | | 示波器测量 | | | 数字万用表测量值（有效值）/V |
|---|---|---|---|---|---|
| 频率/Hz | 峰-峰值/V | 峰-峰值/V | 周期/ms | 频率/Hz | |
| 200 | 0.3 | | | | |
| 1000 | 1.5 | | | | |
| 10 000 | 5 | | | | |

**四、实验报告**

（1）总结实验中所使用的任意波形发生器的调节使用要点。

（2）总结实验中所使用的数字存储示波器与模拟示波器调节使用的异同之处。

（3）总结实验中所使用的台式数字万用表的使用要点及注意事项。

### 任务四 单管共射放大电路

**一、任务目标**

(1) 掌握放大电路静态工作点的调试和测量方法。

(2) 掌握放大电路电压放大倍数 $A_u$ 及最大不失真输出电压 $U_{o,max}$ 的测量方法。

(3) 了解电路元器件参数改变对静态工作点及放大电路性能的影响。

**二、任务分析**

图 1-1-20 为电阻分压式共射极单管放大电路实验电路图。它的偏置电路采用 $R_{b1}$ 和 $R_{b2}$ 组成的分压电路,并在发射极中接有电阻 $R_e$,以稳定放大电路的静态工作点。当在放大电路的输入端加入输入信号 $U_i$ 后,在放入电路的输出端便可得到一个与 $U_i$ 相位相反、幅值被放大了的输出信号 $U_o$,从而实现了电压放大。

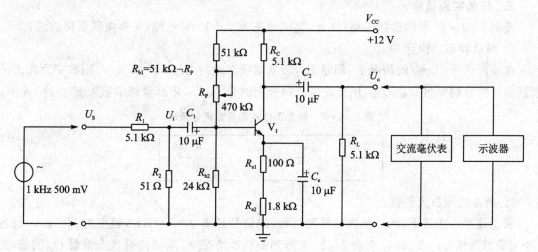

**图 1-1-20 共射极单管放大器实验电路**

放大电路为了获得最大不失真输出信号,必须合理设置静态工作点。如果静态工作点太高或太低,或者输入信号过大,会使输出波形对应产生饱和、截止和非线性失真,如图 1-1-21 所示。对于小信号放大电路,由于信号比较弱,工作点都选择在交流负载线的中点附近。改变电路参数 $V_{cc}$、$R_c$、$R_{b1}$、$R_{b2}$ 都会引起静态工作点的变化,但通常多采用调节偏置电阻 $R_{b1}$ 的方法来改变静态工作点,如减小 $R_{b1}$,则可使静态工作点提高。

电压放大倍数 $A_u$ 是指放大电路正常工作时对输入信号的放大能力,即 $A_u = \dfrac{U_o}{U_i}$,式中 $U_o$、$U_i$ 为输出和输入电压的有效值。调整放大电路到合适的静态工作点,然后加入输入电压 $U_i$,在输出电压 $U_o$ 不失真的情况下,用交流毫伏表测出 $U_i$ 和 $U_o$ 的有效值即可求出电压放大倍数 $A_u$。

本任务所需的仪器:函数信号发生器、双踪示波器、数字万用表、交流毫伏表、模拟电路实验箱。

**实验注意事项:**

➢ 各种仪器的接地端必须接在同一电位上进行测量。

➢ 注意输入 5 mV 信号采用输入端衰减法,即信号发生器输出 500 mV 信号经过 100∶1衰

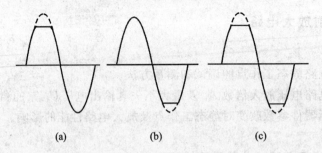

(a)        (b)        (c)

**图 1-1-21　饱和、截止和非线性失真波形**

减器得到 5 mV 信号。

➤ 实验完毕,必须关闭各种仪器设备的电源,恢复原样。

### 三、任务实施过程

按图 1-1-20 所示连接电路(注意:接线前先测量+12 V 电源,关断电源后再连线)。

### 1. 测量静态工作点

在输入信号 $U_i=0$ 的情况下,调整 $R_P$,使发射极对地的电压 $V_E=2.2$ V,用数字万用表的直流电压挡分别测量 $U_{BE}$、$U_{CE}$,用直流电流挡分别测量 $I_B$、$I_C$,将测量结果填入表 1-1-8 中。

**表 1-1-8　静态工作点测量数据记录表**

| $U_{BE}/V$ | $U_{CE}/V$ | $I_B/\mu A$ | $I_C/mA$ |
|---|---|---|---|
|  |  |  |  |

### 2. 测量电压放大倍数

在上述静态条件下,调节函数信号发生器,使信号频率 $f=1$ kHz,幅度为 500 mV,经过 100:1 衰减器使 $U_i=5$ mV。在表 1-1-9 所列的四种情况下,用交流毫伏表测量 $U_o$ 的值,并记录表中,计算 $A_u$。同时用双踪示波器观察 $U_i$ 和 $U_o$ 端波形,并比较相位。

**表 1-1-9　电压放大倍数测量数据记录表**

| 给定参数 | | 测量值 | | 计算值 |
|---|---|---|---|---|
| $R_C/k\Omega$ | $R_L/k\Omega$ | $U_i/mV$ | $U_o/V$ | $A_u$ |
| 5.1 | $\infty$ | 5 |  |  |
| 2 | $\infty$ | 5 |  |  |
| 5.1 | 5.1 | 5 |  |  |
| 5.1 | 2 | 5 |  |  |

### 3. 测量最大不失真输出电压

置 $R_C=5.1$ kΩ,$R_L=5.1$ kΩ,输入信号频率不变,逐渐加大输入信号幅度,同时调节 $R_P$,用示波器观察 $U_o$,当输出波形同时出现削底和削顶现象时,如图 1-1-21(c)所示,说明静态工作点已调在交流负载线的中点。然后反复调整输入信号,使波形输出幅度最大,且无明显失真时,用交流毫伏表测量输入电压有效值 $U_{i,max}$、输出电压有效值 $U_{o,max}$,用示波器直接读出输出电压峰-峰值 $U_{o,PP}$,记入表 1-1-10 中。放大电路动态范围等于 $U_{o,PP}=2\sqrt{2}U_o$。

**表 1 - 1 - 10 最大不失真输出电压测量数据记录表**

| $U_{i,max}$ | $U_{o,max}$ | $U_{o,PP}$ |
|---|---|---|
|  |  |  |

4. 观察静态工作点对输出波形失真的影响

(1) 在上述步骤 3 的基础上,逐步加大输入信号让输出波形出现图 1 - 1 - 21(c)所示的失真情况,绘出 $U_o$ 波形,并测出失真情况下的 $U_{BE}$ 和 $U_{CE}$ 值(注意:测量时将信号发生器断开),将结果记入表 1 - 1 - 11 中。

(2) 将电路恢复至步骤 3 的基础上,然后保持输入信号不变,分别增大或减小 $R_P$ 使输出波形出现如图 1 - 1 - 21(a)、(b)所示的失真情况,分别测出失真情况下的 $U_{BE}$ 和 $U_{CE}$ 值,并将实验结果记入表 1 - 1 - 11 中。

**表 1 - 1 - 11 静态工作点对输出波形失真影响的实验结果记录表**

| $R_P$值 | $U_{BE}$/V | $U_{CE}$/V | $U_o$ 波形 | 失真情况 | 三极管状态 |
|---|---|---|---|---|---|
| 合适 |  |  |  |  |  |
| 最达 |  |  |  |  |  |
| 最小 |  |  |  |  |  |

**注意:**若失真观察不明显,可增大或减小 $U_i$ 幅值重测。

**四、实验报告**

(1) 整理实验数据,进行必要的计算,列出表格,画出波形。

(2) 总结 $R_{b1}$、$R_C$ 和 $R_L$ 的变化对静态工作点、电压放大倍数的影响。

(3) 讨论静态工作点变化对放大器输出波形的影响。

(4) 分析讨论在调试过程中出现的问题。

## 任务五 负反馈放大电路

**一、任务目标**

(1) 加深理解负反馈放大电路的工作原理以及负反馈对放大电路性能的影响。

(2) 掌握反馈放大电路性能指标的测试方法。

**二、任务分析**

放大电路中采用负反馈,在降低放大倍数的同时,可使放大器的某些性能大大改善。负反馈的类型很多,本任务以一个电压串联负反馈的两级放大电路为例,如图 1 - 1 - 22 所示。$C_F$、$R_F$ 从第二级三极管 V2 的集电极接到第一级三极管 V1 的发射极构成负反馈。

负反馈放大电路可以用如图 1 - 1 - 23 所示的方框图来表示。

1. 放大倍数和放大倍数稳定度

闭环放大倍数为

$$A_f = \frac{A}{1 + AF}$$

式中,$A$ 称为开环放大倍数,反馈系数为 $F = \dfrac{R_{e1}}{R_{e1} + R_F}$。

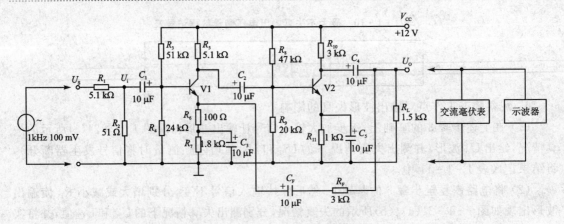

图 1-1-22 负反馈放大电路

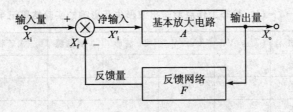

图 1-1-23 负反馈放大电路框图

引入负反馈后,电压放大倍数减小,即闭环放大倍数是开环放大倍数的 $\frac{1}{1+AF}$,且 $F$ 越大,放大倍数减小越大。但负反馈放大电路比无反馈的放大电路的稳定度提高了 $(1+AF)$ 倍。

2. 频率响应特性

引入负反馈后,虽然放大电路的放大倍数下降 $(1+AF)$ 倍,但通频带却扩展了 $(1+AF)$ 倍,如图 1-1-24 所示。

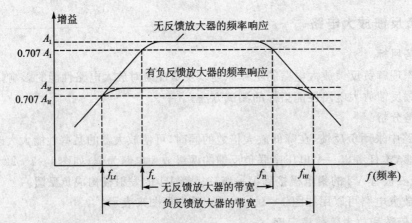

图 1-1-24 负反馈放大电路与无反馈放大电路的通频带对比

本任务所需的仪器:函数信号发生器、双踪示波器、交流毫伏表、频率计、数字万用表、模拟电路实验箱。

**实验注意事项:**

➤ 注意输入 1 mV 信号采用输入端衰减法,即信号发生器输出 100 mV 信号经过 100∶1 衰减器得到 1 mV 信号。

➤ 增大输入信号时必须注意信号逐渐加大,否则容易导致放大管损坏。

### 三、任务实施过程

1. 测量负反馈放大电路开环和闭环的电压放大倍数

(1) 开环电路

按图 1-1-22 接线,$R_F$ 先不接入。输入端接入 $U_i = 1$ mV,$f = 1$ kHz 的正弦波。按表 1-1-12 要求进行测量并填表,计算 $A_u$。

(2) 闭环电路

接通 $R_F$ 按要求调整电路,按表 1-1-12 要求测量并填表,计算 $A_{uf}$。

表 1-1-12　负反馈放大器开环和闭环电压放大倍数测量数据记录表

| | $R_L/k\Omega$ | $U_i/mV$ | $U_o/mV$ | $A_u(A_{uf})$ |
|---|---|---|---|---|
| 开　环 | $\infty$ | 1 | | |
| | 1.5 | 1 | | |
| 闭　环 | $\infty$ | 1 | | |
| | 1.5 | 1 | | |

2. 负反馈对失真的改善作用

(1) 将图 1-1-22 电路开环,逐步加大 $U_i$ 幅度,使输出信号出现失真(注意:不要过分失真),记录失真波形幅度。

(2) 将电路闭环,观察输出情况,并适当增加 $U_i$ 幅度,使输出幅度接近开环时失真波形幅度。

(3) 若 $R_F = 3$ kΩ 不变,但 $R_F$ 接入 V1 的基极,会出现什么情况?用实验验证。

(4) 画出上述各步实验的波形图。

3. 测量放大器频率特性

(1) 将图 1-1-22 电路先开环,$R_L = \infty$,$U_i$ 选择适当幅度(频率为 1 kHz),使放大电路输出波形不失真的情况下,用交流毫伏表测出 $U_o$ 或用示波器测出 $U_{o,PP}$。

(2) 保持输入信号幅度不变逐步增加频率,直到放大电路输出信号减小为原来的 70.7%,此时信号频率即为放大器的 $f_H$。

(3) 条件同上,但逐渐减小频率,测得 $f_L$。

(4) 将电路闭环,重复(1)～(3)步骤,并将结果填入表 1-1-13 中。

表 1-1-13　放大器频率特性测量数据记录表

| | $f_H/Hz$ | $f_L/Hz$ | $f_{BW} = f_H - f_L$ |
|---|---|---|---|
| 开环 | | | |
| 闭环 | | | |

### 四、实验报告

(1) 将实验值与理论值比较。分析误差原因。

(2) 根据实验内容总结负反馈对放大电路的影响。

(3) 思考题:若输入信号存在失真,能否用负反馈来改善?

## 任务六 射极跟随器

### 一、任务目标

(1) 掌握射极跟随器的特性及测量方法。

(2) 进一步学习放大器各项参数的测量方法。

### 二、任务分析

图 1-1-25 所示为射极跟随器实验电路。射极跟随器是一个电压串联负反馈放大电路,具有输入电阻高、输出电阻低、电压放大倍数接近于 1 和输出电压与输入电压相同的特点。输出电压能够在较大的范围内跟随输入电压作线性变化,具有优良的跟随特性,故又称电压跟随器。

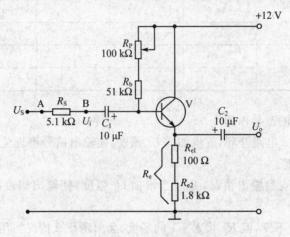

图 1-1-25 射极跟随器

1. 输入电阻 $R_i$

设图 1-1-25 电路的负载为 $R_L$,则输入电阻为 $R_i = [r_{be} + (1+\beta)R_L'] \mathbin{/\mkern-5mu/} R_B$,式中 $R_L' = R_L \mathbin{/\mkern-5mu/} R_e$。

因为 $R_B$ 很大,所以 $R_i = r_{be} + (1+\beta)R_L' \approx \beta R_L'$。

若射极输出器不接负载 $R_L$,$R_B$ 又很大,则 $R_i = \beta R_e$。

2. 输出电阻 $R_o$

在放大器的输出端(见图 1-1-26)的 D、F 两点,带上负载 $R_L$,则放大器的输出信号电压 $U_L$ 将比不带负载时的 $U_o$ 有所下降,因此由放大器的输出端 D、F 看进去整个放大器相当于一个等效电源,该等效电源的电动势为 $U_S$,内阻即为放大器的输出电阻 $R_o$,按图 1-1-26 所示等效电路先使放大器开路,测出其输出电压为 $U_o$,显然 $U_o = U_S$,再使放大器带上负载 $R_L$,由于 $R_o$ 的影响,输出电压将降为

图 1-1-26 求输出电阻的
等效电路

$$U_{oL} = \frac{U_S R_L}{R_o + R_L}$$

因为 $U_o = U_S$，则 $R_o = \left(\dfrac{U_o}{U_{oL}} - 1\right) R_L$。

因此，在已知负载 $R_L$ 的条件下，只要测出 $U_o$ 和 $U_{oL}$，就可按上式算出射极输出器的输出电阻 $R_o$。

**3. 电压跟随范围**

电压跟随范围是指电压跟随器输出电压随输入电压作线性变化的区域，但在输入电压超过一定范围时，输出电压便不能跟随输入电压作线性变化，失真急剧增加。

已知射极跟随器的 $A_u = \dfrac{U_o}{U_i} \approx 1$。由此说明，当输入信号 $U_i$ 升高时，输出信号 $U_o$ 也升高；反之，若输入信号降低，输出信号也降低，因此射极输出器的输出信号与输入信号是同相变化的，这就是射极输出器的跟随作用。所谓跟随范围就是输出电压能够跟随输入电压摆动到的最大幅度还不至于失真，换句话说，跟随范围就是发射极的输出动态范围。

本任务所需的仪器：函数信号发生器、双踪示波器、交流毫伏表、数字万用表、模拟电路实验箱。

**三、任务实施过程**

**1. 静测量态工作点**

按图 1-1-25 所示电路接线，在 B 点加入 $f = 1$ kHz 正弦波信号，输出端用示波器监视，反复调整 $R_P$ 及信号源输出幅度，使输出幅度在示波器屏幕上得到一个最大不失真波形，然后断开输入信号，用万用表直流电压挡测晶体管 V 各极对地的电位，即为该放大器静态工作点，将所测数据填入表 1-1-14 中。

表 1-1-14　静态工作点测量数据记录表

| $V_E/V$ | $V_B/V$ | $V_C/V$ | $I_E = V_E/R_e$ |
|---------|---------|---------|------------------|
|         |         |         |                  |

**2. 测量电压放大倍数 $A_u$**

在上述静态条件下，接入负载 $R_L = 1$ kΩ。调节信号发生器为正弦波，使 $f = 1$ kHz，用示波器观察，在输出最大不失真情况下测 $U_i$、$U_{oL}$ 值，并填入表 1-1-15 中。

表 1-1-15　电压放大倍测量数数据记录表

| $U_i/V$ | $U_{oL}/V$ | $A_u = U_{oL}/U_i$ |
|---------|------------|---------------------|
|         |            |                     |

**3. 测量输出电阻 $R_o$**

在上述静态条件下，由 B 点加入 $f = 1$ kHz 的正弦波信号，$U_i = 100$ mV 左右，用示波器观察输出波形，测空载输出电压 $U_o(R_L = \infty)$、有负载输出电压 $U_{oL}(R_L = 2.2$ kΩ$)$ 的值，并将所测数据填入表 1-1-16 中。

表 1-1-16　输出电阻测量数据记录表

| $U_o/mV$ | $U_{oL}/mV$ | $R_o = (U_o/U_{oL} - 1)R_L$ |
|----------|-------------|------------------------------|
|          |             |                              |

4．测量放大器输入电阻 $R_i$

在上述静态条件下，在 A 点加入 $f=1\ \text{kHz}$ 的正弦信号，使 B 点 $U_i=100\ \text{mV}$，用示波器观察输出波形，用交流毫伏表分别测 A、B 点对地电压 $U_s$、$U_i$。将测量数据填入表 1-1-17 中。

表 1-1-17　输入电阻测量数据记录表

| $U_s/V$ | $U_i/V$ | $R_i=[U_i/(U_s-U_i)]R_S$ |
|---|---|---|
|  | 0.1 |  |

5．测量跟随特性

接入负载 $R_L=2.2\ \text{k}\Omega$，在 B 点加入 $f=1\ \text{kHz}$ 的正弦信号，逐步增大输入信号幅度 $U_i$，用示波器监视输出端，在波形不失真时，测量所对应的 $U_{oL}$ 值，填入表 1-1-18 中，计算出 $A_u$。

表 1-1-18　跟随特性测量数据记录表

| $U_i/V$ |  |  |  |  |
|---|---|---|---|---|
| $U_{oL}/V$ |  |  |  |  |
| $A_u/V$ |  |  |  |  |

**四、实验报告**

（1）绘出实验原理电路图，标明实验的元件参数值。

（2）整理实验数据并将实验结果与理论计算值进行比较。

## 任务七　差动放大电路

**一、任务目标**

（1）加深对差动放大器的工作原理及性能特点的理解。

（2）掌握差动放大器的基本测试方法。

**二、任务分析**

差动放大电路是采用两个对称的单管放大电路组成的，如图 1-1-27 所示，它具有较大的抑制零点漂移的能力。当静态时，由于电路对称两管的集电极电流相等，管压降也相等，所以总的输出变化电压 $\Delta U_o=0$。当有信号输入时，因每个均压电阻 $R$ 相等，所以在两个晶体 V1 和 V2 的基极是加入两个大小相等方向相反的差模信号电压，即

$$\Delta U_{i1}=\Delta U_{i2}=\frac{1}{2}\Delta U_i$$

放大器总输出电压的变化

$$\Delta U_o=\Delta U_{o1}-\Delta U_{o2}$$

因为

$$\Delta U_{o1}=A_{u1}\left(\frac{1}{2}\Delta U_i\right),\quad \Delta U_{o2}=A_{u2}\left(\frac{1}{2}\Delta U_i\right)$$

其中，$A_{u1}$、$A_{u2}$ 为 V1、V2 组成单管放大器的放大倍数，所以

$$\Delta U_o=-\frac{1}{2}A_{u1}\times\Delta U_i-\frac{1}{2}A_{u2}\Delta U_i=-\frac{1}{2}(A_{u1}+A_{u2})\Delta U_i$$

当电路完全对称时，$A_{u1}=A_{u2}$，则

$$\Delta U_o=-A_u\Delta U_i$$

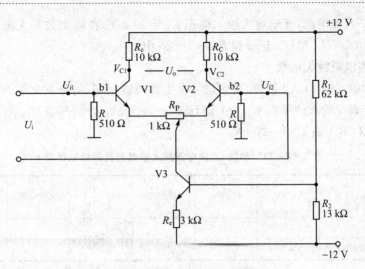

**图 1-1-27 差动放大电路**

即 $A_u = \dfrac{\Delta U_o}{\Delta U_i} = \dfrac{\Delta U_{o1}}{\Delta U_{i1}} = \dfrac{\Delta U_{o2}}{\Delta U_{i2}}$。由此可见，差动放大器的放大倍数与单管放大器相同。

实际上，要求电路参数完全对称是不可能的，在图 1-1-27 所示电路中 V3 用作恒流源，使其集电极电流 $I_{C3}$ 基本上不随 $U_{CE3}$ 而变。其抑制零漂的作用原理是：假设温度升高，静态电流 $I_{C1}$、$I_{C2}$ 都增大。$I_{C3}$ 增大，引起 $R_{C1}$ 上压降增大，但 $V_{B3}$ 是固定不变的，于是迫使 $U_{BE3}$ 下降；随着 $U_{BE3}$ 下降，并抑制了 $I_{C3}$ 的增大，因为 $I_{C3} = I_{C1} + I_{C2}$。同样，$I_{C1}$ 和 $I_{C2}$ 也受到抑制。这就达到了抑制零漂的目的。

为了表征差动放大器对共模信号的抑制能力，引入共模抑制比 CMRR，其定义为放大器对差模信号的放大倍数 $A_d$ 与其共模信号的放大倍数 $A_c$ 之比值：

$$CMRR = \frac{A_d}{A_c}$$

本任务所需的仪器：函数信号发生器、双踪示波器、交流毫伏表、数字万用表、模拟电路实验箱。

### 三、任务实施过程

按图 1-1-27 连接实验电路，检查无误后接通 ±12 V 电源。

**1. 测量静态工作点**

(1) 调零：将输入端短路并接地，接通直流电源，调节电位器 $R_P$ 使双端输出电压 $U_o = 0$。

(2) 测量静态工作点：测量 V1、V2、V3 各极对地电压，填入表 1-1-19 中。

**表 1-1-19 静态工作点测量数据记录表**

| 测量值/V | $V_{C1}$ | $V_{B1}$ | $V_{E1}$ | $V_{C2}$ | $V_{B2}$ | $V_{E2}$ | $V_{C3}$ | $V_{B3}$ | $V_{E3}$ |
|---|---|---|---|---|---|---|---|---|---|
|  |  |  |  |  |  |  |  |  |  |

**2. 测量差模电压放大倍数**

先断开直流电源，将函数信号发生器的输出端接差动放大输入端 b1，地端接差动放大输入端 b2，构成差模输入方式(注意：此时信号源浮地)，调节输入信号频率 $f = 1\text{kHz}$ 的正弦波，输出旋钮旋至零，用示波器监视输出端。

接通±12 V 直流电源,逐渐增大输入电压 $U_i$ 至 50 mV,在输出波形无失真的情况下,用毫伏表分别测量 $U_{C1}$、$U_{C2}$ 和 $U_o$,记录在表 1-1-20 中。

3. 测量共模电压放大倍数

将差动放大输入端 b1、b2 短接,接到信号发生器的输入端,信号发生器另一端接地,构成共模输入方式。调节输入信号频率 $f=1$ kHz,$U_i=100$ mV,分别测量 $U_{C1}$、$U_{C2}$ 和 $U_o$,算出共模抑制比 CMRR,填入表 1-1-20 中。

表 1-1-20 差模、共模电压放大倍数测量数据记录表

| 信号输入方式 | $U_i$/mV | $U_{C1}$/V | $U_{C2}$/V | $U_o$/V | $A_d=\dfrac{U_o}{U_i}$ | $A_c=\dfrac{U_o}{U_i}$ | $CMRR=\left\|\dfrac{A_d}{A_c}\right\|$ |
|---|---|---|---|---|---|---|---|
| 差模输入 | 50 | | | | | — | |
| 共模输入 | 100 | | | | — | | |

4. 单端输入的差放电路进行下列实验

将图 1-1-27 所示的 b2 端接地,组成单端输入差动放大器,从 b1 端输入直流信号 $U_i=\pm0.1$ V,测量单端及双端输出,记录电压值填入表 1-1-21 中。计算单端输入时的单端及双端输出的电压放大倍数,并与双端输入时的单端及双端差模电压放大倍数进行比较。

表 1-1-21 单端输入差放电路测量数据记录表

| 输入信号 $U_i$ | 测量及计算值 | | | |
|---|---|---|---|---|
| | $U_{C1}$/V | $U_{C2}$/V | $U_o$/V | $A_u$ |
| +0.1 V | | | | |
| -0.1 V | | | | |

四、实验报告

(1) 根据实测数据计算图 1-1-27 所示电路的静态工作点,与理论计算结果相比较。

(2) 整理实验数据,计算 $A_d$、$A_c$ 和 CMRR 值。

(3) 总结差动放大电路的性能和特点。

# 任务八 比例、求和运算电路

## 一、任务目标

(1) 掌握用集成运算放大器组成比例、求和电路的特点及性能。

(2) 学会上述电路的测试和分析方法。

## 二、任务分析

集成运算放大器(简称运放)是一种高放大倍数、直接耦合的多级直流放大器。在外部接入负反馈电路和一定的外围元件,便可实现模拟信号不同形式的运算。本任务只对比例、加法、减法运算进行测试和分析。

本任务采用型号为 LM741 的集成运放,其引脚排列图如图 1-1-28 所示,它为 8 脚双列直插式组件,其引脚分别为:②脚反相输入端;③脚同相输入端;④脚接负电源端;⑥脚输出端;⑦脚接正电源;⑧脚空脚;①脚和⑤脚为调零端,两引脚之间可接入一个 100 kΩ 的电位器,并

将滑动端接到负电源端,如图1-1-29所示。

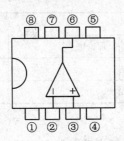

图1-1-28　LM741引脚图

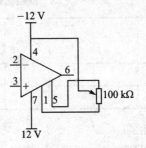

图1-1-29　调零电路

(1)比例运算放大电路包括反相比例、同相比例运算电路,是其他各种运算电路的基础,即

反相比例放大器

$$A_{\mathrm{f}} = \frac{U_{\mathrm{o}}}{U_{\mathrm{i}}} = -\frac{R_{\mathrm{F}}}{R_1}$$

同相比例放大器

$$A_f = \frac{U_{\mathrm{o}}}{U_{\mathrm{i}}} = 1 + \frac{R_{\mathrm{F}}}{R_1}$$

当$R_{\mathrm{F}} = 0$或$R_1 = \infty$时,$A_f \approx 1$的这种电路称为电压跟随器。

(2)求和电路的输出量反映多个模拟输入量相加的结果,用运算实现求和运算时,可以采用反相输入方式,也可以采用同相输入或双端输入的方式,即

反相求和电路

$$U_{\mathrm{o}} = -\left( \frac{R_{\mathrm{F}}}{R_1} \times U_{\mathrm{i1}} + \frac{R_{\mathrm{F}}}{R_2} \times U_{\mathrm{i2}} \right)$$

若$R_1 = R_2$,则$U_{\mathrm{o}} = -\frac{R_{\mathrm{F}}}{R_1}(U_{\mathrm{i1}} + U_{\mathrm{i2}})$。

双端输入求和电路

$$U_{\mathrm{o}} = \left( 1 + \frac{R_{\mathrm{F}}}{R_1} \right) \left( \frac{R_3}{R_2 + R_3} \right) U_{\mathrm{i2}} - \frac{R_{\mathrm{F}}}{R_1} U_{\mathrm{i1}}$$

当$R_1 = R_2$,$R_3 = R_{\mathrm{F}}$时,则有$U_{\mathrm{o}} = \frac{R_{\mathrm{F}}}{R_1}(U_{\mathrm{i2}} - U_{\mathrm{i1}})$。当$R_1 = R_2 = R_3 = R_{\mathrm{F}}$时,则有$U_{\mathrm{o}} = U_{\mathrm{i2}} - U_{\mathrm{i1}}$。

本任务所需的仪器:函数信号发生器、双踪示波器、数字万用表、模拟电路实验箱。

**三、任务实施过程**

1. 反相比例放大器

实验电路如图1-1-30所示。输入$f = 100$ Hz,$U_{\mathrm{i}} = 200$ mV的正弦交流信号,测量$U_{\mathrm{A}}$、$U_{\mathrm{B}}$和$U_{\mathrm{o}}$,并用示波器观察$U_{\mathrm{o}}$和$U_{\mathrm{i}}$的相位关系,记入表1-1-22中。

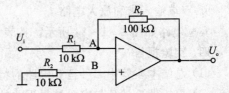

图1-1-30　反相比例放大器

2. 同相比例放大器

实验电路如图1-1-31所示。步骤同上,将实验结果记入表1-1-22中。

表 1 - 1 - 22　反相比例、同相比例放大器测量数据记录表

| 电　路 | $U_i/V$ | $U_o/V$ | $U_A/V$ | $U_B/V$ | $A_{uf}$ | | $U_i$ 波形 | $U_o$ 波形 |
| --- | --- | --- | --- | --- | --- | --- | --- | --- |
| | | | | | 实测值 | 理论值 | | |
| 反相比例 | | | | | | | | |
| 同相比例 | | | | | | | | |

**3. 电压跟随器**

实验电路如图 1 - 1 - 32 所示，按表 1 - 1 - 23 内容进行实验并测量记录。

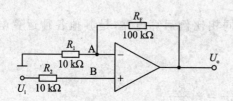

图 1 - 1 - 31　同相比例放大器　　　　图 1 - 1 - 32　电压跟随器

表 1 - 1 - 23　电压跟随器测量数据记录表

| | $U_i/V$ | $-2$ | $-0.5$ | 0 | 0.5 | 1 |
| --- | --- | --- | --- | --- | --- | --- |
| $U_o/V$ | $R_L=\infty$ | | | | | |
| | $R_L=5.1\ k\Omega$ | | | | | |

**4. 反相求和放大电路**

实验电路如图 1 - 1 - 33 所示。按表 1 - 1 - 24 内容进行实验测量，并与理论计算比较。

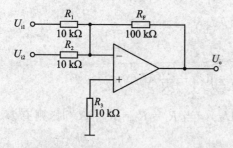

图 1 - 1 - 33　反相求和放大电路

表 1 - 1 - 24　反相求和放大电路测量数据记录表

| $U_{i1}/V$ | 0.3 | $-0.3$ |
| --- | --- | --- |
| $U_{i2}/V$ | 0.2 | 0.2 |
| $U_o/V$ | | |

**5. 双端输入求和放大电路**

实验电路如图 1 - 1 - 34 所示。按表 1 - 1 - 25 要求进行实验并测量记录。

**四、实验报告**

(1) 总结本实验中 5 种运算电路的特点及性能。

(2) 分析理论计算与实验结果误差的原因。

(3) 整理实验数据。

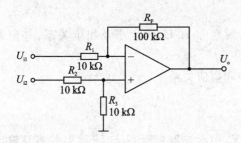

图 1-1-34　双端输入求和电路

表 1-1-25　双端输入求和电路测量数据记录表

| $U_{i1}/V$ | 1 | 2 | 0.2 |
|---|---|---|---|
| $U_{i2}/V$ | 0.5 | 1.8 | -0.2 |
| $U_o/V$ | | | |

## 任务九　积分与微分电路

### 一、任务目标

（1）掌握用运算放大器组成积分、微分电路。

（2）掌握积分、微分电路的特点及性能。

### 二、任务分析

积分电路是模拟计算机中的基本单元。利用它可以实现对微分方程的模拟，同时它也是控制和测量系统中的重要单元。利用它的充、放电过程，可以实现延时、定时以及产生各种波形。

图 1-1-35 所示的积分电路，它和反相比例放大器的不同之处是用 $C$ 代替反馈电阻 $R_F$，利用虚地的概念可知

$$i_i = \frac{U_i}{R}, \qquad U_o = -U_C = -\frac{1}{C}\int i_C \mathrm{d}t = -\frac{1}{RC}\int U_i \mathrm{d}t$$

即输出电压与输入电压成积分关系。

微分电路是积分运算的逆运算。图 1-1-36 所示为微分电路图，它与图 1-1-35 的区别仅在于电容 $C$ 变换了位置。利用虚地的概念则有

$$U_o = -i_C R = -RC \frac{\mathrm{d}U_C}{\mathrm{d}t} = -RC \frac{\mathrm{d}U_i}{\mathrm{d}t}$$

故知输出电压是输入电压的微分。

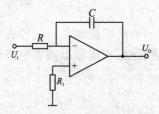

图 1-1-35　积分电路

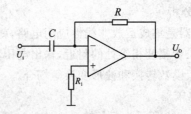

图 1-1-36　微分电路

本任务所需的仪器：函数信号发生器、双踪示波器、数字万用表、模拟电路实验箱。

### 三、任务实施过程

1. 积分电路

实验电路如图 1-1-37 所示。

（1）$U_i$ 分别输入 100 Hz、幅值为 2 V 的正弦波和方波信号，观察 $U_i$ 和 $U_o$ 的大小及相位关

系,并记录波形。

(2) $U_i$ 输入信号不变,积分电容改为 0.1 μF,观察 $U_i$ 和 $U_o$ 的大小及相位关系,并记录波形。

(3) 改变输入信号的频率,观察 $U_i$ 与 $U_o$ 的相位和幅值关系。

**2. 微分电路**

实验电路如图 1-1-38 所示。

(1) 输入正弦波信号 $f=160$ Hz 有效值为 1 V,用示波器观察 $U_i$ 与 $U_o$ 波形并测量输出电压。

(2) 改变正弦波频率(20～400 Hz)观察 $U_i$ 与 $U_o$ 的相位、幅值变化情况并记录。

(3) 输入方波,$f=200$ Hz,幅值为 ±1 V,用示波器观察 $U_o$ 波形;按上述步骤重复实验。

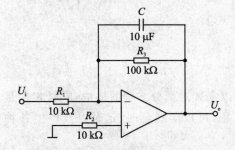

图 1-1-37 实验用积分电路

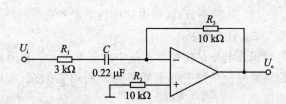

图 1-1-38 实验用微分电路

**四、实验报告**

(1) 整理实验中的数据及波形,总结积分、微分电路特点。

(2) 分析实验结果与理论计算的误差原因。

## 任务十 电压比较器

### 一、任务目标

(1) 掌握比较器的电路构成及特点。

(2) 学会测试比较器的方法。

### 二、任务分析

电压比较器是集成运放非线性应用电路,就是将一个模拟量的电压信号去和一个参考电压相比较,在二者幅度相等处的附近,输出电压将产生跃变,相应输出高电平或低电平。通常用于越限报警、模数转换和波形变换等场合。

**1. 过零比较器**

如图 1-1-39 所示为反相输入方法的过零比较器,利用两个背靠背的稳压管实现限幅。集成运放处于开环工作状态,由于理想运放的开环差模增益 $A_{od}=\infty$,因此,当 $U_i<0$ 时,$U_o=+U_{o,PP}$(为最大输出电压)$>U_Z$,导致上稳压管导通,下稳压管反向击穿,$U_o=+U_Z=+6$ V。

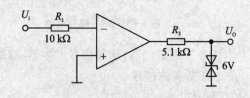

图 1-1-39 过零比较器

当 $U_i>0$ 时,$U_o=-U_{o,PP}$,导致上稳压管反向击穿,下稳压管正向导通,$U_o=-U_Z=-6$ V,

其比较器的传输特性如图 1-1-40 所示。

**2. 反相滞回比较器**

如图 1-1-41 所示,利用叠加原理求得同相输入端的电位为

$$U_+ = \frac{R_F}{R_2 + R_F}U_{REF} + \frac{R_2}{R_2 + R_F}U_o$$

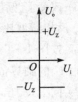

图 1-1-40　过零比较器的传输特性

若原来 $U_o = +U_Z$,当 $U_i$ 逐渐增大时,使 $U_o$ 从 $+U_Z$ 跳变到 $-U_Z$ 所需的门限电平用 $U_{T+}$ 表示,则 $U_{T+} = \frac{R_F}{R_2 + R_F}U_{REF} + \frac{R_2}{R_2 + R_F}U_Z$;若

原来 $U_o = -U_Z$,当 $U_i$ 逐渐减小时,使 $U_o$ 从 $-U_Z$ 跳变到 $+U_Z$ 所需的门限电平用 $U_{T-}$ 表示,则

$U_{T-} = \frac{R_F}{R_2 + R_F}U_{REF} - \frac{R_2}{R_2 + R_F}U_Z$;上述两个门限电平之差称为门限宽度线回差,用 $\Delta U_T$ 表示为

$$\Delta U_T = U_{T+} - U_{T-} = \frac{2R_2}{R_2 + R_F}U_Z$$

门限宽度 $\Delta U_T$ 的值取决于 $U_Z$ 及 $R_2$、$R_F$ 的值,与参考电压 $U_{REF}$ 无关。改变 $U_{REF}$ 的大小可同时调节 $U_{T+}$ 和 $U_{T-}$ 的大小,滞回比较器的传输特性可左右移动,但滞回曲线的宽度将保持不变。

**3. 同相输入滞回比较器**

如图 1-1-42 所示,由于 $U_- = U_{REF} = 0$,故 $U_+ = U_- = 0$。利用叠加原理可得

$$U_+ = \frac{R_F}{R_1 + R_F}U_i + \frac{R_1}{R_1 + R_F}U_o = 0, \qquad U_i = -\frac{R_1}{R_F}U_o$$

$U_T$ 即为阈值,$U_{T+} = \frac{R_1}{R_F}U_Z$,$U_{T-} = -\frac{R_1}{R_F}U_Z$。

所以 
$$\Delta U_T = U_{T+} - U_{T-} = \frac{R_1}{R_F}U - \left(-\frac{R_1}{R_F}U_2\right) = 2\frac{R_1}{R_F}U_Z$$

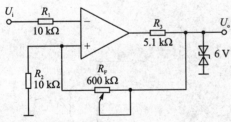

图 1-1-41　反相滞回比较器

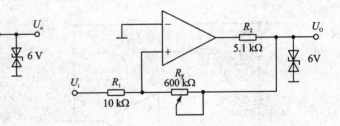

图 1-1-42　同相滞回比较器

滞回曲线如图 1-1-43 所示。

本任务所需仪器:函数信号发生器、双踪示波器、数字万用表、模拟电路实验箱。

**三、任务实施过程**

**1. 过零比较器**

(1) 按图 1-1-39 所示接线,$U_i$ 悬空时测 $U_o$ 电压。

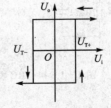

图 1-1-43　同相输入滞回比较器的滞回曲线

(2) $U_i$ 是输入频率为 500 Hz、有效值为 1 V 的正弦波,观察并记录 $U_i$ 与 $U_o$ 波形。

（3）改变 $U_i$ 幅值，观察 $U_o$ 变化。

**2. 反相滞回比较器**

（1）按图 1-1-41 所示接线，并将 $R_F$ 调为 100 kΩ，$U_i$ 接 DC 电压源，测出 $U_o$ 由 $+U_{om} \rightarrow$ $-U_{om}$ 时 $U_i$ 的临界值。

（2）同上，测出 $U_o$ 由 $-U_{om} \rightarrow +U_{om}$ 时 $U_i$ 的临界值。

（3）$U_i$ 接频率为 500 Hz 有效值为 1 V 的正弦信号，观察并记录 $U_i$ 与 $U_o$ 波形。

（4）将电路中 $R_F$ 调为 200 kΩ，重复上述实验。

**3. 同相滞回比较器**

实验电路如图 1-1-42 所示。

（1）参照反相滞回比较器自拟实验步骤及方法。

（2）将结果与其相比较。

**四、实验报告**

（1）整理实验数据及波形图，并与理论计算值比较。

（2）总结几种比较器的特点。

## 任务十一　集成电路 RC 正弦波振荡器

**一、任务目标**

（1）掌握 RC 桥式正弦波振荡器的电路构成及工作原理。

（2）熟悉正弦波振荡器的调整、测试方法。

（3）观察 RC 参数对振荡频率的影响，学习振荡频率的测定方法。

**二、任务分析**

RC 桥式振荡电路如图 1-1-44 所示，电路是采用 RC 串并联网络作为选频和反馈网络，这种振荡电路又叫文氏电桥振荡电路，其反馈电路可简化为图 1-1-45 所示形式。

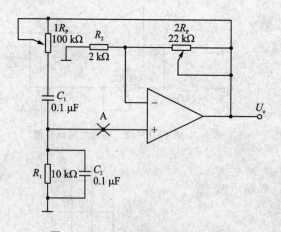

图 1-1-44　RC 桥式正弦波振荡器

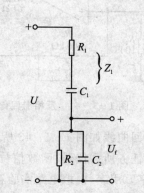

图 1-1-45　简化反馈电路

当 $f = f_0 = \dfrac{1}{2\pi RC}$ 时，$\dot{U}_f$ 的幅值达到最大，等于 $\dot{U}$ 幅值的 1/3，同时 $\dot{U}_f$ 与 $\dot{U}$ 同相。

其起振条件是：必须使 $|AF| > 1$。因此桥式 RC 振荡电路的起振条件为 $\left| A \times \dfrac{1}{3} \right| > 1$，即

$|A|>3$。

因为同相比例运算电路的电压放大倍数为 $A_{uf}=1+\dfrac{R_F}{R_1}$，所以实际振荡电路中负反馈支路的参数应满足以下关系：

$$1+\frac{R_F}{R_1}>3$$

则

$$R_F>2R_1$$

在图 1-1-44 中，只要 $2R_P$ 的阻值大于 $2R_2$ 的阻值，电路就可以振荡。

完成下列填空：

图 1-1-44 中，正反馈支路是由_____组成，这个网络具有_____特性，要改变振荡频率，只要改变_____或_____的数值即可。

图 1-1-44 中，$2R_P$ 和 $R_2$ 组成_____反馈，其中_____是用来调节放大器的放大倍数的，使 $A_u\geqslant3$。

本任务所需仪器：函数信号发生器、双踪示波器、频率计、模拟电路实验箱。

**三、任务实施过程**

(1) 按图 1-1-44 接线。注意：电阻 $1R_P=R_1$ 需预先调好再接入。

(2) 用示波器观察输出波形。思考：

① 若元件完好，接线正确，电源电压正常，而 $U_o=0$，原因何在？应怎么办？

② 有输出但出现明显失真，应如何解决？

(3) 用频率计测量上述电路输出频率。测出 $U_o$ 的频率 $f_o$，并与计算值比较。

(4) 改变振荡频率：在实验箱上使文氏桥电阻 $R=10\ \text{k}\Omega+20\ \text{k}\Omega$，先将 $1R_P$ 调到 30 kΩ，然后在 $R_1$ 与地端串入 1 个 20 kΩ 电阻即可。注意：改变参数前，必须先关断实验箱电源开关，检查无误后再接通电源。测 $f_o$ 之前，应适当调节 $2R_P$，使 $U_o$ 无明显失真后，再测频率。

(5) 测定运算放大器放大电路的闭环电压放大倍数 $A_{uf}$。

测出图 1-1-44 所示电路输出电压 $U_o$ 值后，关断实验箱电源，保持 $2R_P$ 及信号发生器频率不变，断开图 1-1-44 中 A 点接线，把低频信号发生器的输出电压接至一个电位器上，再从这个电位器的滑动接点取 $U_i$ 接至运放同相输入端。如图 1-1-46 所示，调节 $U_i$ 使 $U_o$ 等于原值。测出此时的 $U_i$ 值，则 $A_{uf}=U_o/U_i=$_____倍。

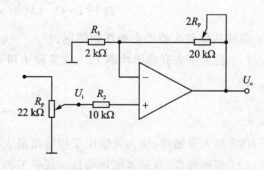

图 1-1-46 闭环电压放大倍数测试

**四、实验报告**

(1) 电路中哪些参数与振荡频率有关？将振荡频率的实测值与理论估算值比较，分析产生误差的原因。

(2) 总结改变负反馈深度对振荡器起振的幅值条件及输出波形的影响。

## 任务十二　集成功率放大器

### 一、任务目标

(1) 熟悉集成功率放大器的特点。

(2) 掌握集成功率放大器的主要性能指标及测量方法。

### 二、任务分析

LM386 是一种低电压通用型集成功率放大器,其内部电路及引脚排列如图 1-1-47 所示,引脚排列采用 8 脚双列直插式塑料封装。LM386 集成功放典型应用参数是:直流电源电压范围为 4~12 V,额定输出功率为 600 mW,带宽为 300 kHz(引脚 1 和 8 开路),输入阻抗为 50 kΩ。LM386 内部电路由输入级、中间级和输出级等组成。

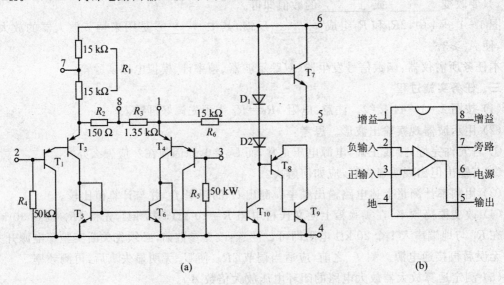

(a)　　　　　　　　　　(b)

**图 1-1-47　LM386 内部电路及管脚排列**

集成功率放大器的主要性能指标:

(1) 最大不失真输出功率 $P_{om}$:在实验中可通过测量 $R_L$ 两端的电压有效值来求得实际的 $P_{om}$,即

$$P_{om} = \frac{U_o^2}{R_L}$$

(2) 输入灵敏度:输入灵敏度是指输出最大不失真功率时输入信号 $U_i$ 的值。

(3) 频率响应:详见本模块项目一任务五的频率响应特性测试。

本任务所需仪器:函数信号发生器、双踪示波器、数字万用表、模拟电路实验箱。

### 三、任务实施过程

(1) 图 1-1-48 所示电路为实验电路。$V_{CC} = 12$ V,先不加信号,测量静态工作电流及集成芯片各引脚对地的电压。

(2) 在输入端接 1 kHz 信号,用示波器观察输出波形,逐渐增加输入电压幅度,使输出电压为最大而且不失真,记录此时输入电压和输出电压幅值,并记录波形。

(3) 去掉 10 μF 电容 $C_2$,重复上述实验。

（4）改变电源电压（选 5 V、9 V 两挡）重复上述实验。

（5）测量频率响应特性：测量方法与本模块项目一任务五中放大电路频率特性的测量方法相同。

**四、实验报告**

（1）根据实验测量值计算各种情况下 $P_{om}$。

（2）在实验测试过程中出现什么问题？是怎样解决的？

（3）思考题：在芯片允许的功率范围内，加大输出功率的措施有哪些？

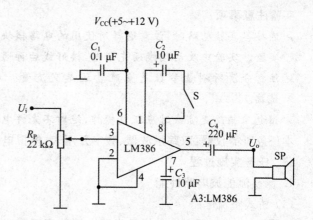

图 1 - 1 - 48　LM386 构成的集成功放电路

## 任务十三　直流稳压电源

**一、任务目标**

（1）掌握整流滤波电路与集成稳压器的工作原理。

（2）掌握稳压电源主要性能指标的测试方法。

**二、任务分析**

本任务所用集成稳压器为三端固定正稳压器 LM7805，它的主要参数有：输出直流电压 $U_o$ 为 +5 V，最大输出电流为 1.5 A。同类型 78M 系列的输出电路为 0.5 A，78L 系列的输出电流为 0.1 A。电压调整率 10 mV/V，输出电阻 $R_o$ 为 0.15 Ω，输入电压 $U_i$ 的范围为 8~10 V。因为一般 $U_i$ 要比 $U_o$ 大 3~5 V，才能保证集成稳压器工作在线性区。

用三端稳压器 LM7805 构成的单电源电压输出串联型稳压电源的实验电路如图 1 - 1 - 49 所示。其中，整流部分是由 4 个二极管组成的桥式整流器，滤波电容 $C$ 一般选取几百～几千微法。当稳压器距离整流滤波电路比较远时，在输入端必须接入电容 $C_1$（数值为 0.33 μF），以抵销线路的电感效应，防止产生自激振荡。输出端电容 $C_2$（1 μF）用以滤除输出端的高频信号，改善电路的暂态响应。

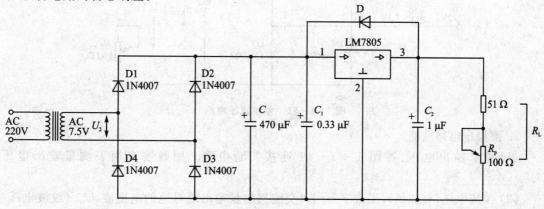

图 1 - 1 - 49　LM7805 构成的串联型稳压电源

**实验注意事项:**

➤ 连接各实验电路时,注意选择所使用的电路模块,断电连接电路,检查无误后方可进行实验。实验中改动接线须先断电,接好线后再通电实验。

➤ 注意分清所测量参数是直流量还是交流量。用示波器观察波形时,要正确连接测试端。

➤ 用电阻箱改变负载时应断电操作,绝对不允许电阻箱阻值为零时接入电路中。

本任务所需仪器:双踪示波器、数字万用表、模拟电路实验箱、电阻箱。

### 三、任务实施过程

**1. 测整流滤波电路性能**

(1) 桥式整流电路

按图1-1-50所示连接实验电路。用数字万用表分别测量变压器的次级电压$U_2$和整流输出电压$U_o$并填入表1-1-26中,用示波器分别观察$U_2$和$U_o$波形,画在表1-1-26中。

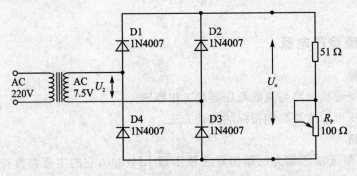

**图1-1-50 桥式整流电路**

(2) 整流滤波电路

按图1-1-51连接实验电路。用数字万用表测量电压$U_o$并填入表1-1-26中,用示波器观察$U_o$波形,画在表1-1-26中。

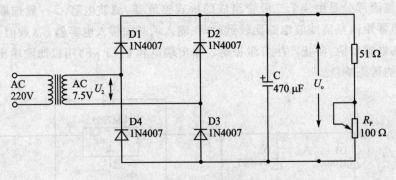

**图1-1-51 整流滤波电路**

**2. 测稳压电路性能**

(1) 稳定输出电压:按图1-1-49连接实验电路。用数字万用表测量输出电压 $U_o = $ _____。

(2) 纹波电压(有效值):用数字万用表交流挡测量输出端对地的电压值,$U_{o\sim}$(纹波电压) = _____。

(3) 改变负载。保持交流输入电压不变,用电阻箱分别构成 155 Ω、55 Ω、45 Ω、35 Ω、25 Ω 的负载,测量其相对应的输出电压,填入表 1-1-27 中。

**表 1-1-26 整流滤波电路性能测量记录表**

| 电 压 | $U_2$ | $U_o$(整流) | $U_o$(滤波) |
|---|---|---|---|
| 测量值(V) | | | |
| 波形 | | | |

**表 1-1-27 稳压电路性能测量记录表**

| 负载电阻/Ω | 155 | 55 | 45 | 35 | 25 |
|---|---|---|---|---|---|
| 输出电压/V | | | | | |

### 四、实验报告

(1) 整理实验数据。

(2) 总结稳压电源的输出电压随负载电阻的变化规律。

(3) 总结本实验所用的三端稳压器的应用方法。

(4) 回答问题:① 表 1-1-27 中对应的负载电流是多少? ② 怎样用示波器测量纹波电压? ③ 用示波器同时观察 $U_2$ 和 $U_o$ 波形会出现什么现象? 为什么?

## 任务十四 晶闸管可控整流电路

### 一、任务目标

(1) 学习单结晶体管和晶闸管的简易测试方法。

(2) 熟悉单结晶体管触发电路(阻容移相桥触发电路)的工作原理及调试方法。

(3) 熟悉用单结晶体管触发电路控制晶闸管调压电路的方法。

### 二、任务分析

可控整流电路的作用是把交流电变换为电压值可以调节的直流电。图 1-1-52 所示为单相半控桥式整流实验电路。主电路由负载 $R_L$(灯泡)和晶闸管 $T_1$ 组成,触发电路为单结晶体管 $T_2$ 及一些阻容元件构成的阻容移相桥触发电路。改变晶闸管 $T_1$ 的导通角,便可调节主电路的可控输出整流电压(或电流)的数值,这点可由灯泡负载的亮度变化看出。晶闸管导通角的大小决定于触发脉冲的频率 $f$。由公式

$$f = \frac{1}{T} \frac{1}{RC\ln\left(1 - \frac{1}{\eta}\right)}$$

可知,当单结晶体管的分压比 $\eta$(一般在 0.5~0.8 之间)及电容 $C$ 值固定时,则频率 $f$ 由 $R$ 决定,因此,通过调节电位器 $R_W$ 便可以改变触发脉冲频率,主电路的输出电压也随之改变,从而达到可控调压的目的。

用万用电表的电阻挡(或用数字万用表二极管挡)可以对单结晶体管和晶闸管进行简易测试。

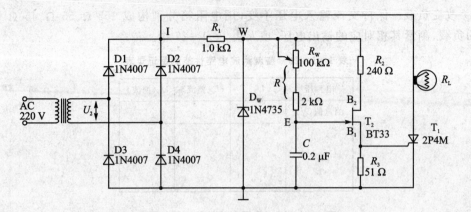

**图 1-1-52　单相半控桥式整流实验电路**

图 1-1-53 所示为单结晶体管 BT33 管脚排列、结构图及电路符号。好的单结晶体管 PN 结正向电阻 $R_{EB1}$、$R_{EB2}$ 均较小,且 $R_{EB1}$ 稍大于 $R_{EB2}$,PN 结的反向电阻 $R_{B1E}$、$R_{B2E}$ 均应很大,根据所测阻值,即可判断出各管脚及管子的质量优劣。

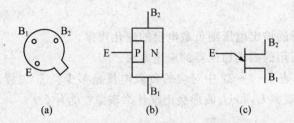

**图 1-1-53　单结晶体管 BT33 管脚排列、结构图及电路符号**

图 1-1-54 所示为晶闸管 2P4M 管脚排列、结构图及电路符号。晶闸管阳极(A)与阴极(K)以及阳极(A)与门极(G)之间的正、反向电阻 $R_{AK}$、$R_{KA}$、$R_{AG}$、$R_{GA}$ 均应很大,而 G 与 K 之间为一个 PN 结,PN 结正向电阻应较小,反向电阻应很大。

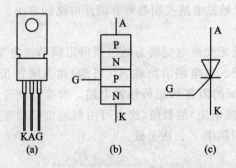

**图 1-1-54　晶闸管管脚排列、结构图及电路符号**

本任务所需仪器:双踪示波器、交流毫伏表、数字万用表、模拟电路实验箱。

**三、任务实施过程**

**1. 单结晶体管的简易测试**

用万用表 R×100 挡或 R×1k 挡分别测量 $EB_1$、$EB_2$ 间正、反向电阻,记入表 1-1-28 中。

**表1-1-28 单结晶体管测量数据记录表**

| $R_{EB1}/\Omega$ | $R_{EB2}/\Omega$ | $R_{B1E}/k\Omega$ | $R_{B2E}/k\Omega$ | 结　论 |
|---|---|---|---|---|
| | | | | |
| | | | | |

**2. 晶闸管的简易测试**

用万用电表 R×1k 挡分别测量 A 与 K、A 与 G 间正、反向电阻;用 R×10 挡测量 G 与 K 间正、反向电阻,记入表1-1-29中。

**表1-1-29 晶闸管测量数据记录表**

| $R_{AK}/k\Omega$ | $R_{KA}/k\Omega$ | $R_{AG}/k\Omega$ | $R_{GA}/k\Omega$ | $R_{GK}/k\Omega$ | $R_{KG}/k\Omega$ | 结　论 |
|---|---|---|---|---|---|---|
| | | | | | | |

**3. 晶闸管导通,关断条件测试**

断开 +12 V、+5 V 直流电源,预先将 "-5 V~-12 V"电源调到 -5 V,按图1-1-55 连接实验电路。

(1)晶闸管阳极加 12 V 正向电压

① 门极开路。

② 门极加 5 V 正向电压,观察管子是否导通 (导通时灯泡亮,关断时灯泡熄灭)。

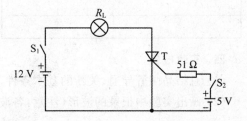

图1-1-55 晶闸管导通、关断条件测试

③ 管子导通后,去掉+5 V 门极电压,观察灯泡是否熄灭。

④ 反接门极电压(接-5 V),观察管子是否继续导通,观察灯泡是否熄灭。

(2)晶闸管导通后

① 去掉+12 V 阳极电压。

② 反接阳极电压(接-12 V),观察管子是否关断。记录实验结果。

**4. 晶闸管可控整流电路**

按图1-1-52 连接实验电路。取工频电源 AC 7.5 V 电压作为整流电路输入电压 $u_2$,电位器 $R_W$ 置中间位置。

(1)单结晶体管触发电路

① 断开主电路,接通工频电源,测量 $U_2$ 值。用示波器依次观察并记录交流电压 $u_2$、整流输出电压 $u_1$(I-⊥)、削波电压 $u_W$(W-⊥)、锯齿波电压 $u_E$(E-⊥)、触发输出电压 $u_{B1}$(B$_1$-⊥)。记录波形时,注意各波形间对应关系,并标出电压幅度及时间,记入表1-1-30中。

② 改变移相电位器 $R_W$ 阻值,观察 $u_E$ 及 $u_{B1}$ 波形的变化及 $u_{B1}$ 的移相范围,记入表1-1-30中。

**表1-1-30 晶闸管可控整流电路测量数据记录表**

| $u_2$ | $u_I$ | $u_W$ | $u_E$ | $u_{B1}$ | 移相范围 |
|---|---|---|---|---|---|
| | | | | | |

**(2) 可控整流电路**

断开工频电源,接入负载灯泡 $R_L$,再接通工频电源,调节电位器 $R_W$,使电灯由暗到中等亮,再到最亮,用示波器观察晶闸管两端电压 $u_{T1}$、负载两端电压 $u_L$,并测量负载直流电压 $U_L$ 及工频电源电压 $U_2$ 有效值,记入表 1−1−31 中。

用示波器测量导通角 $\theta$,并记入表 1−1−31 中。测量方法:导通角 $\theta = \dfrac{180°}{T} \times t$。式中,$T$ 为 $u_2$ 正半周波形 180° 所占的扫描时间,$t$ 为导通角 $\theta$ 所占的时间,如图 1−1−56 所示,$T$ 和 $t$ 均可用示波器测出,但要注意统一时间的单位。

表 1−1−31　可控整流电路测量数据记录表

| 项　目 | 暗 | 较亮 | 最亮 |
|---|---|---|---|
| $u_L$ 波形 | | | |
| $u_T$ 波形 | | | |
| 导通角 $\theta$ | | | |
| $U_L$/V | | | |
| $U_2$/V | | | |

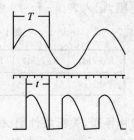

图 1−1−56　导通角 $\theta$ 测量方法示意图

**四、实验报告**

(1) 总结晶闸管导通、关断的基本条件。

(2) 画出实验中记录的波形(注意:各波形间的对应关系),并进行讨论。

# 项目二　模拟电路综合实验技能训练

## 任务一　有源滤波器

### 一、任务目标

(1) 熟悉有源滤波器的构成及其特性。

(2) 学会测量有源滤波器幅频特性。

### 二、任务分析

滤波器是一种能使某一部分频率比较顺利地通过而另一部分频率受到较大衰减的装置。常用于信息的处理、数据的传送和干扰的抑制等方面。

**1. 低通滤波器**

本实验的低通滤波电路(见图 1−2−1)为一、二阶有源滤波电路。

注意:电路中第一级的电容接到了输出端,相当于电路中引入反馈,目的是为了让输出电压在高频段迅速下降,而在接近截止频率 $\omega_0$ 的范围内输出电压又不致下降过多,从而有利于改善滤波特性。

因为两级滤波电路中的电阻、电容值相等,故它们的输入、输出关系是

$$U'_\Sigma = U_\Sigma = \frac{U_o}{A_u}, \qquad A = \frac{U'_o}{U_i} = \frac{A_u}{1 - \left(\dfrac{\omega}{\omega_0}\right)^2 \mathrm{j} \dfrac{1}{\theta} \dfrac{\omega}{\omega_0}}$$

2. 高通滤波器

将低通滤波器中起滤波作用的 $R$、$C$ 互换，即可变成高通滤波电路。高通滤波电路的频率响应和低通滤波是"镜像"关系。

它们的输入、输出关系为

$$A = \frac{U_o'}{U_i} = \frac{\left(\frac{\omega}{\omega_0}\right)^2 A_u}{1 - \left(\frac{\omega}{\omega_0}\right)^2 + j\frac{1}{Q}\frac{\omega}{\omega_0}}$$

3. 带阻滤波器

带阻滤波器是在规定的频带内，信号不能通过（或受到很大衰减）；而在其余频率范围，信号则能顺利通过。

将低通滤波器和高通滤波器进行组合，即可获得带阻滤波器。

它们的输入、输出关系为

$$A = \frac{U_o'}{U_i'} = \frac{A_u\left[1 + \left(\frac{j\omega}{\omega_0}\right)^2\right]}{1 + 2(2 - A_u)'\frac{j\omega}{\omega_0} + \left(\frac{j\omega}{\omega_0}\right)^2}$$

本任务所需的仪器：函数信号发生器、双踪示波器、模拟电路实验箱。

**三、任务实施过程**

1. 低通滤波器

实验电路如图 1-2-1 所示。其中反馈电阻 $R_F$ 选用 22 kΩ 电位器，5.7 kΩ 为设定值。按表 1-2-1 所列内容测量并记录。

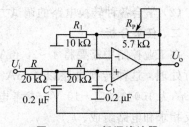

图 1-2-1 低通滤波器

表 1-2-1 低通滤波器测量数据记录表

| $U_i$/V | 1 | 1 | 1 | 1 | 1 | 1 | 1 | 1 | 1 | 1 |
|---|---|---|---|---|---|---|---|---|---|---|
| $f$/Hz | 5 | 10 | 15 | 30 | 60 | 100 | 150 | 200 | 300 | 400 |
| $U_o$/V | | | | | | | | | | |

2. 高通滤波器

实验电路如图 1-2-2 所示。按表 1-2-2 内容测量并记录。

表 1-2-2 高通滤波器测量数据记录表

| $U_i$/V | 1 | 1 | 1 | 1 | 1 | 1 | 1 | 1 | 1 |
|---|---|---|---|---|---|---|---|---|---|
| $f$/Hz | 10 | 16 | 50 | 100 | 130 | 160 | 200 | 300 | 400 |
| $U_o$/V | | | | | | | | | |

3. 带阻滤波器

实验电路如图 1-2-3 所示。

（1）实测电路中心频率。

（2）以实测中心频率为中心，测出电路幅频特性。

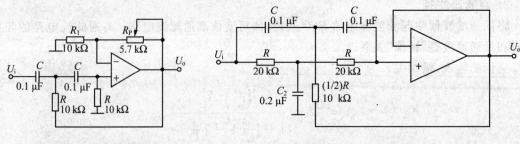

图 1-2-2 高通滤波器          图 1-2-3 带阻滤波器

### 四、实验报告

(1) 整理实验数据,画出各电路曲线,并与计算值对比,分析误差。

(2) 如何组成带通滤波器？试设计一中心频率为 300 Hz、带宽 200 Hz 的带通滤波器。

## 任务二　电流/电压转换电路

### 一、任务目标

(1) 了解反相输入集成运放在各种转换电路中的应用,熟悉电流/电压转换电路的设计。

(2) 学会各种转换电路的调试方法,加深对集成运放在各种实际应用电路中的认识。

### 二、任务分析

在工业控制中需要将 4~20 mA 的电流信号转换成 ±10 V 的电压信号,以便输入计算机进行处理。这种转换电路以 4 mA 为满量程的 0% 对应 -10 V；12 mA 为 50% 对应 0 V；20 mA 为 100% 对应 +10 V。参考电路如图 1-2-4 所示。电路由运放构成的加减运算电路和反相求和电路组成。

(1) 设计一个能产生 4~20 mA 电流的电流源(提示:利用可调电源 LM317 串接适当电阻),画出电路实际接法。

(2) 参照图 1-2-4,根据实验箱面板图中元器件的参数,选择图中元器件的参数。

(3) 设计调试方法和步骤。

本任务所需的仪器:数字万用表、模拟电路实验箱。

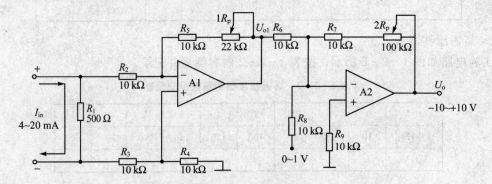

图 1-2-4　电流/电压转换电路

### 三、任务实施过程

(1) 按任务分析(1)设计电路接线,并调试好毫安信号源。

（2）按任务分析（2）设计电路图接线，并调试。

**四、实验报告**

（1）整理实验数据。

（2）本任务中的实验电路可否改为电压/电流转换电路？试分析并画出电路图。

（3）按本任务思路设计一个电压/电流转换电路，将±10 V电压转换成4～20 mA电流信号。

## 任务三　电压/频率转换电路

**一、任务目标**

（1）了解波形发生器中频率变换的方法。

（2）掌握电压/频率转换电路的原理及测试方法。

**二、任务分析**

实验电路如图1-2-5所示。该图实际上就是锯齿波发生电路，只不过这里是通过改变输入电压$U_i$的大小来改变波形频率，从而将电压参量转换成频率参量。

A1为反相输入滞回比较器，A2组成积分电路，滞回比较器输出的矩形波加在二极管D的负极，$U_i$输入信号加在积分电路的同相端，而积分电路输出的锯齿波接到滞回比较器的反相输入端，控制滞回比较器输出端的状态发生跳变。

假设$t=0$时滞回比较器输出为高电平，即$U_{o1}=+U_Z$，则D截止积分电容上的初始电压为0，$U_i$对C充电，$C_充=R_4C$，积分电路的输出电压$U_o$将随着时间往负方向线性增长，$U_-$随之减小。

$$U_-=\frac{R_5}{R_2+R_5}U_Z+\frac{R_2}{R_2+R_5}U_o$$

当减小至$U_T=u_-=0$时，滞回比较器的输出端将发生跳变，使$U_{o1}=-U_Z$，此时D导通，C放电，$U_o$随时间往正方向线性增长，当$U_i$大小改变时，可控制D导通与截止，使C充放电路径不同，从而使锯齿波频率改变。

（1）指出图1-2-5中电容C的充电和放电回路。

（2）定性分析用可调电压$U_i$改变$U_o$频率的工作原理。

（3）电阻$R_5$和$R_4$的阻值如何确定？当要求输出信号幅值（峰-峰值）为12 V，输入电压值为3 V，输出频率为3 000 Hz时，计算$R_4$、$R_5$的值。

本任务所需仪器：双踪示波器、数字万用表、模拟电路实验箱。

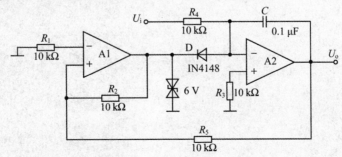

**图1-2-5　电压/频率转换电路**

### 三、任务实施过程

按图 1-2-5 接线,用示波器监视 $U_o$ 波形。

按表 1-2-3 内容,测量电压/频率转换关系。可先用示波器测量周期,然后再换算成频率。

表 1-2-3　电压频率转换电路测量数据记录表

| $U_i/V$ | 1 | 2 | 3 | 4 | 5 | 6 |
|---------|---|---|---|---|---|---|
| $T/ms$  |   |   |   |   |   |   |
| $f/Hz$  |   |   |   |   |   |   |

### 四、实验报告

整理实验数据,做出频率/电压关系曲线。

# 模块二　数字电路实验

## 项目一　数字电路基本实验技能训练

### 任务一　TTL集成逻辑门的逻辑功能测试及逻辑变换

#### 一、任务目标

（1）掌握 TTL 集成与非门的逻辑功能的测试和使用方法。

（2）熟悉 TTL 集成门逻辑功能的相互转换。

（3）熟悉数字电路实验箱的结构、基本功能和使用方法。

#### 二、任务分析

本任务采用 TTL 集成电路 4 输入二与非门 74LS20 和 2 输入四与非门 74LS00，其逻辑符号及引脚排列如图 2-1-1 所示。

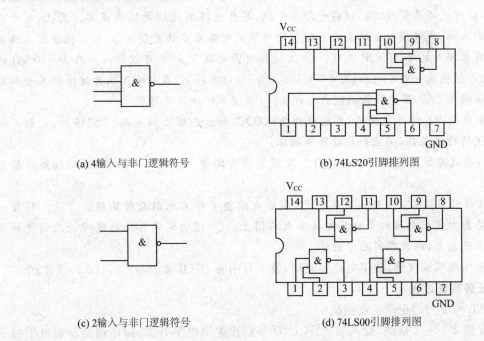

(a) 4输入与非门逻辑符号　　　　(b) 74LS20引脚排列图

(c) 2输入与非门逻辑符号　　　　(d) 74LS00引脚排列图

**图 2-1-1　74LS20 和 74LS00 逻辑符号及引脚排列图**

与非门的逻辑功能是：当输入端有一个或一个以上是低电平时，输出端为高电平；只有当输入端全部为高电平时，输出端才是低电平（即有"0"得"1"，全"1"得"0"）。其逻辑表达式为 $Y=\overline{AB\cdots}$。

用 TTL 与非门实现逻辑功能变换，根据变换后的逻辑表达式，画出对应的逻辑图，测试其逻辑功能。

**实验注意事项：**

(1) 接插集成芯片时，要认清定位标记，不得插反。双列直插式集成芯片的引脚排列识别方法是：正对集成电路型号(如74LS20)或看标记(左边的缺口或小圆点标记)，从左下角开始按逆时针方向以1,2,3,…依次排列到最后一脚(在左上角)。在标准形TTL集成电路中，电源端$V_{CC}$一般排在左上端，接地端GND一般排在右下端。如74LS20为14脚芯片，14脚为$V_{CC}$，7脚为GND。若集成芯片引脚上的功能标号为NC，则表示该引脚为空脚，与内部电路不连接。

(2) 实验中$V_{CC}$电源极性绝对不允许接错，否则将毁坏集成电路。例如，74LS20的14管脚接电源+5 V，7管脚接电源"地"，集成电路才能正常工作。

(3) 门电路的输入端电平由实验箱中逻辑电平开关提供，输出端可接逻辑电平指示灯(即发光二极管)，由其亮或灭来判断输出的高、低电平。集成电路的输出端绝对不允许直接接地或直接接电源$V_{CC}$，也不能与逻辑开关相接，否则将毁坏集成电路。有时为了使后级电路获得较高的输出电平，允许输出端通过电阻$R$接至$V_{CC}$，一般取电阻$R=3\sim5.1$ kΩ。

(4) 断电连接电路，检查无误后方可进行实验。实验中改动接线须先断电，接好线后再通电实验。

(5) 闲置输入端处理方法：① 悬空，相当于正逻辑"1"，对于一般小规模集成电路的数据输入端，实验时允许悬空处理。但易受外界干扰，导致电路的逻辑功能不正常。因此，对于接有长线的输入端，中规模以上的集成电路和使用集成电路较多的复杂电路，所有控制输入端必须按逻辑要求接入电路，不允许悬空。② 直接接电源电压$V_{CC}$(也可以串入一只1～10 kΩ的固定电阻)或接至某一固定电压(2.4 V≤V≤4.5 V)的电源上，或与输入端为接地的多余与非门的输出端相接。③ 若前级驱动能力允许，可以与使用的输入端并联。

(6) 输出端不允许并联使用，集电极开路门(OC)和三态输出门电路(TS)除外，否则不仅会使电路逻辑功能混乱，而且会导致器件损坏。

(7) 不要随意拔插实验箱上的芯片。发现芯片有发烫、冒烟、异味时，应立即切断实验箱电源检查。

(8) 做好预习报告：① 查阅有关TTL集成电路型号命名规则及管脚确认方法。将每一个实验电路图中集成电路的管脚号都标在电路图上。② 用铅笔将各门电路理论上的逻辑输出值标在真值表上，以便在实验中验证。

本任务所需实验仪器：数字电路实验箱，数字万用表，TTL集成芯片：74LS20、74LS00。

### 三、任务实施过程

1. TTL与非门的逻辑功能测试

(1) 按图2-1-2接线，输入端A、B、C、D分别接逻辑电平开关，输出端接逻辑电平指示灯LED和数字万用表。

(2) 按表2-1-1中输入信号的顺序改变输入信号，测量输出端Y电平值及根据逻辑电平指示灯的亮、灭判定其逻辑状态，并记录于表中。

2. 逻辑功能变换

用TTL与非门实现下列逻辑功能，并测试其逻辑功能，将测试结果填入对应的记录表2-1-2～表2-1-4中。

(1) 用TTL与非门构成非门：非门逻辑关系表达式为$Y=\bar{A}$，因为$Y=\bar{A}=\overline{A111}$或$Y=\bar{A}$

$=\overline{\overline{A}\,\overline{A}\,\overline{A}\,\overline{A}}$，故逻辑图如图 2－1－3 所示。

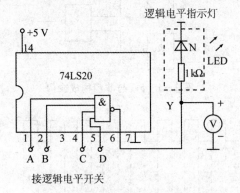

图 2－1－2　TTL 与非门逻辑功能测试

表 2－1－1　74LS20 逻辑功能测试表

| 输　入 | | | | 输出（Y） | |
|---|---|---|---|---|---|
| A | B | C | D | 逻辑状态（0 或 1） | 电平值/V |
| 0 | 0 | 0 | 0 | | |
| 0 | 0 | 0 | 1 | | |
| 0 | 0 | 1 | 1 | | |
| 0 | 1 | 1 | 1 | | |
| 1 | 1 | 1 | 1 | | |

表 2－1－2　测试记录（一）

| A | Y |
|---|---|
| 0 | |
| 1 | |

表 2－1－3　测试记录（二）

| A | B | C | D | Y |
|---|---|---|---|---|
| 0 | 0 | 0 | 0 | |
| 0 | 1 | 1 | 0 | |
| 1 | 0 | 0 | 1 | |
| 1 | 1 | 1 | 0 | |
| 1 | 1 | 1 | 1 | |

表 2－1－4　测试记录表（三）

| A | B | Y |
|---|---|---|
| 0 | 0 | |
| 0 | 1 | |
| 1 | 0 | |
| 1 | 1 | |

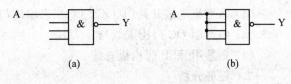

图 2－1－3　与非门构成非门

（2）用 TTL 与非构成与门：与门逻辑表达式为 Y＝ABCD，因为 Y＝ABCD＝$\overline{\overline{ABCD}}$，故逻辑图如图 2－1－4 所示。

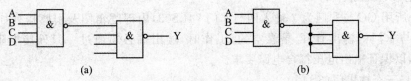

图 2－1－4　与非门构成与门

（3）用 TTL 与非门（74LS00）构成或门：或门逻辑表达式为 Y＝A＋B，因为 Y＝$\overline{\overline{A+B}}$＝$\overline{\overline{A}\cdot\overline{B}}$，故逻辑图如图 2－1－5 所示。

### 3. 测试与非门的控制作用

按图 2-1-6 接线,一个输入端接逻辑电平开关,另一个输入端接连续脉冲($f=1\text{Hz}$),分别将逻辑电平开关 K 置 0 和置 1,用逻辑电平指示灯观察输入与输出信号的状态,并将实验结果记录于图 2-1-7 中。

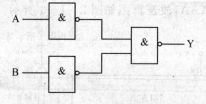

图 2-1-5　与非门构成或门

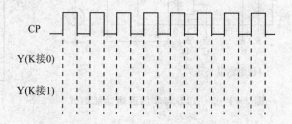

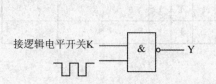

图 2-1-6　与非门的控制作用测试

图 2-1-7　与非门的控制作用测试结果

### 四、实验报告

(1) 记录、整理实验结果,并对结果进行分析。

(2) 回答问题:

① 怎样判断 TTL 与非门电路的好坏?

② 使用 TTL 与非门时其他未使用的输入端应如何处理?

## 任务二　TTL 集电极开路门与三态输出门的应用

### 一、任务目标

(1) 熟悉集电极开路门(OC 门)、三态输出门 TSL 的主要特性和使用方法。

(2) 熟悉用 OC 门构成线与。

(3) 熟悉用 TSL 门构成总线。

### 二、任务分析

数字系统中有时需要把两个或两个以上集成逻辑门的输出端直接并接在一起完成一定的逻辑功能。对于普通的 TTL 门电路,由于输出级采用了推拉式输出电路,无论输出是高电平还是低电平,输出阻抗都很低。因此,通常不允许将它们的输出端并接在一起使用。而集电极开路门和三态输出门允许把输出端直接并接在一起使用。

### 1. 集电极开路门(OC)

本任务所用 OC 与非门为 2 输入四与非门 74LS03,内部逻辑图及引脚排列如图 2-1-8 所示。OC 与非门的输出管 $T_3$ 是悬空的,工作时,输出端必须通过一只外接电阻 $R_L$ 和电源 $V_{CC}$ 相连接,以保证输出电压符合电路要求。

### 2. TTL 三态输出门(3S 门)

本任务选用三态输出四总线缓冲器 74LS126,图 2-1-9(a)所示是逻辑符号,它有一个控制端(又称禁止端或使能端)EN,EN=1 为正常工作状态,实现 Y=A 的逻辑功能;EN=0 为禁止状态,输出 Y 呈现高阻状态。图 2-1-9(b)所示为 74LS126 引脚排列。

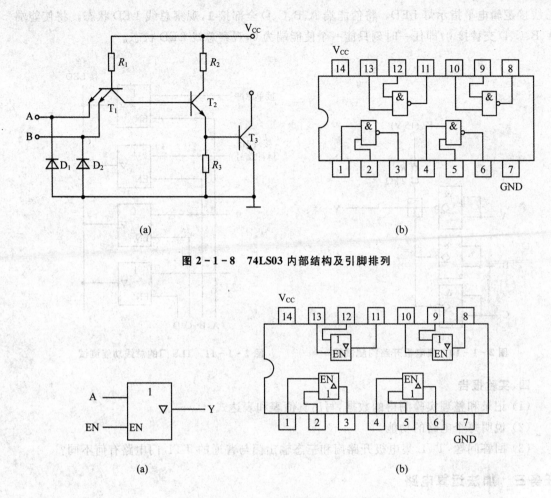

图 2 - 1 - 8　74LS03 内部结构及引脚排列

图 2 - 1 - 9　74LS126 逻辑符号及引脚排列

**实验注意事项：**

（1）三态门输出电路结构与普通 TTL 电路相同，绝对不允许同时有两个或两个以上三态门的控制端处于使能态，否则可能使门电路损坏。

（2）做好预习报告：① 在实验电路图中注明集成芯片引脚号，并列出真值表。② 用铅笔将各门电路理论上的逻辑输出值标在真值表上，以便在实验中验证。

本任务所需仪器：数字电路实验箱，TTL 芯片：74LS03、74LS126。

**三、任务实施过程**

1. 测试 OC 门的线与功能

（1）按图 2 - 1 - 10 所示接线，外接负载电阻 $R_L$ 为 2 kΩ 时，输入端 A、B、C 分别接到逻辑电平开关上，输出接逻辑电平指示灯 LED。改变输入 A、B、C 电平的不同取值组合，观察输出端 Y 的电平状态，并将结果填入自拟的真值表中。

（2）写出输出 Y 的逻辑表达式：Y＝＿＿＿＿＿＿。

2. 测试 TLS 门的总线功能

接线如图 2 - 1 - 11 所示。将四个 TSL 门的使能端 A、B、C、D 分别接到逻辑电平开关上，总线接逻辑电平指示灯 LED。将使能端 A、B、C、D 全部接 1,观察总线 LED 状态。将使能端 A、B、C、D 交替接 0,即任一时刻只能一个使能端为 0,观察总线 LED 状态。

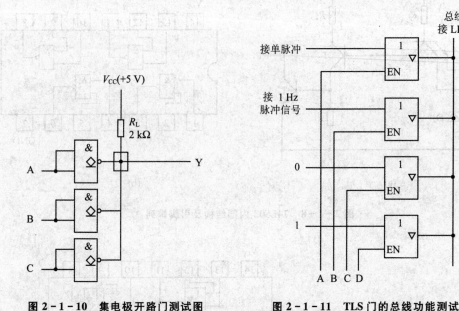

图 2-1-10　集电极开路门测试图　　图 2-1-11　TLS 门的总线功能测试

**四、实验报告**

(1) 记录和整理实验测得的数据,写出真值表和表达式。

(2) 说明每个电路的功能。

(3) 回答问题:TTL 集电极开路门和三态输出门与普通的 TTL 门电路有何不同?

## 任务三　加法运算电路

**一、任务目标**

(1) 掌握二进制加法运算。

(2) 掌握半加器、全加器的逻辑功能及测试方法。

(3) 熟悉集成加法器及其使用方法。

**二、任务分析**

半加器完成两个一位二进制数相加,不考虑低位向本位的进位,其逻辑表达式 $S=A\overline{B}+\overline{A}B$、$C=AB$,A、B 为两个加数,S 为半加和,C 表示向高位的进位,本任务用 74LS00 和 74LS86 各一片来实现。

全加器是带有进位的二进制加法器,全加器的逻辑表达式为

$$S_i = A_i \oplus B_i \oplus C_{i-1}$$

$$C_i = (A_i \oplus B_i) C_{i-1} + A_i B_i$$

$A_i$、$B_i$ 为两个一位二进制数,$C_{i-1}$ 是低位的进位数,$S_i$ 为全加和,$C_i$ 是向相邻高位的进位数。本任务用 74LS86、74LS55 各一片来实现。74LS86、74LS55 的引脚排列如图 2-1-12、图 2-1-13 所示。

四位超前进位全加器 74LS283 内部逻辑图及引脚排列如图 2-1-14 所示。其中,$A_4$、

$A_3$、$A_2$、$A_1$ 和 $B_4$、$B_3$、$B_2$、$B_1$ 是两个四位二进制码的输入,$\Sigma_4$、$\Sigma_3$、$\Sigma_2$、$\Sigma_1$ 是 4 位本位和输出端,$C_4$ 是向高位(比 $A_4$、$B_4$ 更高一位)的进位端,$C_0$ 是低位(比 $A_1$、$B_1$ 位还低一位)向 $A_1$、$B_1$ 位的进位端。

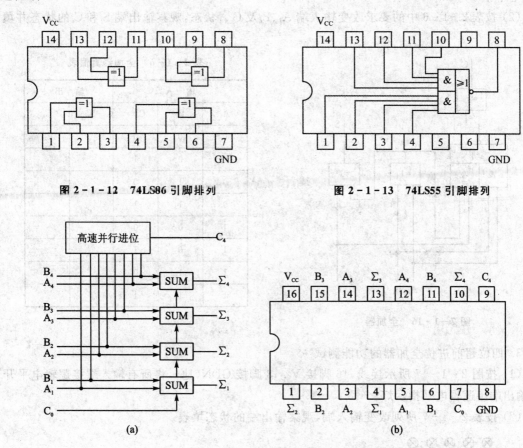

图 2-1-12 74LS86 引脚排列     图 2-1-13 74LS55 引脚排列

图 2-1-14 74LS283 内部结构及引脚排列图

本任务所需仪器:数字电路实验箱,集成芯片:74LS00、74LS55、74LS86、74LS283。

### 三、任务实施过程

1. 半加器功能测试

(1)按图 2-1-15 所示连接电路,输入端 A、B 接逻辑电平开关,输出端 S、C 接逻辑电平指示灯。

(2)按表 2-1-5 要求改变 A、B 状态,观察 S、C 的状态并填表。

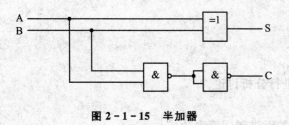

图 2-1-15 半加器

表 2-1-5 半加器真值表

| 输 入 | | 输 出 | |
|---|---|---|---|
| 加数 A | 加数 B | 和数 S | 进位数 C |
| 0 | 0 | | |
| 0 | 1 | | |
| 1 | 0 | | |
| 1 | 1 | | |

## 2. 全加器功能测试

(1) 按图2-1-16所示连接电路,输入端$A_i$、$B_i$及$C_{i-1}$接逻辑电平开关,输出端$S_i$和$C_i$接逻辑电平指示灯。

(2) 按表2-1-6中的要求改变输入端$A_i$、$B_i$及$C_{i-1}$状态,观察输出端$S_i$和$C_i$的状态并填表。

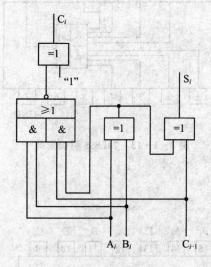

图2-1-16 全加器

表2-1-6 全加器真值表

| 输 入 | | | 输 出 | |
| --- | --- | --- | --- | --- |
| $A_i$ | $B_i$ | $C_{i-1}$ | $S_i$ | $C_i$ |
| 0 | 0 | 0 | | |
| 0 | 0 | 1 | | |
| 0 | 1 | 0 | | |
| 0 | 1 | 1 | | |
| 1 | 0 | 0 | | |
| 1 | 0 | 1 | | |
| 1 | 1 | 0 | | |
| 1 | 1 | 1 | | |

## 3. 四位超前进位全加器的功能测试

(1) 按图2-1-17所示接线,16脚接$V_{CC}$,8脚接GDN(地),将所有输入端接逻辑电平开关,输出端接逻辑电平指示灯。

(2) 按表2-1-7所列改变输入端,观察输出端的状态填表。

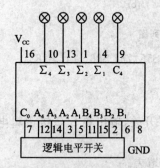

图2-1-17 四位超前进位全
加器的功能测试

表2-1-7 四位超前进位全加器的功能测试记录表

| 输 入 | | | 输 出 | |
| --- | --- | --- | --- | --- |
| $C_0$ | $A_4 A_3 A_2 A_1$ | $B_4 B_3 B_2 B_1$ | $\Sigma_4 \Sigma_3 \Sigma_2 \Sigma_1$ | $C_4$ |
| 0 | 1 0 1 0 | 1 0 0 1 | | |
| 1 | 0 1 0 1 | 0 1 1 0 | | |

## 四、实验报告

(1) 整理实验数据及图表,并对实验结果进行分析讨论。

(2) 总结半加器、全加器的逻辑功能。

(3) 写出表2-1-7的两组输入对应输出的十进制运算表达式。

## 任务四　译码器、译码显示电路

### 一、任务目标

（1）掌握中规模集成译码器的逻辑功能测试方法。

（2）熟悉七段数码管及显示译码器的使用。

（3）熟悉译码器的应用。

### 二、任务分析

**1. 变量译码器（又称二进制译码器）**

若有 $n$ 个输入变量，则有 $2^n$ 个不同的组合状态，就有 $2^n$ 个输出端供其使用。而每一个输出所代表的函数对应于 $n$ 个输入变量的最小项。本任务采用 3 线-8 线译码器 74LS138，图 2-1-18 所示为其逻辑图及引脚排列。

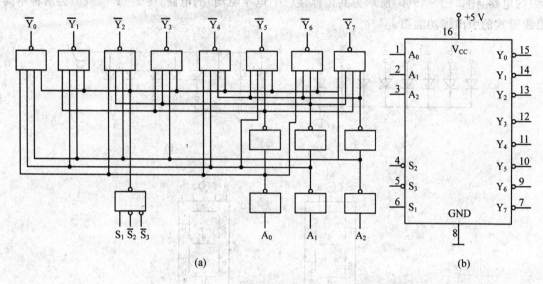

**图 2-1-18　3 线-8 线译码器 74LS138 逻辑图及引脚排列**

在图 2-1-18 中，$A_2$、$A_1$、$A_0$ 为输入端，$\overline{Y}_7 \sim \overline{Y}_0$ 是译码器的输出端，$S_1$、$\overline{S}_2$、$\overline{S}_3$ 是使能端。当 $S_1 = 1$，$\overline{S}_2 + \overline{S}_3 = 0$ 时，译码器使能端作用，$A_2 A_1 A_0$ 取值的组合将决定 $\overline{Y}_7 \sim \overline{Y}_0$ 中某一个输出端有效（低电平有效为"0"），而其他所有输出端均为高电平"1"。当 $S_1 = 0$，$\overline{S}_2 + \overline{S}_3 = \times$ 时，或 $S_1 = \times$，$\overline{S}_2 + \overline{S}_3 = 1$ 时，译码器被禁止，所有输出端均为高电平"1"。3 线-8 线译码器的功能表如表 2-1-8 所列。

**表 2-1-8　74LS138 译码器逻辑功能表**

| 输　入 | | | | | 输　出 | | | | | | | |
|---|---|---|---|---|---|---|---|---|---|---|---|---|
| $S_1$ | $\overline{S}_2 + \overline{S}_3$ | $A_2$ | $A_1$ | $A_0$ | $\overline{Y}_7$ | $\overline{Y}_6$ | $\overline{Y}_5$ | $\overline{Y}_4$ | $\overline{Y}_3$ | $\overline{Y}_2$ | $\overline{Y}_1$ | $\overline{Y}_0$ |
| 1 | 0 | 0 | 0 | 0 | 1 | 1 | 1 | 1 | 1 | 1 | 1 | 0 |
| 1 | 0 | 0 | 0 | 1 | 1 | 1 | 1 | 1 | 1 | 1 | 0 | 1 |
| 1 | 0 | 0 | 1 | 0 | 1 | 1 | 1 | 1 | 1 | 0 | 1 | 1 |
| 1 | 0 | 0 | 1 | 1 | 1 | 1 | 1 | 1 | 0 | 1 | 1 | 1 |
| 1 | 0 | 1 | 0 | 0 | 1 | 1 | 1 | 0 | 1 | 1 | 1 | 1 |

| 输　　入 | | | | | 输　　出 | | | | | | | |
|---|---|---|---|---|---|---|---|---|---|---|---|---|
| $S_1$ | $\overline{S}_2+\overline{S}_3$ | $A_2$ | $A_1$ | $A_0$ | $\overline{Y}_7$ | $\overline{Y}_6$ | $\overline{Y}_5$ | $\overline{Y}_4$ | $\overline{Y}_3$ | $\overline{Y}_2$ | $\overline{Y}_1$ | $\overline{Y}_0$ |
| 1 | 0 | 1 | 0 | 1 | 1 | 1 | 0 | 1 | 1 | 1 | 1 | 1 |
| 1 | 0 | 1 | 1 | 0 | 1 | 0 | 1 | 1 | 1 | 1 | 1 | 1 |
| 1 | 0 | 1 | 1 | 1 | 0 | 1 | 1 | 1 | 1 | 1 | 1 | 1 |
| 0 | × | × | × | × | 1 | 1 | 1 | 1 | 1 | 1 | 1 | 1 |
| × | 1 | × | × | × | 1 | 1 | 1 | 1 | 1 | 1 | 1 | 1 |

**2. 数码显示译码器**

LED 数码管是目前最常用的数字显示器。图 2 - 1 - 19(a)所示为共阴连接("1"电平驱动)的电路,图 2 - 1 - 19(b)所示为共阳连接("0"电平驱动)的电路,图 2 - 1 - 19(c)为两种不同出线形式的引出脚功能图。

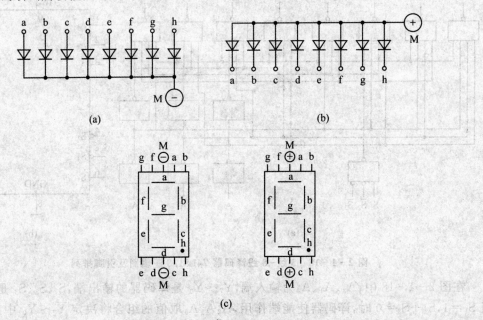

**图 2 - 1 - 19　LED 数码管**

BCD 码七段译码驱动器的型号有 74LS47(共阳)、74LS48(共阴)、CC4511(共阴)等。本任务采用 CC4511 BCD 码锁存/七段译码/驱动器,驱动共阴极 LED 数码管。CC4511 引脚排列如图 2 - 1 - 20 所示。

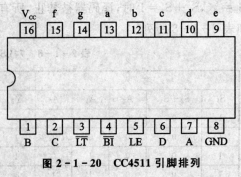

**图 2 - 1 - 20　CC4511 引脚排列**

其中,A、B、C、D 为 BCD 码输入端。

a、b、c、d、e、f、g 为译码输出端,输出"1"有效,用来驱动共阴极 LED 数码管。

$\overline{LT}$ 为测试输入端,$\overline{LT}$="0"时,译码输出全为"1"。

$\overline{BI}$ 为消隐输入端,$\overline{BI}$="0"时,译码输出全为"0"。

LE 为锁定端,LE＝"1"时,译码器处于锁定(保持)状态,译码输出保持在 LE＝0 时的数值,LE＝0 为正常译码。

本任务所需仪器:数字电路实验箱,集成芯片:74LS138、74LS20、CC4511。

### 三、任务实施过程

1. 74LS138 译码器逻辑功能测试

将译码器使能端 $S_1$、$\overline{S_2}$、$\overline{S_3}$ 及输入端 $A_2$、$A_1$、$A_0$ 分别接至逻辑电平开关,8 个输出端 $\overline{Y_7}$～$\overline{Y_0}$ 依次连接在逻辑电平指示灯,拨动逻辑电平开关,按表 2－1－8 逐项测试 74LS138 的逻辑功能。

2. 用译码器实现多种逻辑功能

(1) 用 74LS138 和 74LS20 实现三人多数表决电路

三人多数表决电路如图 2－1－21 所示,实现的逻辑函数是 $Z＝\overline{A}BC＋A\overline{B}C＋AB\overline{C}＋ABC$。

按图 2－1－21 所示连线,其中 A、B、C 接逻辑电平开关,输出端 Z 接逻辑电平指示灯。拟出实验表格,并记录实验结果。

(2) 用 74LS138 和 74LS20 实现路灯控制电路

该路灯控制电路要求在三个不同的地方都能独立控制路灯的亮灭。当一个开关动作后灯亮,则另一个开关动作后灯灭。提示:实际上在图 2－1－21 中,只要改变 74LS138 译码器输出端和与非门的输入端的连接方式即可实现。

3. 译码器驱动七段数码管显示器

CC4511 与 LED 数码管的连接如图 2－1－22 所示,数字电路实验箱上已完成。在译码器输入端 D、C、B、A 输入 8421BCD 码二进制的电平信号,数码管即可显示 0～9 的数字。

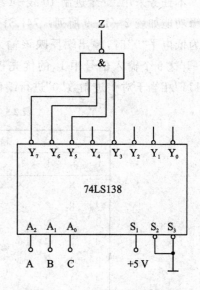

图 2－1－21　三人多数表决电路

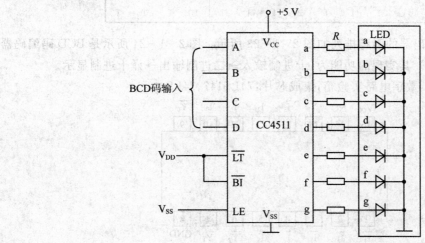

图 2－1－22　CC4511 驱动一位 LED 数码管

**四、实验报告**

(1) 整理实验结果,并对实验结果进行分析、讨论。

(2) 回答问题:74LS138 译码器的输出方式是什么? 试说明 $S_1$, $\overline{S}_2$, $\overline{S}_3$ 输入端的作用。

## 任务五 编码译码及数显电路

**一、任务目标**

(1) 掌握编码器的工作原理、特点及组成。

(2) 熟悉二-十进制 10 线-4 线优先编码器 74LS147 的逻辑功能和典型应用。

**二、任务分析**

本任务采用二-十进制 10 线-4 线优先编码器 74LS147,它有 9 个输入端,4 个输出端,其逻辑功能如表 2-1-9 所列。74LS147 优先编码器的输入端为低电平有效,即当某一个输入端为低电平"0"时,输出端反映该输入端十进制数的 8421BCD 码编码(但以反码输出)。在 $\overline{I}_9 \sim \overline{I}_1$ 这 9 个输入信号中 $\overline{I}_9$ 的优先权最高,$\overline{I}_1$ 的优先权最低。当 $\overline{I}_9 \sim \overline{I}_1$ 均为"1"时,输出为"1111"相当于对十进制数"0"进行编码。

表 2-1-9  74LS147 的逻辑功能表

| 输 入 | | | | | | | | | 输 出 | | | |
| $\overline{I}_9$ | $\overline{I}_8$ | $\overline{I}_7$ | $\overline{I}_6$ | $\overline{I}_5$ | $\overline{I}_4$ | $\overline{I}_3$ | $\overline{I}_2$ | $\overline{I}_1$ | $\overline{Y}_3$ | $\overline{Y}_2$ | $\overline{Y}_1$ | $\overline{Y}_0$ |
|---|---|---|---|---|---|---|---|---|---|---|---|---|
| 0 | × | × | × | × | × | × | × | × | 0 | 1 | 1 | 0 |
| 1 | 0 | × | × | × | × | × | × | × | 0 | 1 | 1 | 1 |
| 1 | 1 | 0 | × | × | × | × | × | × | 1 | 0 | 0 | 0 |
| 1 | 1 | 1 | 0 | × | × | × | × | × | 1 | 0 | 0 | 1 |
| 1 | 1 | 1 | 1 | 0 | × | × | × | × | 1 | 0 | 1 | 0 |
| 1 | 1 | 1 | 1 | 1 | 0 | × | × | × | 1 | 0 | 1 | 1 |
| 1 | 1 | 1 | 1 | 1 | 1 | 0 | × | × | 1 | 1 | 0 | 0 |
| 1 | 1 | 1 | 1 | 1 | 1 | 1 | 0 | × | 1 | 1 | 0 | 1 |
| 1 | 1 | 1 | 1 | 1 | 1 | 1 | 1 | 0 | 1 | 1 | 1 | 0 |
| 1 | 1 | 1 | 1 | 1 | 1 | 1 | 1 | 1 | 1 | 1 | 1 | 1 |

74LS147 优先编码器的引脚排列如图 2-1-23 所示。图 2-1-24 所示是 BCD 码编码器和七段译码显示电路。其实现的功能为:十进制输入→二进制输出→译十进制显示。

本任务所需仪器:数字电路实验箱,集成芯片:74LS147、74LS00。

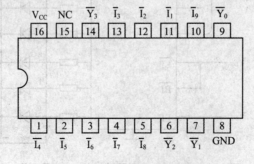

图 2-1-23  74LS147 引脚排列

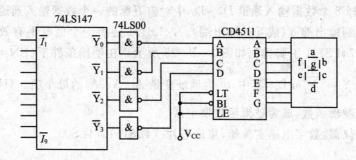

图 2-1-24　BCD 码编码器和七段译码显示电路

### 三、任务实施过程

（1）用 8421BCD 编码器（74LS147）和七段译码器（CD4511）及 LED 数码管（TS547）组成一个 1 位十进制 0～9 数码显示电路。

（2）按图 2-1-24 所示连接电路，按表 2-1-9 改变 $\bar{I}_1$～$\bar{I}_9$ 输入信号，观察实验结果并记录于表 2-1-10 中。

表 2-1-10　BCD 码编码器和七段译码显示电路记录表

| 74LS147 输入 | | | | | | | | | 74LS147 输出 | | | | 74LS00 输出 | | | | 数码管显示 |
|---|---|---|---|---|---|---|---|---|---|---|---|---|---|---|---|---|---|
| $\bar{I}_9$ | $\bar{I}_8$ | $\bar{I}_7$ | $\bar{I}_6$ | $\bar{I}_5$ | $\bar{I}_4$ | $\bar{I}_3$ | $\bar{I}_2$ | $\bar{I}_1$ | | | | | | | | | |
| 0 | × | × | × | × | × | × | × | × | | | | | | | | | |
| 1 | 0 | × | × | × | × | × | × | × | | | | | | | | | |
| 1 | 1 | 0 | × | × | × | × | × | × | | | | | | | | | |
| 1 | 1 | 1 | 0 | × | × | × | × | × | | | | | | | | | |
| 1 | 1 | 1 | 1 | 0 | × | × | × | × | | | | | | | | | |
| 1 | 1 | 1 | 1 | 1 | 0 | × | × | × | | | | | | | | | |
| 1 | 1 | 1 | 1 | 1 | 1 | 0 | × | × | | | | | | | | | |
| 1 | 1 | 1 | 1 | 1 | 1 | 1 | 0 | × | | | | | | | | | |
| 1 | 1 | 1 | 1 | 1 | 1 | 1 | 1 | 0 | | | | | | | | | |
| 1 | 1 | 1 | 1 | 1 | 1 | 1 | 1 | 1 | | | | | | | | | |

### 四、实验报告

（1）整理实验结果，填入相应表格中。

（2）总结实验心得体会，说明 74LS147 的工作原理。

## 任务六　数据选择器及应用

### 一、任务目标

（1）了解数据选择器（多路开关 MUX）的逻辑功能及常用集成数选器。

（2）学习数据选择器的应用方法。

### 二、任务分析

本任务使用的集成数据选择器 74LS151 为 8 选 1 数据选择器，数据选择端 3 个地址输入

$A_2A_1A_0$ 用于选择 8 个数据输入通道 $D_7 \sim D_0$ 中对应下标的一个数据输入通道,并实现将该通道输入数据传送到输出端 Y(或互补输出端)。74LS151 还有一个低电平有效的使能端,以便实现扩展应用。74LS151 引脚排列如图 2-1-25 所示。在使能条件下($\overline{EN}=0$),74LS151 的输出可以表示为 $Y = \sum_{i=0}^{7} m_i D_i$,其中,$m_i$ 为地址变量 $A_2$、$A_1$、$A_0$ 的最小项。只要确定输入数据就能实现相应的逻辑函数,成为逻辑函数发生器。

本任务所需仪器:数字电路实验箱,集成芯片:74LS151、74LS00。

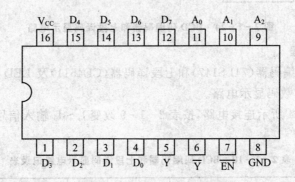

图 2-1-25　74LS151 引脚排列

### 三、任务实施过程

1. 测试 74LS151 的逻辑功能

按图 2-1-26 所示连接电路,8 个数据输入中仅有一个接低电平(L),其余悬空或接高电平(H)。验证 74LS151 功能是否与表 2-1-11 一致。

2. 用 74LS151 实现一个密码电子锁电路

有一密码电子锁,锁上有四个锁孔 A、B、C、D,按下为 1,否则为 0,当按下 A 和 B、或 A 和 D、或 B 和 D 时,再插入钥匙,锁即打开。若按错了键孔,当插入钥匙时,锁打不开,并发出报警信号,有报警为 1,无报警为 0。设计电路如图 2-1-27 所示,按图接线并检测电路的逻辑功能是否与表 2-1-12 一致,可得表达式为

$$F(A,B,C,D) = \sum m(0,1,2,3,4,6,7,8,10,11,13,14,15)$$

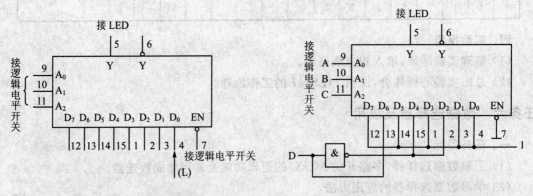

图 2-1-26　功能测试电路　　　　　图 2-1-27　密码锁电路图

表 2-1-11　74LS151 逻辑功能表

| 输　　入 | | | | 输　出 | |
|---|---|---|---|---|---|
| $\overline{EN}$ | $A_2$ | $A_2$ | $A_0$ | $\cdot Y$ | $\overline{Y}$ |
| 1 | × | × | × | 0 | 1 |
| 0 | 0 | 0 | 0 | $D_0$ | $\overline{D}_0$ |
| 0 | 0 | 0 | 1 | $D_1$ | $\overline{D}_1$ |
| 0 | 0 | 1 | 0 | $D_2$ | $\overline{D}_2$ |
| 0 | 0 | 1 | 1 | $D_3$ | $\overline{D}_3$ |
| 0 | 1 | 0 | 0 | $D_4$ | $\overline{D}_4$ |
| 0 | 1 | 0 | 1 | $D_5$ | $\overline{D}_5$ |
| 0 | 1 | 1 | 0 | $D_6$ | $\overline{D}_6$ |
| 0 | 1 | 1 | 1 | $D_7$ | $\overline{D}_7$ |

表 2-1-12　密码锁电路功能表

| A | B | C | D | F | A | B | C | D | F |
|---|---|---|---|---|---|---|---|---|---|
| 0 | 0 | 0 | 0 | 1 | 1 | 0 | 0 | 0 | 1 |
| 0 | 0 | 0 | 1 | 1 | 1 | 0 | 0 | 1 | 0 |
| 0 | 0 | 1 | 0 | 1 | 1 | 0 | 1 | 0 | 1 |
| 0 | 0 | 1 | 1 | 1 | 1 | 0 | 1 | 1 | 1 |
| 0 | 1 | 0 | 0 | 1 | 1 | 1 | 0 | 0 | 1 |
| 0 | 1 | 0 | 1 | 0 | 1 | 1 | 0 | 1 | 1 |
| 0 | 1 | 1 | 0 | 1 | 1 | 1 | 1 | 0 | 1 |
| 0 | 1 | 1 | 1 | 1 | 1 | 1 | 1 | 1 | 1 |

### 四、实验报告

(1) 根据实验结果分析电路设计是否正确。

(2) 总结数据选择器的使用体会。

## 任务七　触发器的功能测试及应用

### 一、任务目标

(1) 掌握基本 RS、D、JK 触发器逻辑功能的测试方法。

(2) 学会用 JK 触发器构成彩灯控制电路。

### 二、任务分析

**1. 基本 RS 触发器**

由两个与非门交叉耦合构成的基本 RS 触发器,是无时钟控制低电平直接触发的触发器,具有置 0、置 1 和保持的功能。基本 RS 触发器也可以用两个或非门组成,此时为高电平触发有效。

**2. D 触发器**

D 触发器的状态方程为:$Q^{n+1}=D$。其输出状态是在 CP 脉冲的上升沿("0"→"1")触发翻转的。触发器的次态 $Q^{n+1}$ 取决于 CP 脉冲上升沿到来之前 D 端的状态。本任务采用 74LS74 双 D 触发器,其逻辑符号及引脚排列如图 2-1-28 所示。

$\overline{R}_D$ 和 $\overline{S}_D$ 分别是决定触发器初始状态 $Q^n$ 的直接置"0"、置"1"端,低电平有效。当不需要强迫触发器置"0"、置"1"时,$\overline{R}_D$ 和 $\overline{S}_D$ 端都应置高电平(如接+5 V 电源)。

**3. JK 触发器**

JK 功能触发器的基本结构形式有主从和边沿两种,多为边沿形式,且在 CP 脉冲的下降沿("1"→"0")触发翻转。它具有置"0"、置"1"、保持和翻转 4 种功能,可用方程 $Q^{n+1}=J\overline{Q}^n+\overline{K}Q^n$ 表示。$\overline{R}_D$ 和 $\overline{S}_D$ 仍为直接置"0"、置"1"端。如果不强迫触发器置"1"或置"0",则 $\overline{R}_D$ 和 $\overline{S}_D$ 都应置高电平。

本任务采用 74LS112 型双 JK 触发器,下降边沿触发的边沿触发器,其逻辑符号及引脚排列如图 2-1-29 所示。

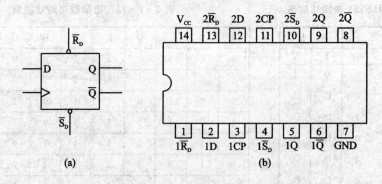

图 2-1-28    74LS74 双 D 触发器逻辑符号及引脚排列

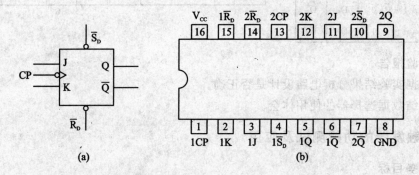

图 2-1-29    74LS112 型双 JK 触发器逻辑符号及引脚排列

**4. 彩灯控制电路**

选用双 JK 触发器 74LS112,将 $J_1$ 与 $K_1$、$J_2$ 与 $K_2$ 连接在一起,即作为 T 触发器使用,在时钟秒信号作用下,使 $L_A$、$L_B$、$L_C$ 三盏灯按图 2-1-30 所示的顺序亮暗。

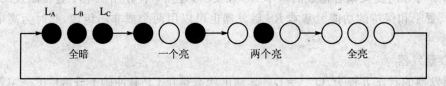

图 2-1-30    彩灯亮暗顺序图

本任务所需仪器:数字电路实验箱,集成芯片:74LS00、74LS74、74LS112。

**三、任务实施过程**

**1. 基本 RS 触发器的逻辑功能测试**

按图 2-1-31 连接电路,输入端 $\bar{R}_D$、$\bar{S}_D$ 接逻辑电平开关,输出端 Q 接逻辑电平指示灯,改变输入端的状态组合观察输出端状态,并将实验结果记录于表 2-1-13 中。

**2. D 触发器逻辑功能测试**

将 $\bar{R}_D$、$\bar{S}_D$、D 端接逻辑电平开关,CP 端接单次脉冲源,Q 端接逻辑电平指示灯。按表 2-1-14 的要求改变 $\bar{R}_D$、$\bar{S}_D$、D 状态组合,测试 $\bar{R}_D$、$\bar{S}_D$ 的复位、置位功能;观察输出端状态的更新是发生在 CP 脉冲的哪个边沿,并记入表 2-1-14 中。

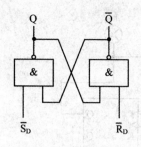

图 2-1-31　基本 RS 触发器

表 2-1-13　基本 RS 触发器逻辑功能表

| $\overline{R}_D$ | $\overline{S}_D$ | $Q^{n+1}$ | 逻辑功能 |
|---|---|---|---|
| 0 | 0 | | |
| 0 | 1 | | |
| 1 | 0 | | |
| 1 | 1 | | |

表 2-1-14　D 触发器逻辑功能表

| $\overline{R}_D$ | $\overline{S}_D$ | D | CP | $Q^{n+1}$ | |
|---|---|---|---|---|---|
| | | | | $Q^n=0$ | $Q^n=1$ |
| 0 | 1 | $\times$ | $\times$ | | |
| 1 | 0 | $\times$ | $\times$ | | |
| 1 | 1 | 0 | $0 \to 1$ | | |
| 1 | 1 | 1 | $0 \to 1$ | | |

3. JK 触发器逻辑功能测试

将 $\overline{R}_D$、$\overline{S}_D$、J、K 端接逻辑电平开关,CP 端接单次脉冲源,Q 端接逻辑电平指示灯。按表 2-1-15的要求分别改变 $\overline{R}_D$、$\overline{S}_D$、J、K 端的状态组合,观察输出端 Q 的状态,以及触发器输出更新状态是发生在 CP 脉冲的哪个边沿,并记入表 2-1-15 中。

表 2-1-15　JK 触发器逻辑功能表

| $\overline{R}_D$ | $\overline{S}_D$ | J K | CP | $Q^{n+1}$ | |
|---|---|---|---|---|---|
| | | | | $Q^n=0$ | $Q^n=1$ |
| 0 | 1 | $\times$ $\times$ | $1 \to 0$ | | |
| 1 | 0 | $\times$ $\times$ | $1 \to 0$ | | |
| 1 | 1 | 0　0 | $1 \to 0$ | | |
| 1 | 1 | 0　1 | $1 \to 0$ | | |
| 1 | 1 | 1　0 | $1 \to 0$ | | |
| 1 | 1 | 1　1 | $1 \to 0$ | | |

4. 彩灯控制电路

按图 2-1-32 正确连接电路,观察彩灯是否按图 2-1-30 所示的顺序亮暗。

四、实验报告

(1) 根据实验结果,写出各个触发器的真值表。

(2) 试比较各个触发器有何不同?

(3) 回答问题:

① 说明 $\overline{R}_D$ 和 $\overline{S}_D$ 端的功能,如果不强迫触发器置"1"或置"0",$\overline{R}_D$ 和 $\overline{S}_D$ 都应处于什么状

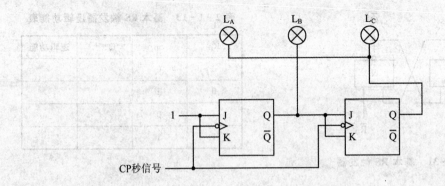

图 2-1-32 彩灯控制电路

态？是否允许 $\overline{R}_D$ 和 $\overline{S}_D$ 同时为零？为什么？

② 触发器 74LS112、74LS74 的状态更新发生在 CP 脉冲的哪个边沿？

## 任务八 二进制计数器

### 一、任务目标

(1) 掌握用 D 触发器构成二进制异步加法、减法计数器的方法。

(2) 熟悉中规模集成计数器 74LS161 的使用及功能测试方法。

### 二、任务分析

由于双稳态触发器有 1 和 0 两个状态，所以一个触发器可以表示一位二进制数。如果要表示 $n$ 位二进制数，就得用 $n$ 个触发器。本实验采用 74LS74 双 D 触发器，其引脚排列见本模块项目一任务七图 2-1-28(b)。图 2-1-33 所示电路是用 74LS74 D 触发器构成四位二进制异步加法计数器，而减法计数器只要将图 2-1-33 电路中的低位触发器的 $\overline{Q}$ 端与高一位的 CP 端相连接即可实现。

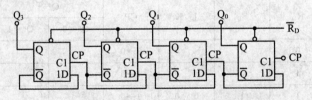

图 2-1-33 四位二进制异步加法计数器

74LS161 是四位同步二进制加法计数器，具有异步清零、同步并行置数、同步二进制加法计数、保持的功能。利用反馈归零法或反馈置数法可以使 74LS161 实现 N 进制计数器。74LS161 引脚排列如图 2-1-34 所示。

本任务所需仪器：数字电路实验箱，集成芯片：74LS74、74LS161、74LS00。

### 三、任务实施过程

1. 用 D 触发器构成异步二进制加法计数器

(1) 用 74LS74 D 触发器构成四位二进制异步加法计数器。

按图 2-1-33 所示接线，$\overline{R}_D$ 接至逻辑电平开关，将低位 $CP_0$ 端接单次脉冲源，输出端 $Q_3$，$Q_2$，$Q_1$，$Q_0$ 接逻辑电平指示灯，各 $\overline{S}_D$ 接高电平"1"。

(2) 清零后，逐个送入单次脉冲，观察并列表记录 $Q_3$，$Q_2$，$Q_1$，$Q_0$ 的状态。

（3）将单次脉冲改为 1 Hz 的连续脉冲,观察 $Q_3,Q_2,Q_1,Q_0$ 的状态并记录,画在图 2-1-35 中。

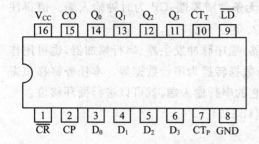

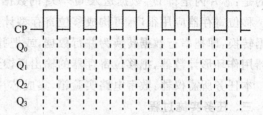

图 2-1-34　74LS161 引脚排列　　图 2-1-35　四位二进制异步加法计数器实验输出波形

2. 用 D 触发器构成异步二进制减法计数器

将图 2-1-33 电路中的低位触发器的 Q 端与高一位的 CP 端相连接,构成减法计数器,按上述实验内容(2),(3),(4)进行实验,观察并列表记录 $Q_3,Q_2,Q_1,Q_0$ 的状态。

3. 用 74LS161 构成六进制计数器

（1）用异步置 0 控制端$\overline{CR}$归零方法实现,如图 2-1-36(a)所示。

（2）用同步置数控制端$\overline{LD}$归零方法实现,如图 2-1-36(b)所示。

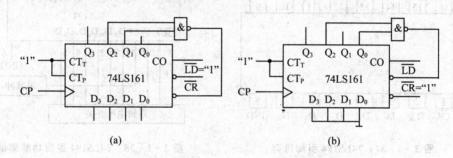

(a)　　　　　　　　　　(b)

图 2-1-36　用 74LS161 构成六进制计数器的两种方法

四、实验报告

（1）整理、描绘实验电路、表格及图形,对实验结果进行分析。

（2）思考题:① 如何用 JK 触发器构成二进制异步加法/减法计数器? 画出电路图。② 用 74LS161 实现 N 进制计数器的两种方法的区别?

## 任务九　移位寄存器

**一、任务目标**

（1）掌握中规模四位双向移位寄存器的逻辑功能。

（2）熟悉由移位寄存器构成的环形计数器。

**二、任务分析**

在数字系统中能寄存二进制信息,并进行移位的逻辑部件称为移位寄存器。根据移位寄存信息方式的不同,移位寄存器有串入串出、串入并出、并入串出、并入并出 4 种形式;按移位方向的不同,移位寄存器有左移、右移两种。

本任务采用四位双向通用移位寄存器,型号为 74LS194,引脚排列如图 2-1-37 所示。

$D_0$、$D_1$、$D_2$ 和 $D_3$ 为并行输入端；$Q_0$、$Q_1$、$Q_2$ 和 $Q_3$ 为并行输出端；$D_{SR}$ 为右移串行输入端；$D_{SL}$ 为左移串行输入端；$S_0$、$S_1$ 为工作方式控制端；$\overline{CR}$ 为直接无条件清零端；CP 为时钟输入端。值得注意的是：芯片内是将 $D_{SR}$ 数据送入 $Q_0$，$D_{SL}$ 的数据送入 $Q_3$。

移位寄存器应用很广，可构成移位寄存型计数器、顺序脉冲发生器、串行累加器，也可用作数据转换，即把串行数据转换为并行数据，或把并行数据转换为串行数据等。本任务将移位寄存器用作环形计数器，把移位寄存器的输出反馈到它的串行输入端，就可以进行循环移位。

本任务所需仪器：数字电路实验箱，集成芯片：74LS194。

### 三、任务实施过程

**1. 测试 74LS194 的逻辑功能**

按图 2－1－38 所示电路接线，74LS194 的 16 脚接＋5 V，8 脚接地。$\overline{CR}$、$S_0$、$S_1$、$D_{SR}$、$D_{SL}$、$D_0$、$D_1$、$D_2$、$D_3$ 分别接逻辑电平开关，$Q_0$、$Q_1$、$Q_2$、$Q_3$ 分别接逻辑电平指示灯，CP 接单次脉冲源，按表 2－1－16 所规定的输入状态逐项进行测试。

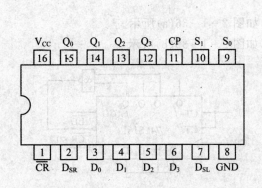

图 2－1－37 74LS194 引脚排列

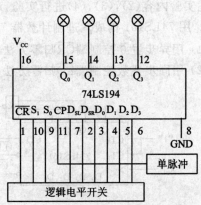

图 2－1－38 74LS194 逻辑功能测试

表 2－1－16 74LS194 的逻辑功能表

| 清 除 | 模 式 | | 时 钟 | 串 行 | | 输 入 | 输 出 | 功能总结 |
| --- | --- | --- | --- | --- | --- | --- | --- | --- |
| $\overline{CR}$ | $S_1$ | $S_0$ | CP | $D_{SL}$ | $D_{SR}$ | $D_0\ D_1\ D_2\ D_3$ | $Q_0\ Q_1\ Q_2\ Q_3$ | |
| 0 | × | × | × | × | × | ××××  | | |
| 1 | 1 | 1 | ↑ | × | × | a b c d | | |
| 1 | 0 | 1 | ↑ | × | 0 | ×××× | | |
| 1 | 0 | 1 | ↑ | × | 1 | ×××× | | |
| 1 | 0 | 1 | ↑ | × | 0 | ×××× | | |
| 1 | 0 | 1 | ↑ | × | 0 | ×××× | | |
| 1 | 1 | 0 | ↑ | 1 | × | ×××× | | |
| 1 | 1 | 0 | ↑ | 1 | × | ×××× | | |
| 1 | 1 | 0 | ↑ | 1 | × | ×××× | | |
| 1 | 1 | 0 | ↑ | 1 | × | ×××× | | |
| 1 | 0 | 0 | ↑ | × | × | ×××× | | |

（1）清　零

令$\overline{CR}=0$，其他输入均为任意状态，这时寄存器输出 $Q_0$、$Q_1$、$Q_2$、$Q_3$ 均为零。清零功能完成后，置$\overline{CR}=1$。

（2）送　数

令$\overline{CR}=S_1=S_0=1$，送入任意四位二进制数，如 $D_0D_1D_2D_3=abcd$，加 CP 脉冲，观察 CP＝0、CP 由 0→1、CP 由 1→0 三种情况下寄存器输出状态的变化，观察寄存器输出状态变化是否发生在 CP 脉冲上升沿，并记录。

（3）右　移

先清零或预置，令$\overline{CR}=1$、$S_1=0$、$S_0=1$，由右移输入端 $D_{SR}$ 依次送入二进制数码 0100，同时由 CP 端连续加 4 个脉冲，观察输出端情况，并记录。

（4）左　移

先清零或预置，令$\overline{CR}-1$、$S_1-1$、$S_0=0$，由左移输入端 $D_{SL}$ 依次送入二进制数码（如1111），同时连续加 4 个 CP 脉冲，观察输出情况，并记录。

（5）保　持

寄存器预置任意四位二进制数码 abcd，令$\overline{CR}=1$、$S_1=S_0=0$，加 CP 脉冲，观察寄存器输出状态，并记录。

注：保留接线，待用。

2．循环移位

把移位寄存器的输出反馈到它的串行输入端，即可进行循环位移。

（1）右移循环

将图 2－1－38 电路中 $D_{SR}$ 端与逻辑电平开关的接线断开，并将 $D_{SR}$ 端与 $Q_3$ 端直接连接，其他接线均不变动，如图 2－1－39 所示。先用并行送数法预置寄存器输出为某二进制数码（如0100），然后使 $S_1=0$、$S_0=1$ 进行右移循环，观察寄存器输出端变化，记入表 2－1－17 中。

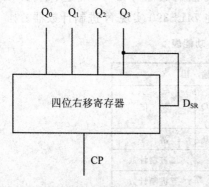

图 2－1－39　移位寄存器的循环形计数器

表 2－1－17　移位寄存器状态变化记录表

| CP | $Q_0$ | $Q_1$ | $Q_2$ | $Q_3$ |
|----|-------|-------|-------|-------|
| 0 | 0 | 1 | 0 | 0 |
| 1 | | | | |
| 2 | | | | |
| 3 | | | | |
| 4 | | | | |

（2）左移循环

将输出 $Q_0$ 与左移串行输入端 $D_{SL}$ 相连接，先用并行送数法预置寄存器输出为某二进制数码（如 0100），然后使 $S_1=1$、$S_0=0$ 进行左移循环，设计实验表格并记录实验结果。

四、实验报告

（1）分析表 2－1－16 的实验结果，总结移位寄存器 74LS194 的逻辑功能，并写入表格功能总结一栏中。

（2）思考题：使寄存器清零，除采用$\overline{CR}$端输入低电平外，可否采用右移或左移的方法？可否使用并行输入法？若可行，应如何进行操作？画出实现操作的电路图。

## 任务十　集成计数器

### 一、任务目标

（1）熟悉中规模集成计数器的工作原理、使用及功能测试方法。

（2）掌握构成 N 进制计数器的方法。

### 二、任务分析

74LS390 是双集成异步二-五-十进制计数器，其引脚排列如图 2-1-40 所示。

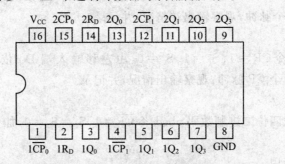

图 2-1-40　74LS390 引脚排列

74LS390 的功能如表 2-1-18 所列。清零 $R_D$ 为异步清零，高电平有效。$CP_0$、$CP_1$ 为计数脉冲的输入，下降沿触发。计数脉冲由 $CP_0$ 输入，从 $Q_0$ 输出时，则构成一位二进制的计数器；计数脉冲由 $CP_1$ 输入，输出为 $Q_3$、$Q_2$、$Q_1$ 时，则构成异步五进制的计数器；当 $Q_0$ 与 $CP_1$ 相连，计数脉冲从 $CP_0$ 输入，输出从高位到低位为 $Q_3$、$Q_2$、$Q_1$、$Q_0$ 时，则构成 8421BCD 码十进制的计数器；当 $Q_3$ 与 $CP_0$ 连接，计数脉冲由 $CP_1$ 输入，输出从高位到低位为 $Q_0$、$Q_3$、$Q_2$、$Q_1$ 时，则构成 5421BCD 码十进制的计数器。利用反馈归零法可以使 74LS390 实现 N 进制计数器。

表 2-1-18　74LS390 功能表

| 输　入 | | | 输　出 | | | | 功　能 |
|---|---|---|---|---|---|---|---|
| 清零 | 时　钟 | | $Q_3$ | $Q_2$ | $Q_1$ | $Q_0$ | |
| $R_D$ | $CP_0$ | $CP_1$ | | | | | |
| 1 | × | × | 0 | 0 | 0 | 0 | 清零 |
| 0 | ↓ | 1 | | | | | |
| | 1 | ↓ | $Q_3 Q_2 Q_1$ 输出 | | | | 五进制计数 |
| | ↓ | $Q_0$ | $Q_3 Q_2 Q_1 Q_0$ 输出 8421BCD 码 | | | | 十进制计数 |
| | $Q_3$ | ↓ | $Q_0 Q_3 Q_2 Q_1$ 输出 5421BCD 码 | | | | 十进制计数 |
| | 1 | 1 | 不　变 | | | | 保　持 |

本任务所需仪器：数字电路实验箱，集成芯片：74LS390、74LS00。

### 三、任务实施过程

(1)测试74LS390逻辑功能(清零、二进制、五进制、十进制)。CP 选用手动单次脉冲或1Hz 连续脉冲。输出接逻辑电平指示灯或用数码管显示。自行设计实验电路,记录实验结果并与表 2 - 1 - 18 进行比较。

(2)用 74LS390 构成任意进制计数器:四进制、六进制、九进制、六十进制,设计电路如图 2 - 1 - 41~图 2 - 1 - 44 所示,连接电路并验证设计是否符合要求。

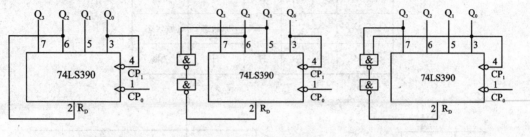

图 2 - 1 - 41  四进制　　　　图 2 - 1 - 42  六进制　　　　图 2 - 1 - 43  九进制

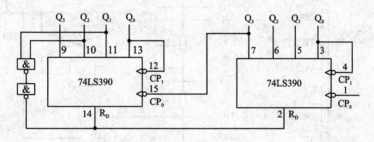

图 2 - 1 - 44  六十进制

(3)在图 2 - 1 - 44 中,改变反馈电路的反馈端,实现二十四进制计数。

### 四、实验报告

(1)整理实验内容和各实验数据。

(2)思考同步置数端和异步清零端的区别。

## 任务十一　555 时基电路及其应用

### 一、任务目标

(1)熟悉 555 时基电路结构、工作原理及其特点。

(2)掌握 555 时基电路的基本应用。

### 二、任务分析

本任务所用的 555 时基电路芯片为 NE556,同一芯片上集成了两个各自独立的 555 时基电路,芯片的功能如表 2 - 1 - 19 所列,管脚排列如图 2 - 1 - 45 所示,功能简图如图 2 - 1 - 46 所示。

各管脚的功能简述如下:

TH:高电平触发端,当 TH 端电压大于 $\frac{2}{3}V_{CC}$,输出端 OUT 端呈低电平,DIS 端导通。

$\overline{TR}$:低电平触发端,当 $\overline{TR}$ 端电平小于 $\frac{1}{3}V_{CC}$ 时,输出端 OUT 端呈高电平,DIS 端开断。

DIS:放电端,其导通或关断可为外接的 RC 回路提供放电或充电的通路。

$\overline{R}$:复位端,$\overline{R}=0$ 时,OUT 端输出低电平,DIS 端导通。该端不用时接高电平。

表 2-1-19　NE556 的功能

| TH | $\overline{\text{TR}}$ | $\overline{\text{R}}$ | OUT | DIS |
|---|---|---|---|---|
| X | X | L | L | 导通 |
| $>\frac{2}{3}V_{CC}$ | $>\frac{1}{3}V_{CC}$ | H | L | 导通 |
| $<\frac{2}{3}V_{CC}$ | $>\frac{1}{3}V_{CC}$ | H | 原状态 | 原状态 |
| $<\frac{2}{3}V_{CC}$ | $<\frac{1}{3}V_{CC}$ | H | H | 关断 |

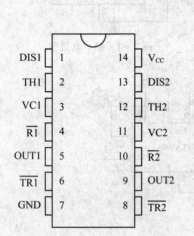

图 2-1-45　NE556 管脚排列

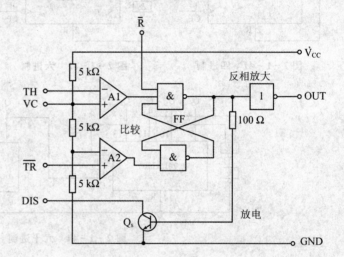

图 2-1-46　时基电路功能简图

VC:控制电压端,VC 接不同的电压值可改变 TH、$\overline{\text{TR}}$ 的触发电平值,其外接电压值范围是 $0\sim V_{CC}$,该端不用时,一般应在该端与地之间接一个电容。

OUT:输出端。电路的输出带有缓冲器,因而有较强的带负载能力,可直接推动 TTL、CMOS 电路中的各种电路和蜂鸣器等。

$V_{CC}$:电源端。电源电压范围较宽,TTL型为 $+5\sim+16$ V,CMOS 型为 $+3\sim+18$ V,本任务所用电压 $V_{CC}=+5$ V。

本任务所需仪器:数字电路实验箱、双踪示波器、函数信号发生器、数字频率计、集成芯片 NE556。

**三、任务实施过程**

1. 单稳态触发器

按图 2-1-47 所示连线,取 $R=1$ k$\Omega$,$C=0.1\mu$F,输入端加 1 kHz 的连续脉冲,用示波器观测 $u_i$、$u_C$ 和 $u_o$ 的波形,测定幅度及

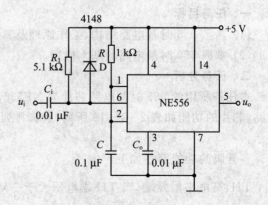

图 2-1-47　单稳态触发器

暂稳时间。

2. 多谐振荡器

按图 2-1-48 所示接线,用双踪示波器同时观测 $u_C$ 与 $u_o$ 的波形,用频率计测定频率。

3. 施密特触发器

按图 2-1-49 所示接线,输入信号由函数信号发生器提供,预先调好 $u_i$——正弦波频率为 1 kHz,接通电源,逐渐加大 $u_i$ 的幅度($u_i$ 的有效值为 5 V 左右),用示波器观测输出波形,测绘电压传输特性,算出回差电压 $\Delta U_T$。

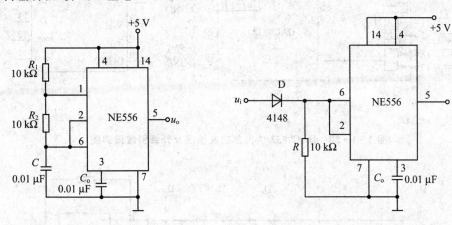

图 2-1-48　多谐振荡器　　　　　　图 2-1-49　施密特触发器

### 四、实验报告

(1) 绘出实验线路图,定量绘出观测到的波形。

(2) 分析、总结实验结果。

## 任务十二　D/A 转换器

### 一、任务目标

(1) 熟悉 D/A 转换器的基本工作原理。

(2) 掌握 D/A 转换器 DAC0832 的性能及其使用方法。

### 二、任务分析

本任务选用 8 位乘法型 CMOS 数模转换器 DAC0832,它可直接与微处理器相连,采用双缓冲寄存器,这样可在输出的同时,采集下一个数字量,以提高转换速度。DAC0832 的内部功能框图及外部引线排列如图 2-1-50 所示。

器件的核心部分采用倒 T 形电阻网络的 8 位 D/A 转换器,如图 2-1-51 所示。它是由倒 T 形 $R-2R$ 电阻网络、模拟开关、运算放大器和参考电压 $V_{REF}$ 四部分组成。

运放的输出电压为

$$V_o = \frac{V_{REF} \cdot R_f}{2^n R}(D_{n-1} \cdot 2^{n-1} + D_{n-2} \cdot 2^{n-2} + \cdots + D_0 \cdot 2^0)$$

由上式可见,输出电压 $V_o$ 与输入的数字量成正比,这就实现了从数字量到模拟量的转换。

一个 8 位的 D/A 转换器,它有 8 个输入端,每个输入端是 8 位二进制数的一位,有一个模

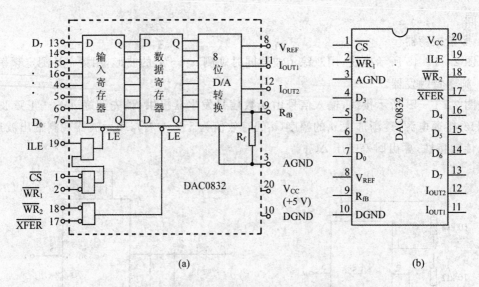

(a)　　　　　　　　　　　　　　　(b)

**图 2 - 1 - 50　DAC0832 的内部功能框图及外部引线排列图**

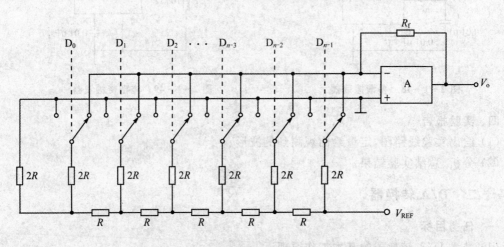

**图 2 - 1 - 51　倒 T 形电阻网络 D/A 转换电路**

拟输出端,输入可有 $2^8 = 256$ 个不同的二进制组态,输出为 256 个电压之一,即输出电压不是整个电压范围内任意值,而只能是 256 个可能值。

DAC0832 的引脚功能说明如下:

$\overline{\text{CS}}$:片选输入端,低电平有效。

ILE:输入的锁存信号,高电平有效。

$\overline{\text{WR}}_1$:写信号 1,低电平有效。

$\overline{\text{WR}}_2$:写信号 2,低电平有效。

$\overline{\text{XFER}}$:传输控制信号,低电平有效。

$D_0 \sim D_7$:8 位数字量输入端。

$I_{\text{OUT1}}$:DAC 电流输出 1 端。

$I_{\text{OUT2}}$:DAC 电流输出 2 端。

$R_{\text{fB}}$:芯片内的反馈电阻。反馈电阻引出端,用来作为外接运放的反馈电阻。

$V_{REF}$：参考电压输入端，其电压范围为$-10\sim+10$ V。

$V_{CC}$：电源电压输入端，电源电压范围为$+5\sim+15$ V。

DGND：数字电路接地端。

AGND：模拟电路接地端，通常与 DGND 相连。

DAC0832 输出的是电流，要转换为电压，还必须经过一个外接的运算放大器，实验电路如图 2-1-52 所示。

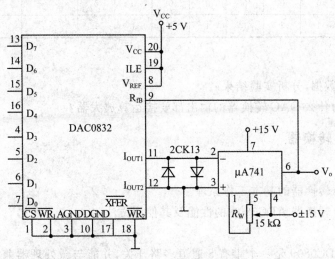

**图 2-1-52 D/A 转换器实验**

本任务所需仪器：数字电路实验箱，数字万用表，集成芯片：数模转换器 DAC0832、运算放大器 $\mu$A741。

**三、任务实施过程**

(1) 按图 2-1-52 所示接线，电路接成直通方式，即$\overline{CS}$、$\overline{WR1}$、$\overline{WR2}$、$\overline{XFER}$接地；ILE、$V_{CC}$、$V_{REF}$接$+5$ V 电源；运放电源接$\pm15$ V；$D_0\sim D_7$接逻辑电平开关的输出插口，输出端 $V_o$接直流数字电压表。

(2) 调零，令 $D_0\sim D_7$ 全置零，调节运放的电位器使 $\mu$A741 输出为零。

(3) 按表 2-1-20 所列输入数字量，用数字电压表逐次测量运放的输出电压 $V_o$，并将测量结果填入表中，并与理论值进行比较。

**表 2-1-20 D/A 转换器测试数据记录**

| 输入数字量 | | | | | | | | 输出模拟量 $V_o$/V | |
|---|---|---|---|---|---|---|---|---|---|
| $D_7$ | $D_6$ | $D_5$ | $D_4$ | $D_3$ | $D_2$ | $D_1$ | $D_0$ | 实测值 | 理论值 |
| 0 | 0 | 0 | 0 | 0 | 0 | 0 | 0 | | |
| 0 | 0 | 0 | 0 | 0 | 0 | 0 | 1 | | |
| 0 | 0 | 0 | 0 | 0 | 0 | 1 | 0 | | |
| 0 | 0 | 0 | 0 | 0 | 1 | 0 | 0 | | |
| 0 | 0 | 0 | 0 | 1 | 0 | 0 | 0 | | |
| 0 | 0 | 0 | 1 | 0 | 0 | 0 | 0 | | |

| 输入数字量 | | | | | | | | 输出模拟量 $V_o$/V | |
|---|---|---|---|---|---|---|---|---|---|
| $D_7$ | $D_6$ | $D_5$ | $D_4$ | $D_3$ | $D_2$ | $D_1$ | $D_0$ | 实测值 | 理论值 |
| 0 | 0 | 1 | 0 | 0 | 0 | 0 | 0 | | |
| 0 | 1 | 0 | 0 | 0 | 0 | 0 | 0 | | |
| 1 | 0 | 0 | 0 | 0 | 0 | 0 | 0 | | |
| 1 | 1 | 1 | 1 | 1 | 1 | 1 | 1 | | |

### 四、实验报告

(1) 整理实验数据,分析实验结果。

(2) 思考题:为什么 DAC 转换器的输出都要接运算放大器?

## 任务十三  A/D 转换器

### 一、任务目标

(1) 熟悉 A/D 转换器的基本工作原理。

(2) 掌握 A/D 转换器 ADC0809 的性能及其使用方法。

### 二、任务分析

本任务选用 ADC0809 是一个带有 8 通道多路开关,并能与微处理器兼容的 8 位 A/D 转换器。它是单片 CMOS 器件,采用逐次逼近法进行转换。它的转换时间为 100 $\mu s$,分辨率为 8 位,转换速度为 $\pm$LSD/2,单 5 V 供电,输入模拟电压范围为 0~5 V,内部集成了可以锁存控制的 8 路模拟转换开关,输出采用三态输出缓冲寄存器,电平与 TTL 电平兼容。

ADC0809 内部结构及外部引线排列,如图 2 - 1 - 53 所示。

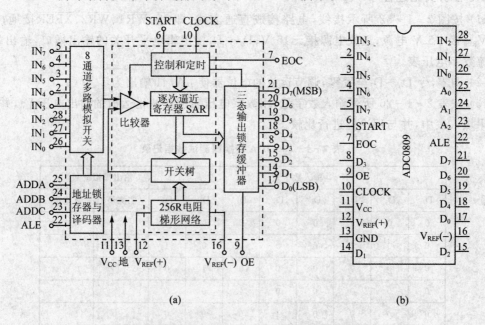

(a)          (b)

图 2 - 1 - 53  ADC0809 内部结构及外部引线排列图

ADC0809 的引脚功能说明如下：

$IN_0 \sim IN_7$：8 路模拟信号输入端。

$A_2$、$A_1$、$A_0$：地址输入端。

ALE：地址锁存允许输入信号（高电平有效），在此脚施加正脉冲，上升沿有效，此时锁存地址码，从而选通相应的模拟信号通道，以便进行 A/D 转换。

START：启动信号输入端，应在此脚施加正脉冲，当上升沿到达时，内部逐次逼近寄存器复位，在下降沿到达后，开始 A/D 转换过程。

EOC：A/D 转换结束输出信号（转换结束标志），高电平有效。

OE：输出允许信号，高电平有效，用来打开三态输出锁存器，将数据送到数据总线。

CLOCK(CP)：时钟信号输入端，外接时钟频率一般为 640 kHz。

$V_{CC}$：5 V 单电源供电。

$V_{REF}(+)$、$V_{REF}(-)$：基准电压的正极、负极。一般 $V_{REF}(+)$ 接 +5 V 电源，$V_{REF}(-)$ 接地。

$D_7 \sim D_0$：8 位数字量输出端。

模拟量输入通道选择：

8 路模拟开关由 $A_2$、$A_1$、$A_0$ 三地址输入端选通 8 路模拟信号中的任何一路进行 A/D 转换，地址译码与模拟输入通道的选通关系如表 2-1-21 所列。

本任务所需仪器：数字电路实验箱，集成芯片：ADC0809、A/D 转换器

表 2-1-21　地址译码与模拟输入通道的选通关系

| 被选模拟通道 | | $IN_0$ | $IN_1$ | $IN_2$ | $IN_3$ | $IN_4$ | $IN_5$ | $IN_6$ | $IN_7$ |
|---|---|---|---|---|---|---|---|---|---|
| 地　址 | $A_2$ | 0 | 0 | 0 | 0 | 1 | 1 | 1 | 1 |
| | $A_1$ | 0 | 0 | 1 | 1 | 0 | 0 | 1 | 1 |
| | $A_0$ | 0 | 1 | 0 | 1 | 0 | 1 | 0 | 1 |

**三、任务实施过程**

按图 2-1-54 所示接线。

(1) 8 路输入模拟信号 0.2~4.5 V，由 +5 V 电源经电阻 R 分压组成；变换结果 $D_0 \sim D_7$ 接逻辑电平指示灯输入插口，CP 时钟脉冲由计数脉冲源提供，取 $f=100$ kHz；$A_0 \sim A_2$ 地址端接逻辑电平输出插口。

(2) 接通电源后，在启动端(START)加一正单次脉冲，下降沿一到即开始 A/D 转换。

(3) 按表 2-1-22 的要求观察，记录 $IN_0 \sim IN_7$ 8 路模拟信号的转换结果，并将转换结果换算成十进制数表示的电压值，并与数字电压表实测的各路输入电压值进行比较，分析误差原因。

**四、实验报告**

(1) 整理实验数据，分析实验结果。

(2) 回答问题：A/D 转换中什么叫直接转换？什么叫间接转换？

$R=200\ \Omega$

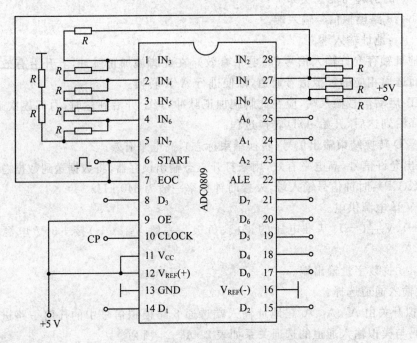

**图 2 - 1 - 54  ADC0809 实验线路**

**表 2 - 1 - 22  ADC0809 实验数据记录**

| 被选模拟通道 | 输入模拟量 | 地址 | | | 输出数字量 | | | | | | | | |
|---|---|---|---|---|---|---|---|---|---|---|---|---|---|
| IN | $V_i/V$ | $A_2$ | $A_1$ | $A_0$ | $D_7$ | $D_6$ | $D_5$ | $D_4$ | $D_3$ | $D_2$ | $D_1$ | $D_0$ | 十进制 |
| $IN_0$ | 4.5 | 0 | 0 | 0 | | | | | | | | | |
| $IN_1$ | 3.8 | 0 | 0 | 1 | | | | | | | | | |
| $IN_2$ | 3.0 | 0 | 1 | 0 | | | | | | | | | |
| $IN_3$ | 2.3 | 0 | 1 | 1 | | | | | | | | | |
| $IN_4$ | 1.5 | 1 | 0 | 0 | | | | | | | | | |
| $IN_5$ | 0.8 | 1 | 0 | 1 | | | | | | | | | |
| $IN_6$ | 0.4 | 1 | 1 | 0 | | | | | | | | | |
| $IN_7$ | 0.2 | 1 | 1 | 1 | | | | | | | | | |

# 项目二  数字电路综合性实验技能训练

## 任务一   数码、文字显示型逻辑笔

### 一、任务目标

(1) 进一步熟悉数码管的结构和使用方法。

(2) 掌握用门电路组成的数码显示型逻辑笔的设计方法。

## 二、任务分析

数码型逻辑笔是用"0"和"1"两个数码分别表示所测电平的低和高,其中用"0"表示被测点为低电平,用"1"表示被测点为高电平。本任务用74LS00和一只共阴数码管组成。当测试高电平需显示"1"时,只须使数码管的b、c段发光即可;当需显示"0"时,只须使数码管的a~f段发光即可(即只有g段)。根据该原理在设计电路时,只须将门电路按这样的关系进行安排即可。

文字显示的逻辑笔和数码型逻辑笔基本相同,只是所连接的数码管的输入端不同而已。文字显示的逻辑笔是用英文中高、低两字的字头"H"、"L"。由于这两个字母字形的特殊性,正好与LED数码管中的笔段相符,字母L可由数码管f、e、d段组成,字母H可由数码管的b、c、d、e、f、g段组成。

本任务所需仪器:数字电路实验箱,共阴数码管,集成芯片:74LS00。

## 三、任务实施过程

1. 数码型逻辑笔

按图2-2-1所示连接电路,分别输入高低电平验证逻辑笔的功能。

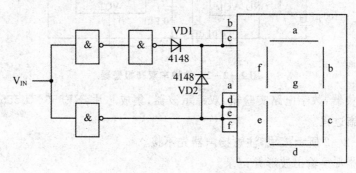

**图2-2-1 数码型逻辑笔**

2. 文字显示型逻辑笔

自行设计一个用门电路和一个共阴数码管组成的文字显示型逻辑笔。当输入高电平时,数码管显示"H",当输入低电平时数码管显示"L"。

## 四、实验报告

(1)画出数码型逻辑笔、文字显示型逻辑笔的电路图。

(2)总结数码型逻辑笔、文字显示型逻辑笔的工作原理。

# 任务二 双音报警电路

## 一、任务目标

(1)进一步熟悉555时基电路构成的多谐振荡器。

(2)熟悉555时基电路控制端的功能和作用。

(3)了解用电压调制频率的方法。

## 二、任务分析

本任务采用NE556双555时基电路。用555时基电路组成自激多谐振荡器时,一般将VC(控制电压端)通过一个小电容(0.01~0.1 $\mu$F)接地,以防外界干扰对阈值电压的影响。当需要把它变成可控多谐振荡器时,VC 外接一个控制电压,这个电压将改变芯片内比较电平,从而改变振荡频率,当控制电压升高(降低)时,振荡频率降低(升高),这就是控制电压对振荡信号频率的调制。利用这种调制方法,可组成双音报警器。

图 2-2-2 给出了模拟救护车鸣笛声的电路原理图,其中 OUT1 输出的方波信号通过 5.1 kΩ 电阻去控制 VC2 的电平。当 OUT1 输出高电平时,OUT2 的振荡频率低;反之,振荡频率高。因此,OUT2 的振荡频率被 OUT1 的输出电压调制为两种音频频率,使扬声器发出"滴、嘟、滴、嘟……"的双音声响,与救护车的鸣笛声相似。

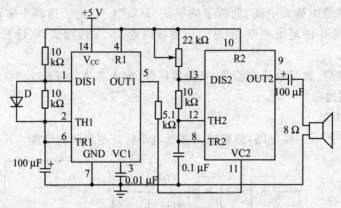

图 2-2-2　救护车双音报警器

本任务所需仪器:数字电路实验箱,双踪示波器,集成芯片:NE556(双 555 时基电路)。

### 三、任务实施过程

(1) 按图 2-2-2 所示接线,注意扬声器先不接。

(2) 用示波器观察输出波形并记录。

(3) 接上扬声器,调整参数到响声效果满意。

### 四、实验报告

(1) 画出实验内容的相应波形。

(2) 回答问题:调整哪些元件,使报警声更接近实际的声响?

## 任务三　智力竞赛抢答器

### 一、任务目标

(1) 学习数字电路中 D 触发器、分频电路、多谐振荡器、CP 时钟脉冲源等单元电路的综合运用。

(2) 熟悉智力竞赛抢赛器的工作原理。

(3) 了解简单数字系统设计、调试及故障排除方法。

### 二、任务分析

图 2-2-3 所示为供 4 人用的智力竞赛抢答装置线路,用以判断抢答优先权。

图 2-2-3 中 $F_1$ 为四 D 触发器 74LS175,它具有公共置 0 端和公共 CP 端,引脚排列见附录 C 中图 C-30;$F_2$ 为双 4 输入与非门 74LS20;$F_3$ 是由 74LS00 组成的多谐振荡器;$F_4$ 是由 74LS74 组成的四分频电路,$F_3$、$F_4$ 组成抢答电路中的 CP 时钟脉冲源。抢答开始时,由主持人清除信号,按下复位开关 S,74LS175 的输出 $Q_1 \sim Q_4$ 全为 0,所有发光二极管 LED 均熄灭,当

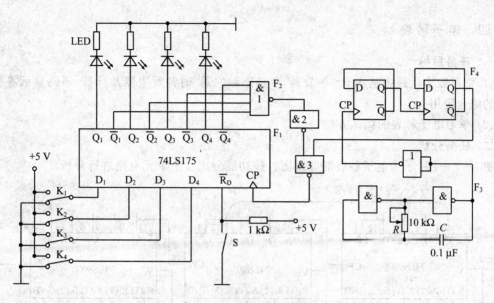

图 2-2-3 智力竞赛抢答装置原理图

主持人宣布"抢答开始"后,首先作出判断的参赛者立即按下开关,对应的发光二极管点亮,同时,通过与非门 $F_2$ 送出信号锁住其余三个抢答者的电路,不再接受其他信号,直到主持人再次清除信号为止。

本任务所需仪器:数字电路实验箱,双踪示波器,集成芯片:74LS175、74LS20、74LS00、74LS74。

### 三、任务实施过程

(1)测试各触发器及各逻辑门的逻辑功能。判断器件的好坏。

(2)按图 2-2-3 所示接线,抢答器 4 个开关接数字电路实验箱的逻辑电平开关,发光二极管接逻辑电平指示灯。

(3)断开抢答器电路中 CP 脉冲源电路,单独对多谐振荡器 $F_3$ 及分频器 $F_4$ 进行调试,调整多谐振荡器 10 kΩ 电位器,使其输出脉冲频率约 4 kHz,观察 $F_3$ 及 $F_4$ 输出波形并测试其频率。

(4)测试抢答器电路功能,接通 +5 V 电源,CP 端接数字电路实验箱的连续脉冲源,取脉冲频率约 1 kHz。

① 抢答开始前,开关 $K_1$、$K_2$、$K_3$、$K_4$ 均置"0",准备抢答,将开关 S 置"0",发光二极管全熄灭,再将 S 置"1"。抢答开始,$K_1$、$K_2$、$K_3$、$K_4$ 某一开关置"1",观察发光二极管的亮、灭情况,然后再将其他三个开关中任一个置"1",观察发光二极的亮、灭是否改变。

② 重复步骤①的内容,改变 $K_1$、$K_2$、$K_3$、$K_4$ 任一个开关状态,观察抢答器的工作情况。

③ 整体测试断开数字电路实验箱的连续脉冲源,接入 $F_3$ 及 $F_4$,再进行实验。

### 四、实验报告

(1)分析智力竞赛抢答装置各部分功能及工作原理。

(2)总结数字系统的设计、调试方法。

(3)分析实验中出现的故障及解决办法。

## 任务四　电子秒表

### 一、任务目标

(1)学习数字电路中基本 RS 触发器、单稳态触发器、时钟发生器及计数、译码显示等单元电路的综合应用。

(2)学习电子秒表的调试方法。

### 二、任务分析

图 2-2-4 所示为电子秒表的原理图。按功能分成 4 个单元电路进行分析。

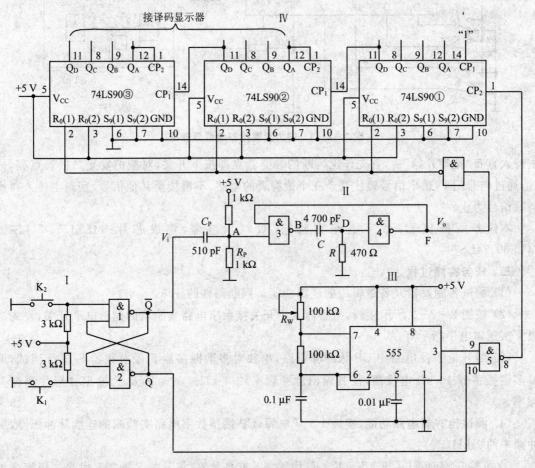

**图 2-2-4　电子秒表原理图**

### 1. 基本 RS 触发器

图 2-2-4 中单元 I 为用集成与非门构成的基本 RS 触发器,属低电平直接触发的触发器,有直接置位、复位的功能。它的一路输出 $\overline{Q}$ 作为单稳态触发器的输入,另一路输出 Q 作为与非门 5 的输入控制信号。

按动按钮开关 $K_2$(接地),则门 1 输出 $\overline{Q}=1$,门 2 输出 $Q=0$,$K_2$ 复位后,Q、$\overline{Q}$ 状态保持不变。再按动按钮开关 $K_1$,则 Q 由 0 变为 1,门 5 开启,为计数器启动做好准备。$\overline{Q}$ 由 1 变 0,送出负脉冲,启动单稳态触发器工作。

基本 RS 触发器在电子秒表中的职能是启动和停止秒表的工作。

2. 单稳态触发器

图 2-2-4 中单元Ⅱ为用集成与非门构成的微分型单稳态触发器,图 2-2-5 所示为各点波形图。

单稳态触发器的输入触发负脉冲信号 $V_i$ 由基本 RS 触发器 $\bar{Q}$ 端提供,输出负脉冲 $V_o$ 通过非门加到计数器的清除端 R。

静态时,门 4 应处于截止状态,故电阻 R 必须小于门的关门电阻 $R_{off}$。定时元件 RC 取值不同,输出脉冲宽度也不同。当触发脉冲宽度小于输出脉冲宽度时,可以省去输入微分电路的 $R_P$ 和 $C_P$。

单稳态触发器在电子秒表中的职能是为计数器提供清零信号。

3. 时钟发生器

图 2-2-4 中单元Ⅲ为用 555 定时器构成的多谐振荡器,是一种性能较好的时钟源。

调节电位器 $R_W$,使在输出端 3 获得频率为 50 Hz 的矩形波信号,当基本 RS 触发器 Q=1 时,门 5 开启,此时 50 Hz 脉冲信号通过门 5 作为计数脉冲加于计数器①的计数输入端 $CP_2$。

4. 计数及译码显示

用 74LS90 构成电子秒表的计数单元,如图 2-2-4 中单元Ⅳ所示。其中计数器①接成五进制形式,对频率为 50 Hz 的时钟脉冲进行五分频,在输出端 $Q_D$ 取得周期为 0.1 s 的矩形脉冲,作为计数器②的时钟输入。计数器②及计数器③接成 8421 码十进制形式,其输出端与实验装置上译码显示单元的相应输入端连接,可显示 0.1~0.9 s 和 1~9.9 s 计时。

74LS90 是集成异步二-五-十进制加法计数器,图 2-2-6 为 74LS90 引脚排列,表 2-2-1 为功能表。

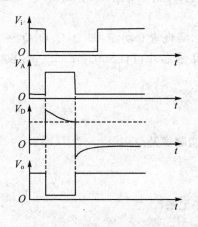

图 2-2-5　单稳态触发器波形图

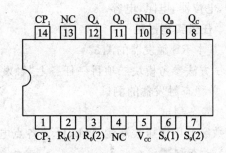

图 2-2-6　74LS90 引脚排列

通过不同的连接方式,74LS90 可以实现 4 种不同的逻辑功能,而且还可借助 $R_0(1)$、$R_0(2)$ 对计数器清零,借助 $S_9(1)$、$S_9(2)$ 将计数器置 9。其具体功能详述如下:

(1) 计数脉冲从 $CP_1$ 输入,$Q_A$ 作为输出端,为二进制计数器。

(2) 计数脉冲从 $CP_2$ 输入,$Q_D$、$Q_C$、$Q_B$ 作为输出端,为异步五进制加法计数器。

(3) 若将 $CP_2$ 和 $Q_A$ 相连,计数脉冲由 $CP_1$ 输入,$Q_D$、$Q_C$、$Q_B$、$Q_A$ 作为输出端,则构成异步 8421 码十进制加法计数器。

(4) 若将 $CP_1$ 与 $Q_D$ 相连,计数脉冲由 $CP_2$ 输入,$Q_A$、$Q_D$、$Q_C$、$Q_B$ 作为输出端,则构成异步

5421 码十进制加法计数器。

表 2-2-1  74LS90 的功能表

| 输　入 | | | | 输　出 | | | | 功　能 |
|---|---|---|---|---|---|---|---|---|
| 清零 | 置9 | 时钟 | | $Q_D$ | $Q_C$ | $Q_B$ | $Q_A$ | |
| $R_0(1)$、$R_0(2)$ | $S_9(1)$、$S_9(2)$ | $CP_1$ | $CP_2$ | | | | | |
| 1　1 | 0　× | × | × | 0 | 0 | 0 | 0 | 清零 |
| ×　1 | ×　0 | | | | | | | |
| 0　× | 1　1 | × | × | 1 | 0 | 0 | 1 | 置9 |
| ×　0 | ×　1 | | | | | | | |
| | | ↓ | 1 | _QA | | | | 二进制计数 |
| | | 1 | ↓ | $Q_DQ_CQ_B$输出 | | | | 五进制计数 |
| 0　× | 0　× | ↓ | $Q_A$ | $Q_DQ_CQ_BQ_A$输出 8421BCD 码 | | | | 十进制计数 |
| ×　0 | ×　0 | $Q_D$ | ↓ | $Q_AQ_DQ_CQ_B$输出 5421BCD 码 | | | | 十进制计数 |
| | | 1 | 1 | 不变 | | | | 保持 |

（5）清零、置9功能。

① 异步清零

当 $R_0(1)$、$R_0(2)$ 均为"1"，$S_9(1)$、$S_9(2)$ 中有"0"时，实现异步清零功能，即 $Q_DQ_CQ_BQ_A=0000$。

② 置9功能

当 $S_9(1)$、$S_9(2)$ 均为"1"，$R_0(1)$、$R_0(2)$ 中有"0"时，实现置9功能，即 $Q_DQ_CQ_BQ_A=1001$。

本任务所需仪器：数字电路实验箱，数字万用表，集成芯片：74LS00、NE555、74LS90，译码显示器，电位器，电阻，电容。

**三、任务实施过程**

1. 基本 RS 触发器的测试

测试方法参考模块二项目一任务七"触发器的功能测试及应用"。

2. 单稳态触发器的测试

（1）静态测试

用数字万用电压表测量 A、B、D、F 各点电位值，并记录。

（2）动态测试

输入端接 1 kHz 连续脉冲源，用示波器观察并描绘 D 点($V_D$)、F 点($V_0$)波形，如果单稳输出脉冲持续时间太短，难以观察，可适当加大微分电容 $C$（如改为 $0.1\ \mu F$），待测试完毕，再恢复 4 700 pF。

3. 时钟发生器的测试

用示波器观察输出电压波形并测量其频率，调节 $R_w$，使输出矩形波频率为 50 Hz。

4. 计数器的测试

（1）计数器①接成五进制形式，$R_0(1)$、$R_0(2)$、$S_9(1)$、$S_9(2)$接逻辑开关输出插口，$CP_2$接单次脉冲源，$CP_1$接高电平"1"，$Q_D$～$Q_A$接实验设备上译码显示输入端 D、C、B、A，按表 2-2-1

测试其逻辑功能,并记录。

(2)计数器②及计数器③接成 8421 码十进制形式,同步骤(1)进行逻辑功能测试,并记录。

(3)将计数器①、②、③级联,进行逻辑功能测试,并记录。

5.电子秒表的整体测试

各单元电路测试正常后,按图 2-2-4 把几个单元电路连接起来,进行电子秒表的总体测试。

先按一下按钮开关 $K_2$,此时电子秒表不工作,再按一下按钮开关 $K_1$,则计数器清零后便开始计时,观察数码管显示计数情况是否正常,如不需要计时或暂停计时,按一下开关 $K_2$,计时立即停止,但数码管保留所计时之值。

6.电子秒表准确度的测试

利用电子钟或手表的秒计时对电子秒表进行校准。

四、实验报告

(1)总结电子秒表整个调试过程。

(2)分析调试中发现的问题及故障排除方法。

# 模块三 电子线路仿真与测试

## 项目一 Multisim 9 的基本操作

**一、任务目标**

熟悉 Multisim 9 的基本界面。

**二、任务分析**

Multisim 9 由 EWB(Eletronics Workbench,虚拟电子实验室)发展而来,它经历了 EWB 5.0、Multisim 2001、Multisim 7、Multisim 8、Multisim 9 的升级过程。Multisim 9 不仅继承了 EWB 界面直观、操作方便、易学易用的优点,还大大地丰富了器件库和仪器库,增强了软件的仿真测试和分析功能。更重要的是,Multisim 9 使电路原理图的仿真与完成 PCB 设计的 Ultiboard 9 仿真软件结合构成了新一代的 EWB 软件。由于 Multisim 9 具有 20 种虚拟仿真仪器仪表、19 种分析方法以及强大丰富的元器件库,将其引入数字电路实验教学,不仅能够替代实验室中的多种传统仪器,而且可以实现"软件虚拟实验室",即只要有一台计算机并安装上 Multisim 9 软件,就可以构成一个虚拟的实验工作台。这样在实验项目的开发上与传统的方法相比具有灵活多样、低成本、高效率的优势。

本任务以 Multisim 9 教育版(汉化)为平台,Multisim 9 系统启动后便进入 Multisim 9 基本界面,如图 3-1-1 所示。

Multisim 9 基本界面包含电路工作区、菜单栏、工具栏、元器件栏、仿真开关、电路元件属性视窗等,此基本操作界面就相当于一个虚拟电子实验平台。

**三、任务实施过程**

1. 认识菜单栏

Multisim 9 的菜单栏和 Word 的操作界面极其类似,如图 3-1-2 所示。在菜单栏中提供了文件操作、文本编辑、放置元器件等选项。

(1)"文件"菜单

此菜单提供了打开、新建、保存文件等操作,用法与 Word 类似,不再叙述。

(2)"编辑"菜单

此菜单提供了撤销、重复、复制、粘贴、删除、查找、方向和全选等选项,用法与 Word 类似,不再叙述。

(3)"视图"菜单

此菜单提供了以下功能:全屏显示、缩放基本操作界面、绘制电路工作区的显示方式,以及扩展条、工具栏、电路的文本描述、工具栏是否显示。

(4)"插入"菜单

此菜单提供了插入标签、插入对象、插入日期、插入询问链接选项。

(5)"放置"菜单

此菜单提供绘制仿真电路所需的元器件、节点、导线和各种连接接口,以及文本框、标题栏

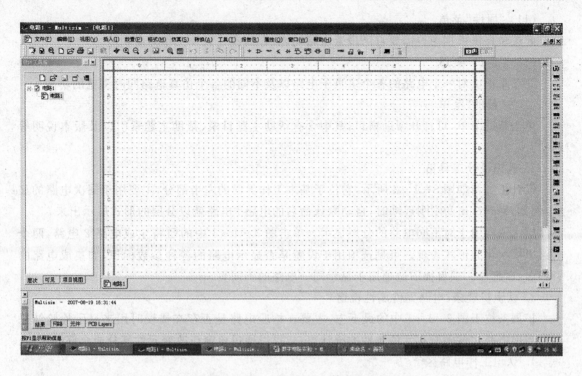

图 3 - 1 - 1 Multisim 9 基本界面

图 3 - 1 - 2 Multisim 9 菜单栏

等文字内容。

（6）"格式"菜单

此菜单提供了字体、段落、插入项目编号等选项，用法与 Word 类似，不再叙述。

（7）"仿真"菜单

此菜单提供启停电路仿真和仿真所需的各种仪器仪表；提供对电路的各种分析（如放大电路的静态工作点分析）；设置仿真环境以及 PSPICE、VHDL 等仿真操作。

（8）"转换"菜单

此菜单提供仿真电路的各种数据与 Ultiboard 8 和其他 PCB 软件的数据相互传送的功能。

（9）"工具"菜单

此菜单主要提供各种常用电路，如放大电路、滤波器、555 时基电路的快速创建向导。用户也可以通过工具菜单快速创建自己想要的电路。另外各种电路元器件都可以通过工具菜单修改其外部形状。

（10）"报告"菜单

此菜单主要用于产生指定元件存储在数据库中的所有信息和当前电路窗口中所有元件的详细参数报告。

(11)"属性"菜单

此菜单提供根据用户需要自己设置电路功能、存放模式以及工作界面功能。

(12)"窗口"菜单

此菜单提供对一个电路的各个多页子电路以及不同的各个仿真电路同时浏览的功能。

(13)"帮助"菜单

单击帮助菜单,可打开帮助窗口,其中含有帮助主题目录、帮助主题索引以及版本说明等选项。

2. 认识设计工具箱

设计工具箱如图 3-1-3 所示,它位于基本工作界面的左半部分,主要用于层次电路的显示,例如,Multisim 9 刚刚启动时,自动默认命名的电路1电路就以分层的形式展示出来。

层次选项用于对不同电路的分层显示。单击图 3-1-3 中的 □ 将生成电路2电路,两个电路以层次化的形式表现。可见选项用于设置是否显示电路的各种参数标识,如集成电路的引脚名、引脚号。项目视图选项用于显示同一电路的不同页。

3. 认识扩展条(电路元件属性视窗)

扩展条位于图 3-1-1 中的最下方,主要在检验电路是否存在错误时用来显示检验结果以及当前电路文件中所有元件属性的统计窗口,可以通过该窗口改变元件部分或全部的属性。

4. 认识工作电路区

工作电路区是基本工作界面的最主要部分,用来创建用户需要检验的各种实际电路。下面将以具体实例来显示。

**例 3-1-1** 简单电阻串联分压电路(见图 3-1-4)。

图 3-1-3 设计工具箱

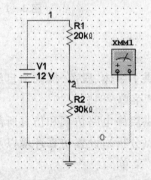

图 3-1-4 万用表测试连接图

具体步骤如下:

第一步:选取元件。选取一个 12 V 电源、一个参考接地点以及一个 20 kΩ 电阻和一个 30 kΩ 电阻。为建立该实验仿真电路,单击菜单栏中的放置/元件,弹出如图 3-1-5 所示的对话框。此对话框中包括以下几个部分。

① 主数据库下拉列表框。单击该框后可以看到 3 个选项,如图 3-1-6 所示,分别为主数据库、公司数据库、用户数据库。主数据库中存储了大量常用的元器件。仿真时所需的器件基本都能从主数据库中找到。后两者是为用户的特殊需要而设计的。

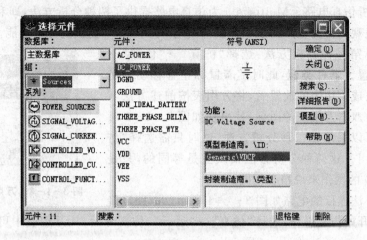

图 3 - 1 - 5　选择元件对话框

② 组下拉列表框。组即为某一元器件库中的各种不同族元件的集合。单击该框后出现 16 种元件族，如图 3 - 1 - 7 所示。它们分别为电源、基本元件族、二极管、晶体管、模拟器件、TTL 器件族、CMOS 器件族、单片机器件、外设器件、数字器件、数模混合器件、指示仿真结果器件、其他器件、射频器件、机械电子器件族和梯形图器件。

图 3 - 1 - 6　主数据库下拉
列表框

从中可以看出选择元器件时，首先应确定某一数据库，然后确定元件族，接着确定某种系列。在本例中，首先选择 +12 V 直流电源，再在主数据库框中选中主数据库，在组框中选择 Sources，这时在 Family 框中出现了对应于电源族器件的 6 种不同的系列——直流电压源、单信号交流电压源、单信号交流电流源、控制函数、受控电压源和受控电流源。对于本例，自然选择 POWER - SOURCE 系列。选中后对话框变为图 3 - 1 - 5 所示形式，这时在选择元件对话框中的元件框中一共列出了 11 个具体元件。单击每一个选项后，在右侧的符号、功能、模型制造商等栏中都会给出元器件的外形、功能、封装模式等的描述。

本例中按图 3 - 1 - 5 完成设置，然后单击"确定"按钮，在用户的绘制电路工作区有一个直流电源的虚影随着鼠标移动，将鼠标移到相应位置后单击，此时一个直流电源已经放置在工作区中。

按照同样的方法放置一个参考接地点、20 kΩ 电阻和一个 30 kΩ 电阻。

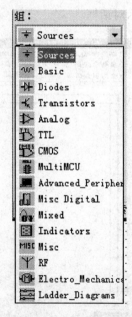

图 3 - 1 - 7　组下拉列表框

第二步：连接元件之间的导线。待所有的元器件都已经放置于工作区后，开始连接导线。将鼠标移动到所要连接的器件的某个引脚上，这时鼠标指针会变成中间有实心黑点的十字形。单击鼠标后，再次移动鼠标，就会拖出一条黑虚线，将此黑虚线移动到所要连接的元件的引脚时，再次单击鼠标，这时就会将两个元器件的引脚连接起来。

第三步:分析仿真电路。Multisim 9 为仿真电路提供了两种分析方法,即利用 Multisim 9 提供的虚拟仪表观测仿真电路的某项参数和利用 Multisim 9 提供的分析功能。

本例中选择第一种分析方法:选择"仿真"→"仪器"→"万用表",与放置元器件类似,此时随着鼠标指针移动的是一个万用表。完成万用表的放置后,将万用表按前述方法与电阻相连。然后双击万用表的图标,就出现如图 3-1-8 所示的界面。也可以采用第二种分析方法,这时只需选择"仿真"→"分析"即可。这两种分析方法实质上是等同的,只是对于 Multisim 9 的操作来说稍有不同。

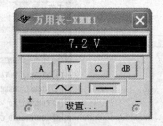

图 3-1-8　万用表控制面板

按照上述办法连接的电路如图 3-1-4 所示。电路连接好以后,就可以开始仿真操作,选择"仿真"→"运行",仿真开始,从万用表中可以看到仿真的结果。

第四步:保存电路。创建电路、编辑电路、仿真分析等工作完成后,就可以将电路文件存盘。存盘的方法与其他 Word 应用软件一样,第一次保存新创建的电路文件时,默认的文件名为电路.ms9,当然也可以更改文件名和存放路径。

上述为 Multisim 9 一般的操作步骤。也可采用快捷方式,即在"属性"菜单中选择"简化版本",Multisim 9 的操作界面如图 3-1-9 所示。完成图 3-1-4 所示电路,所需要的元器件可直接从工具栏中选取,然后放置到工作区。若需要改变某元件的部分或某一属性时,双击该元件弹出对应的对话框,就可在对话框中修改参数。例如双击 V1(12V)电源,弹出如图 3-1-10 所示对话框。

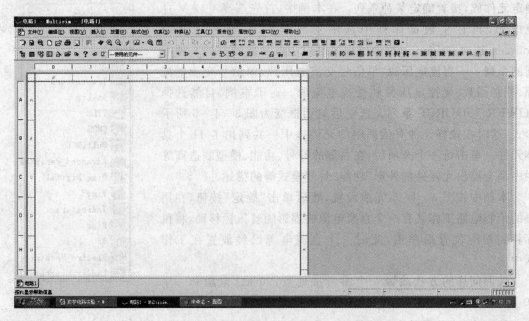

图 3-1-9　Multisim 9 的操作界面

在图 3-1-10 所示的对话框中,单击"参数"标签,打开选项卡,在 Voltage 文本框中输入 50 V,然后单击"确定"按钮,这时电路工作区中 V1 的值已经变为 50 V。

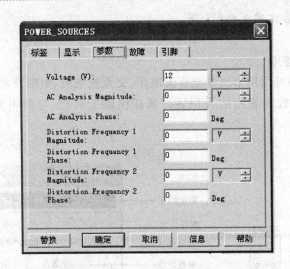

图 3 - 1 - 10 电源对话框

## 项目二 Multisim 9 的虚拟仪器仪表使用

### 任务一 常用虚拟仿真仪器的使用

#### 一、任务目标

学习数字万用表、函数信号发生器、功率表、示波器、实时测量探针的使用方法。

#### 二、任务分析

Multisim 9 仪器库中共有 20 种虚拟仪器,如图 3 - 2 - 1 所示,从左至右分别是:数字万用表、失真分析仪、功率表、双踪示波器、函数信号发生器、频率计、四踪示波器、安捷伦函数发生器、波特图示仪、字信号发生器、逻辑转换仪、IV 分析仪、逻辑分析仪、安捷伦万用表、网络分析仪、安捷伦示波器、实时测量探针、频谱分析仪、泰克示波器、LabVIEW 采样仪器。

图 3 - 2 - 1 Multisim 9 仪器库

使用虚拟仪器时只须在仪器栏单击选用仪器图标,按要求将其接至电路测试点,然后双击该图标,就可以打开仪器面板进行设置和测试。虚拟仪器在接入电路并启动仿真开关后,若改变其在电路中的接入点,则显示的数据和波形也相应改变,而不必重新启动电路,而波特图示仪和数字仪器则应重新启动电路。

**注意:**

① 若仪器工具栏没有显示出来,可选择“视图”→“工具栏”→“仪器”,显示仪器工具栏,或选择“仿真”→“仪器”项中相应仪表,也可以在电路窗口中放置相应的仪表。

② 电压表和电流表并没有放置在仪器工具栏中,而是放置在指示元件库中。

Multisim 9 的虚拟仪器可以应用于各种电子电路中,尽管虚拟仪器与现实中的仪器非常相似,但它们还是有一些不同之处。

### 三、任务实施过程

#### 1. 数字万用表的使用

数字万用表是一种可以用来测量交直流电压、交直流电流、电阻及电路中两点之间的分贝损耗、自动调整量程的数字显示的万用表。其在仪器工具栏、电路中的图标及控制面板如图 3-2-2 所示。

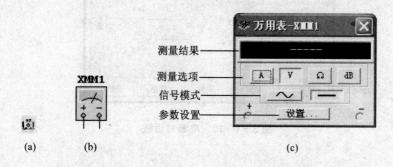

图 3-2-2　数字万用表的图标及控制面板

万用表的控制面板中,各按钮的功能如下:

① A :电流挡,测量电路中某支路的电流,表应串联在待测支路中。

② V :电压挡,测量电路两节点之间的电压,表应与两节点并联。

③ Ω :欧姆挡,测量电路两节点之间的电阻,被测节点和节点之间的所有元件当作一个"元件网络",表应与"元件网络"并联。

④ dB :电压损耗分贝挡,测量电路中两节点间压降的分贝值,表应与两节点并联。电压损耗分贝的计算公式为

$$dB = 20 \times \log_{10}\left(\frac{V_o}{V_i}\right)。$$

⑤ ~ :交流挡,测量交流电压或电流信号的有效值。

⑥ — :直流挡,测量直流电压或电流信号的大小。

⑦ :对应数字万用表的正极;

:对应数字万用表的负极。

⑧ 设置... :单击该按钮可弹出如图 3-2-3 所示的对话框。在其中可对数字万用表的表内阻的量程等参数进行设置。

设置电流表的表头内阻,其大小会影响电流测量的精度。

设置电压表的表头内阻,其大小会影响电压测量的精度。

设置欧姆表的表头内阻。理想的电表的内部电阻对测量结果无影响。而在实际测量中,测量结

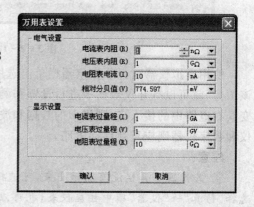

图 3-2-3　数字万用表的设置对话框

果在一定程度上受到电表内阻的影响,在 Multisim 9 中可以通过内部参数的设置来模拟实际测量的结果。

数字万用表的显示设置,主要用来设定电流表的测量量程。

2. 分压电路测量

测量电路如图 3-1-4 所示的基本分压电路,如果按照图 3-2-3 中的参数分别设置电压表的内阻为 1 GΩ 和 1 MΩ 时,则测量结果如图 3-2-4 所示。

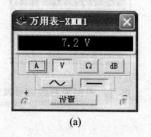

(a)                    (b)

**图 3-2-4  不同内阻的测试结果**

3. 函数信号发生器的使用

函数信号发生器是可提供正弦波、三角波和方波的信号源。它在电路仿真中提供了十分方便和实用的功能,波形的频率、幅度、占空比和直流偏置都可以调整。函数信号发生器的频率范围很宽,几乎覆盖了交流、音频乃至射频的频率信号。函数信号发生器在仪器工具栏、电路中的图标及控制面板如图 3-2-5 所示。

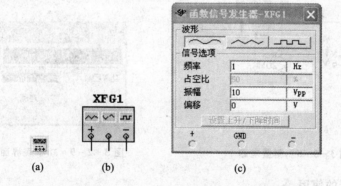

(a)        (b)            (c)

**图 3-2-5  函数信号发生器的图标及控制面板**

控制面板的各部分的功能如下:

上方的 3 个按钮用于选择输出波形,分别为正弦波、三角波和方波。

① 频率:设置输出信号的频率。

② 占空比:设置输出的方波和三角波电压信号的占空比。

③ 振幅:设置输出信号的幅度的峰值。

④ 偏移:设置输出信号的偏置电压,即设置输出信号中直流成分的大小。

⑤ 设置上升/下降时间:设置上升沿与下降沿的时间,仅对方波有效。

⑥ +:表示波形电压信号的正极性输出端。

⑦ -:表示波形电压信号的负极性输出端。

⑧ GND:表示公共接地端。

下面以图3-2-6所示的仿真电路为例,掌握函数信号发生器的使用方法。本例中,函数信号发生器产生幅值为10 V、频率为1 kHz的交流信号,并用万用表测量函数信号发生器产生的交流信号,测量结果如图3-2-7所示。

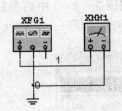 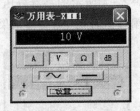

图3-2-6　仿真电路　　图3-2-7　用万用表测量函数信号发生器输出值

4. 功率表的使用

功率表用于测量电路的功率,此外还能测量功率因数。图3-2-8所示是一个使用功率表测量电路功率和功率因数的例子。

按图3-2-8所示连接好电路,功率表左边的电压输入端子与被测电阻并联,右边的电流输入端子与被测电阻串联。打开仿真开关,双击功率表打开面板,即可得到实验结果,功率为1.8 MW,功率因数为1.000,如图3-2-9所示。

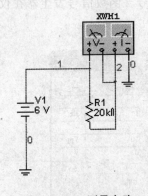 

图3-2-8　测量电路　　　　　图3-2-9　功率表界面

5. 双踪示波器的使用

双踪示波器用来观察信号波形并测量信号幅度、频率及周期等参数的仪器。其在仪器工具栏、电路中的图标及控制面板如图3-2-10所示。

双踪示波器的面板控制设置与真实示波器的设置基本一致,一共分成3个模块的控制设置。

(1) 时基(扫描时间)设置

该模块主要用来进行时基信号的控制调整,其各部分功能如下:

① 比例:X轴刻度选择。控制在示波器显示信号时,X轴每一格所代表的时间。单位为ms/Div,范围为1 ps～1 000 Ts。直接单击比例右侧的X轴刻度选择参数设置文本框,将弹出上/下拉按钮,即可为显示信号选择合适的时间刻度。

② X位置:用来调整时间基准的起始点位置。即控制信号在X轴的偏移位,调整的范围

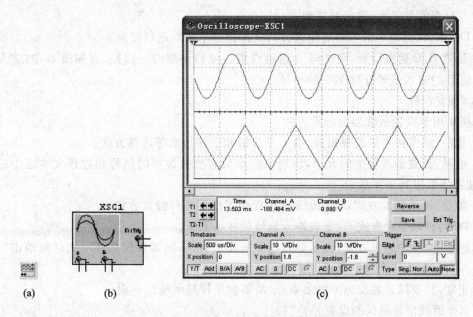

**图 3 - 2 - 10　双踪示波器的图标及控制面板**

为－5～＋5 Div。直接单击 X 位置右侧的参数设置文本框,将弹出上/下拉按钮,即可为显示信号选择合适的起点。正值使起点向右移动,负值使起点向左移动。

③ Y/T 按钮:选择 X 轴显示时间刻度,且 Y 轴显示的电压信号幅度的示波器显示方式,即信号波形随时间变化的显示方式,是打开示波器后的默认显示方式。

④ 加载:选择 X 轴显示时间以及 Y 轴显示的电压信号幅度为 A 通道和 B 通道的输入电压之和。

⑤ B/A:选择将 A 通道信号作为 X 轴扫描信号,B 通道信号幅度除以 A 通道信号幅度后所得信号作为 Y 轴的信号输出。

⑥ A/B:选择将 B 通道信号作为 X 轴扫描信号,A 通道信号幅度除以 B 通道信号幅度后所得信号作为 Y 轴的信号输出。

(2)通道设置

该模块用于双通道示波器输入通道的设置。

1)通道 A:A 通道设置。

① 比例:Y 轴的刻度选择。控制在示波器显示信号时,Y 轴每一格所代表的电压刻度。单位为 V/Div。范围为 1 pV～1 000 TV。直接单击比例右侧的 Y 轴刻度选择参数设置文本框,将弹出上/下拉按钮,即可为显示信号选择合适的 Y 轴电压刻度。比例参数设置文本框主要用于在显示信号时,对输出信号进行适当的衰减,以便能在示波器的显示屏上观察到完整的信号波形。

② Y 位置:用来调整示波器 Y 轴方向的原点。即波形在 Y 轴的偏移位置,调整范围为－3～＋3 Div;直接单击 Y 位置右侧的参数设置文本框,将弹出上/下拉按钮,即可为显示信号选择合适的 Y 轴起点位置。正值使波形向上移动,负值使波形向下移动。Y 位置主要用于使两个混合在一起的信号通过 Y 轴原点的设置区分开来。

➢ AC 方式:滤除显示信号的直流部分,仅仅显示信号的交流部分。

- 0:没有信号显示,输出端接地。
- DC方式:将显示信号的直流部分与交流部分求和后进行显示。

2) 通道B:B通道设置,用法同A通道设置。值得注意的一点是,在通道B中的▦按钮,可将通道B的输入信号进行180°的相移。

（3）触发设置

该模块用于设置示波器的触发方式。

① 边沿:触发边沿的选择设置,有上升边沿和下降边沿等选择方式。

② 电平:设置触发电平的大小,该选项表示只有当被显示的信号超过该文本框中的数值时,示波器才能进行采样显示。

③ 类型:设置触发方式,Multisim 9中提供了以下几种触发方式。

- 自动:自动触发方式,只要有输入信号就显示波形。
- 标准:单脉冲触发方式,满足触发电平的要求后,示波器仅仅采样一次。每单击"标准"一次便产生一个触发脉冲。
- 正常:只要满足触发电平的要求,示波器就采样显示输出一次。

下面介绍数值显示区的设置。

T1对应T1的游标指针,T2对应T2的游标指针。单击T1右侧的左右指向的两个箭头,可以将T1的游标指针在示波器的显示屏中移动。同理,也可以移动T2的游标指针。通过左右移动T1和T2的游标指针,在示波器显示屏下方的条形显示区中,对应显示T1和T2游标指针所对应的时间和相应时间所对应的A/B通道的波形幅值。通过这个操作,可以简要地测量A/B两个通道的各自波形的周期以及某一通道信号的上升和下降时间。

示波器应用举例:在Multisim 9的仿真电路窗口中建立如图3-2-11所示的仿真电路。将函数信号发生器XFG1、XFG2分别设置为正弦波和三角波发生器,幅值为10 V,频率为1 kHz。选择"仿真"→"运行",开始仿真,结果如图3-2-10(c)所示。

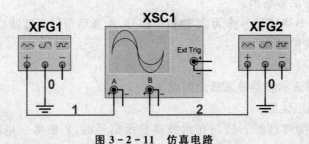

图3-2-11　仿真电路

6. 四踪示波器的使用

四踪示波器在仪器工具栏、电路中的图标及控制面板如图3-2-12所示。四踪示波器与双踪示波器的使用方法和内部参数的调整方式基本一致。四踪示波器在通道设置中,仅仅多用一个旋钮 ◉ 来选择当前调整的通道。

7. 实时测量探针的使用

如要测量不同节点和引脚之间的电压和频率,使用实时测量探针是一种快速、容易的方法。实时测量探针可用于以下几个方面:

① 动态探针:电路仿真过程中,将探针拖至任意导线便可读出探测值。其内容如图3-2-13

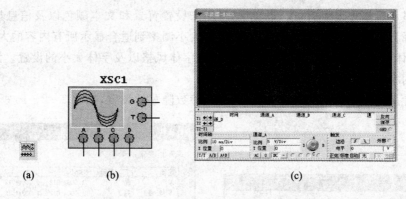

图 3 - 2 - 12 四踪示波器的图标及控制面板

所示。

② 放置探针:在仿真过程中,可将多个探针都连接到电路中的各个点。探针从仿真中测得的数据将保持稳定,直到开始另一个仿真或者清除数据为止。对应于动态探针进行的各种电压和频率阅读数据,放置探针也可以读出如图 3 - 2 - 13 所示的数据(包括各种电流)。

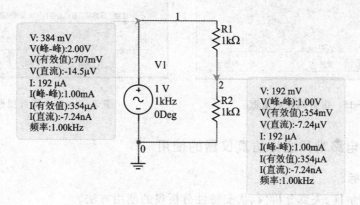

图 3 - 2 - 13 仿真电路

如果要对探针属性参数进行设置,可执行"仿真"→"动态探针属性"命令,打开探针属性对话框,如图 3 - 2 - 14 所示。

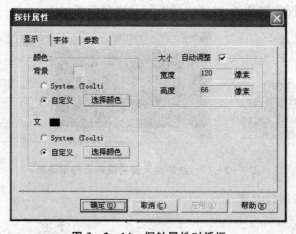

图 3 - 2 - 14 探针属性对话框

探针的显示页属性设置为可选设置项,可用来设置背景和文本颜色以及信息显示框的大小。通常选择自动调整项,它能自动将信息框的大小调整到适合显示所有内容的大小。

单击"字体"标签,进行信息显示文字的字体、字体风格以及字体大小的设置。该页内容也是可选设置内容,如图 3-2-15 所示。

单击探针属性对话框的"参数"标签,可进行参数隐藏的设置,如图 3-2-16 所示。

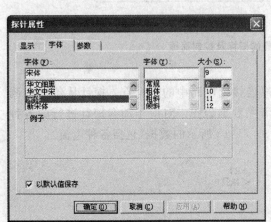

图 3-2-15 探针属性对话框

图 3-2-16 探针属性对话框

## 任务二 模拟电路常用虚拟仿真仪器的使用

**一、任务目标**

学习波特图示仪、失真分析仪、伏安特性分析仪的使用方法。

**二、任务实施过程**

1. 波特图示仪的使用

波特图示仪又称频率特性仪,主要用于测量滤波电路的频率特性,包括测量电路的幅频特性和相频特性。其在仪器工具栏、电路中的图标及控制面板如图 3-2-17 所示。

图 3-2-17 波特图示仪的图标及控制面板

(1)波特图示仪的面板设置

① 模式区

➢ 幅度:用于显示被测电路的幅频特性。

➤ 相位:用于显示被测电路的相频特性。

② 水平/垂直坐标设置

➤ 对数:对数坐标。

➤ 线性:线性坐标。

➤ F:设置频率的最终值。

➤ I:设置频率的初始值。

③ 控制区

➤ 反向:用于设置显示窗口的背景颜色(黑或白)。

➤ 保存:保存测量结果。

➤ 设置:设置扫描的分辨率。单击该按钮弹出如图 3-2-18 所示的对话框,设置的数值越大,分辨率越高,但运行时间越长。

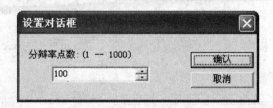

**图 3-2-18　设置对话框**

在彼特图示仪内部参数设置控制面板的最下方有输入和输出两个按钮。它们分别对应图 3-2-17(b)符号中的 IN 和 OUT 两个接口。IN 是被测信号输入端口:"＋"和"－"信号分别接入被测信号的正端和负端。OUT 是被测信号的输出端口:"＋"和"－"分别接入仿真电路的正端和负端。

(2) 波特图示仪在滤波电路中的应用

在电路窗口中建立仿真电路后,单击"仿真"→"仪器"→"波特图示仪",将波特图示仪加入电路中,得到如图 3-2-19 所示的电路。双击波特图示仪面板后对内部参数进行如图 3-2-20 和 3-2-21 所示的参数设置。然后单击"运行"按钮,进行仿真,在波特图示仪的显示窗口的正下方单击 ← 或 →图标。波特图示仪的游标将会按所设的数值单位移动。在旁边的文本框中将显示对应的水平轴的频率值和垂直刻度的分贝值或相位值。

2. IV 分析仪的使用

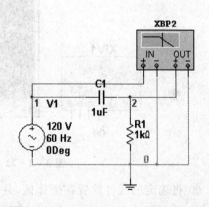

**图 3-2-19　波特图示仪在滤波电路中的应用**

IV 分析仪用于测量二极管、三极管和 MOS 管的伏安特性曲线。注意:IV 分析仪只能测量未连接在电路里的单个元件。所以,在测量电路里的设备之前,可以先将其从电路里断开。IV 分析仪在仪器工具栏、电路中的图标及控制面板见 3-2-22。

使用 IV 分析仪测量一个元件的步骤如下:

① 单击 IV 分析仪工具栏按钮,将其图标放置在电路工作区,双击图标打开仪器。

② 从元件下拉列表里选择要分析的元件类型,如 PMOS。

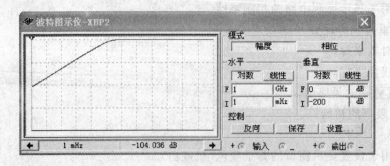

图 3 - 2 - 20　波特图示仪

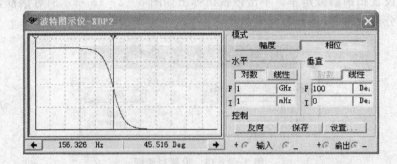

图 3 - 2 - 21　波特图示仪

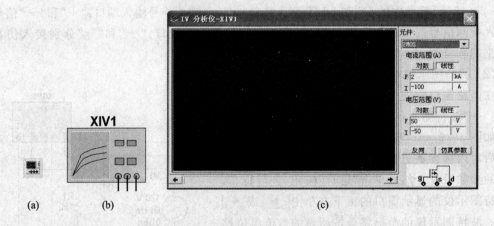

图 3 - 2 - 22　IV 分析仪的图标及控制面板

③ 将选定的元件放置在工作区,并与 IV 分析仪图标按如图 3 - 2 - 23 所示的方法连接。

④ 单击图 3 - 2 - 22(c)中的 仿真参数 按钮,显示仿真参数对话框,如图 3 - 2 - 24 所示。

⑤ 可选部分:电流范围(A)和电压范围(V)栏内的更改默认标准按钮,有两个选项:线性或对数。本例中设置线性。

⑥ 选择"仿真"→"运行",测试结果如图 3 - 2 - 25 所示。

3. 失真分析仪的使用

失真分析仪是一种用来测量电路总谐波失真和信噪比等参数的仪器,Multisim 9 提供的失真分析仪频率范围为 20 Hz～20 kHz,包括音频信号。

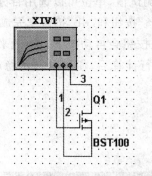

图 3 - 2 - 23 IV 分析仪测试电路

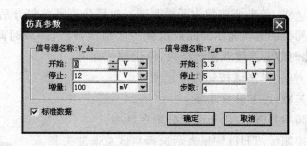

图 3 - 2 - 24 仿真参数对话框

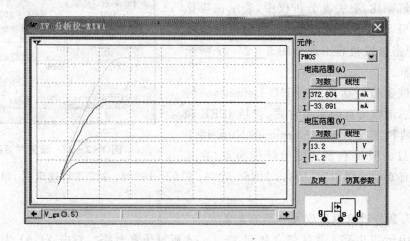

图 3 - 2 - 25 测试结果

（1）失真分析仪的控制面板设置

失真分析仪在仪器工具栏、电路中的图标及控制面板如图 3 - 2 - 26 所示。

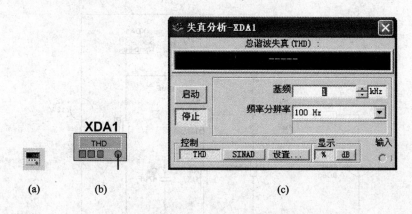

图 3 - 2 - 26 失真分析仪的图标及控制面板

从图 3 - 2 - 26 可以看出，该仪器只有一个输入端子，它用来连接电路的输出信号。失真分析仪的使用界面分为以下几个部分：

总谐波失真(THD),该栏的功能在于显示总谐波失真的测试值,单位可以选用百分比,也可以选用分贝(dB)。该栏单位的选择可通过单击显示区中"%"按钮和"dB"按钮来完成。

启动:单击该按钮为开始测试。电路仿真开关打开后,该按钮会自动按下。一般来说,刚开始测试的时候显示屏的数值会不太稳定,经过一段时间运行计算后,便可以显示稳定的数值,此时如若要读取测试结果,停止测试即可。

停止:单击该按钮为停止测试。

基频:用于设置基频。

频率分辨率:用于设置分辨率频率。

控制区:THD按钮表示选择测试总谐波失真,界面显示测试结果为总谐波失真。 SINAD 表示选择测试信号信噪比,在失真分析仪中,表示信噪比的方式只有分贝数的形式。 设置... 用来设置测试的参数,单击该按钮后出现如图3-2-27所示的设置对话框。

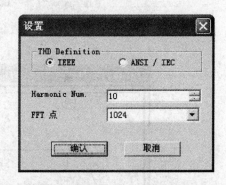

图3-2-27 设置对话框

设置测试参数对话框中"THD Definition"区只用于设置总谐波失真的定义方式,包括IEEE和ANSI/IEC两种定义方式。Harmonic Num用于设置谐波数目。FFT点设置傅里叶变换点,在其下拉列表中有6项选择内容:1024,2048,4096,8192,16384,327680,选定后,单击"确认"按钮即可。

(2)用失真分析仪测量放大电路的失真度

在Multisim 9电路工作区建立如图3-2-28所示仿真电路。双击XDA1失真分析仪图标,打开控制面板,单击 THD 按钮进行总谐波失真分析,将分析的基频设置为1 kHz,其他参数使用默认值。单击 按钮,将开关打至"1"的位置,对电路进行仿真,测试结果如图3-2-29所示。

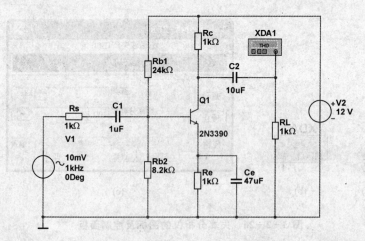

图3-2-28 三极管单级放大电路

单击 SINAD 按钮进行信噪比分析,将分析的基频设置为1 kHz,其他参数使用默认值。启动仿真开关对电路进行仿真,测试结果如图 3-2-30 所示。

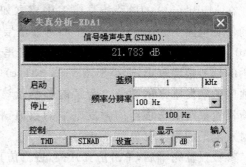

图 3-2-29 总谐波失真分析结果          图 3-2-30 信噪比分析结果

## 任务三 数字电路常用虚拟仿真仪器的使用

**一、任务目标**

学习频率计、字信号发生器、逻辑分析仪和逻辑转换仪的使用方法。

**二、任务实施过程**

1. 频率计的使用

频率计可以用来测量数字信号的频率、周期、相位以及脉冲信号的上升沿和下降沿。频率计在仪器工具栏、电路中的图标及控制面板如图 3-2-31 所示。

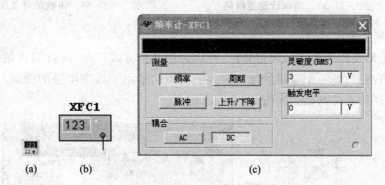

  (a)      (b)             (c)

图 3-2-31 频率计的图标及控制面板

频率计控制面板中共分为 4 个部分。

① 测量选项区:参数测量区。

➤ 频率:测量频率。

➤ 周期:测量周期。

➤ 脉冲:测量正/负脉冲的持续时间。

➤ 上升/下降:测量上升沿/下降沿的时间。

② 耦合选项区:用于选择电流耦合方式。

➤ AC:选择交流耦合方式。

➤ DC:选择直流耦合方式。

③ 灵敏度选项区:主要用于灵敏度的设置。

④ 触发电平选项区:当被测信号的幅度大于触发电平时才能进行测量。

在 Multisim 9 的电路仿真窗口中建立如图 3-2-32 所示的仿真电路图。图 3-2-32 中的函数信号发生器产生频率为 10 kHz,幅度为 10 mV 的方波信号。这里函数信号发生器产生的信号幅度较小,远小于图 3-2-31(c)中所示的灵敏度选项区的触发电平的数值。为了能够测量该信号的频率,要重新设置灵敏度选项区的触发电平的数值,将灵敏度选项区的触发电平的数值设置为 3 mV。

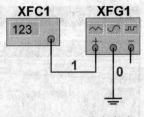

图 3-2-32 仿真电路

参数设置完毕后,单击仿真开关,进行仿真并观测仿真的结果,测量结果如图 3-2-33 所示。函数信号发生器的设置如图 3-2-34 所示。

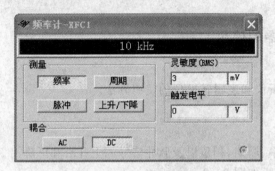

图 3-2-33 频率计测量结果

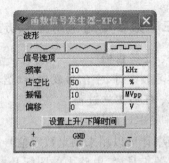

图 3-2-34 函数信号发生器的设置

### 2. 字信号发生器的使用

字信号发生器又称为数字逻辑信号源,可以采用多种方式产生 32 位同步逻辑信号,用于对数字电路进行测试,是一个通用的数字输入编辑器。常用于数字电路的测试。其在仪器工具栏、电路中的图标及控制面板如图 3-2-35 所示。

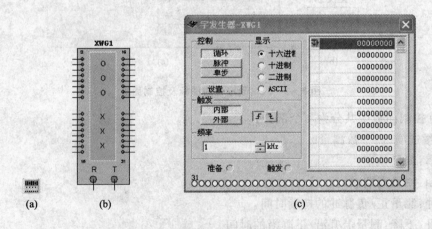

图 3-2-35 字信号发生器的图标及控制面

在字信号发生器符号的左右两侧各有 16 个端口,分别为 0~15 和 16~31 的数字信号输出端,下面的 R 表示输出端,用以输出与字信号同步的时钟脉冲;T 表示输入端,用来接外部触发信号。

字信号发生器内部参数设置控制面板大致分为 5 个部分：

① 控制区：输出字符控制，用来设置字信号发生器的最右侧的字符编辑显示区。字符信号的输出方式有下列 3 种模式。

➢ 循环：在已经设置好的初始值和终止值之间循环输出字符。

➢ 脉冲：每单击一次，字信号发生器将从初始值开始到终止值结束的逻辑字符输出一次，即单页模式。

➢ 单步：每单击一次，输出一条字信号，即单步模式。

单击"设置"按钮，弹出如图 3 - 2 - 36 所示的对话框。该对话框主要用来设置字符信号的变化规律。其中各参数含义如下：

不改变：保持原有的设置。

加载：装载以前的字符信号的变化规律的文件。

保存：保存当前的字符信号的变化规律的文件。

清除缓冲区：将字信号发生器的最右侧的字符编辑显示区字信号清零。

加计数：字符编辑显示区字信号以加 1 的形式计数。

减计数：字符编辑显示区字信号以减 1 的形式计数。

右移：字符编辑显示区字信号右移。

左移：字符编辑显示区字信号左移。

显示类型选项区：用来设置字符编辑显示区字信号的显示格式（十六进制或十进制）。

缓冲区大小：字符编辑显示区的缓冲区的长度。

初始模式：采用某种编码的初始值。

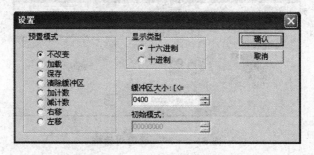

图 3 - 2 - 36　设置对话框

② 显示区：用于设置字信号发生器的最右侧的字符编辑显示区的字符显示格式，有十六进制、十进制、二进制、ASCII 等几种计数格式。

③ 触发区：用于设置触发方式。

➢ 内部触发方式：字符信号的输出由控制区的 3 种输出方式中的某一种来控制。

➢ 外部触发方式：此时，需要接入外部触发信号。右侧的两个按钮用于外部触发脉冲的上升或下降沿的选择。

④ 频率区：用于设置字符信号的输出时钟频率。

⑤ 字符编辑显示区：字信号发生器的最右侧的空白显示区，用来显示字符。

字信号发生器的应用实例：在电路窗口中建立如图 3 - 2 - 37 所示的仿真电路，使用字信号发生器输出四位二进制数码，用一个虚拟的七段数码管来显示信号发生器所产生的循环代码。字信号发生器设置如图3-2-38和图3-2-39所示。

启动仿真开关进行仿真,并观测结果,如图3-2-37所示。七段数码管循环显示0~9的数字,表明仿真结果和仿真操作是正确的。

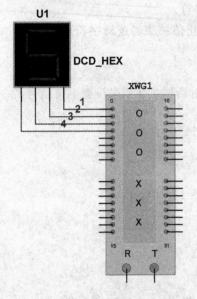

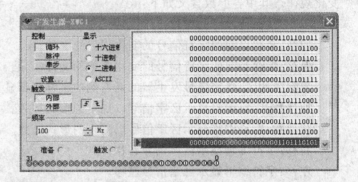

图3-2-37 仿真电路      图3-2-38 字信号发生器设置

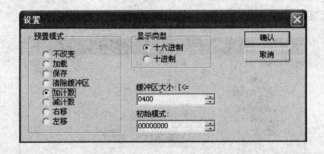

图3-2-39 设置对话框

3. 逻辑分析仪的使用

逻辑分析仪可以同时显示16路逻辑信号。逻辑分析仪常用于数字电路的时序分析。其功能类似于示波器,只不过逻辑分析仪可以同时显示16路信号,而示波器最多可以显示4路信号。逻辑分析仪在仪器工具栏、电路中的图标及控制面板如图3-2-40所示。

最上方的黑色区域为逻辑信号的显示区域,逻辑分析仪控制面板主要功能如下:

① 停止:停止逻辑信号波形的显示。

② 复位:清除显示区域的波形,重新仿真。

③ 反向:将逻辑信号波形显示区域由黑色变为白色。

④ T1游标1的时间位置:左侧的空白处显示游标1所在位置的时间值,右侧的空白处显示该时间处所对应的数据值。

⑤ T2游标2的时间位置:同上。

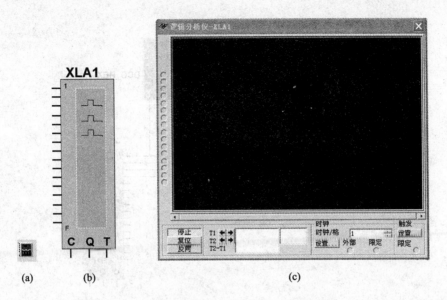

图 3-2-40 逻辑分析仪的图标及控制面板

⑥ T2－T1:显示游标 T2 与 T1 的时间差。

⑦ 时钟区:时钟脉冲设置区。其中,时钟/格用于设置每格所显示的时钟脉冲个数。单击时钟区的"设置"按钮,弹出如图 3-2-41 所示的对话框。其中,时钟源用于设置触发模式,有内触发和外触发两种模式;时钟频率用于设置时钟频率,仅对内触发模式有效;取样设置用于设置取样方式,有预触发取样和后置触发取样两种方式;阈值电压用于设置门限电平。

⑧ 触发区:触发方式控制区。单击"设置"按钮,弹出触发设置对话框,如图 3-2-42 所示。其中共分为 3 个区域。触发时钟边沿用于设置触发边沿,有上升沿触发、下降沿触发以及上升沿和下降沿都触发 3 种方式。触发限制用于触发限制字设置。x 表示只要有信号逻辑分析仪就采样,0 表示输入为零时开始采样,1 表示输入为 1 时开始采样。触发模式用于设置触发样本,可以通过文本框和混合触发下拉列表框设置触发条件。

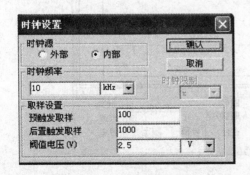

图 3-2-41 时钟设置对话框

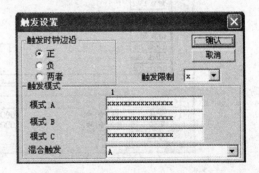

图 3-2-42 触发设置对话框

在工作区中建立如图 3-2-43 所示的十进制加法计数器电路。通过七段数码管可以清楚地看到 74LS90 的计数过程。双击逻辑分析仪的符号,将逻辑分析仪的扫描时钟频率设置为 100 Hz,其余保持为默认设置。启动仿真后得到如图 3-2-44 所示的仿真结果。

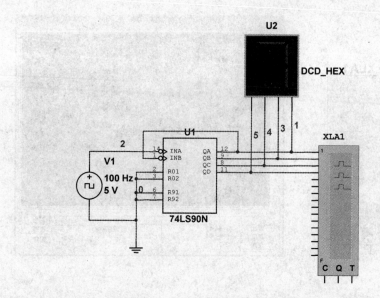

图 3 - 2 - 43　十进制加法计数器电路

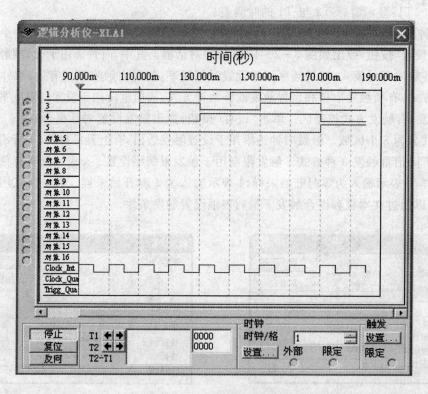

图 3 - 2 - 44　逻辑分析仪

### 4.逻辑转换仪的使用

逻辑转换仪在对数字电路的组合电路的分析中有很实际的应用,逻辑转换仪可以在组合电路的真值表、逻辑表达式、逻辑电路之间任意地转换。但是,逻辑转换仪只是一种虚拟仪器,没有实际仪器与之对应。

逻辑转换仪在仪器工具栏、电路中的图标及控制面板如图 3-2-45 所示。其中共有 9 个接线端，从左至右的 8 个接线端为输入端，剩下一个为输出端。

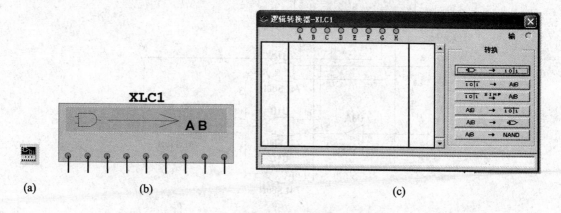

**图 3-2-45  逻辑转换仪的图标及控制面板**

逻辑转换仪内部参数设置控制面板主要功能如下：

最上方的 A，B，C，D，E，F，G，H 和右边的一个按钮分别对应 XLC1 中的 9 个接线端。单击 A，B，C 等几个端子后，在下方的显示区中将显示所输入的数字逻辑信号的所有组合以及其所对应的输出。

① ⟨图标⟩ 按钮：用于将逻辑电路转换成真值表。在电路窗口中建立仿真电路，将仿真电路的输入端与逻辑转换仪的输入端，仿真电路的输出端与逻辑转换仪的输出端连接起来，然后单击此按钮，即可以将逻辑电路转换成真值表。

② ⟨图标⟩ 按钮：用于将真值表转换成逻辑表达式。单击 A，B，C 等几个端子，在下方的显示区中将列出所输入的数字逻辑信号的所有组合及其所对应的输出，然后单击此按钮，即可以将真值表转换成逻辑表达式。

③ ⟨图标⟩ 按钮：用于将真值表转换成最简表达式。

④ ⟨图标⟩ 按钮：用于将逻辑表达式转换成真值表。

⑤ ⟨图标⟩ 按钮：用于将逻辑表达式转换成组合逻辑电路。

⑥ ⟨图标⟩ 按钮：用于将逻辑表达式转换成由与非门所组成的组合逻辑电路。

逻辑转换仪最下方的文本框中用于显示逻辑表达式和最简逻辑表达式。

这里只是简单介绍逻辑转换仪的内部控制面板的功能。虽然在实际中逻辑转换仪只是一种虚拟仪器，但逻辑转换仪的应用使组合数字电路的分析和设计变得极其简单。

用逻辑转换仪求出图 3-2-46 所示电路的逻辑表达式的方法如下：

创建逻辑电路图，并将逻辑转换仪接入电路，然后单击 ⟨图标⟩ 按钮，将逻辑电路转化为真值表形式，如图 3-2-47 所示。最后单击 ⟨图标⟩ 按钮，就可得到该真值表的最简逻辑表达式，如图 3-2-48 所示。

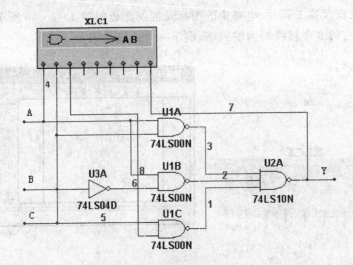

图 3 - 2 - 46　仿真电路

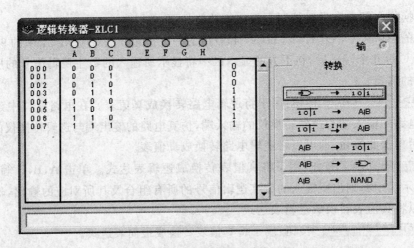

图 3 - 2 - 47　逻辑转换仪(一)

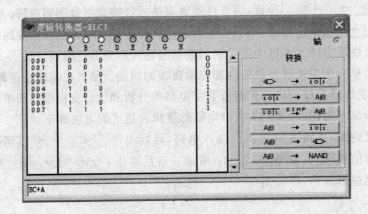

图 3 - 2 - 48　逻辑转换仪(二)

### 任务四　高频电路常用虚拟仿真仪器的使用

**一、任务目标**

学习频谱分析仪、网络分析仪的使用方法。

**二、任务实施过程**

1. 频谱分析仪的使用

频谱分析仪用来分析信号的频域特性,其在仪器工具栏、电路中的图标及控制面板如图3-2-49所示。

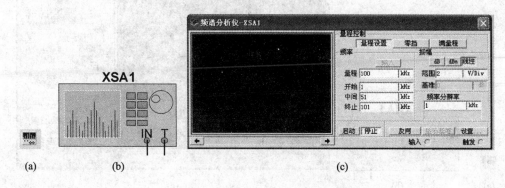

**图3-2-49　频谱分析仪的图标及控制面板**

从频谱分析仪图标可看出,该仪器共有两个端子,即IN端和T端。IN端为输入端,T端为触发端。频谱分析仪使用界面主要包含以下几个部分:

① 量程控制区:单击"量程设置"按钮时,其频率范围由频率区域设定;单击"零挡"按钮时,频率范围仅由频率区域的中间栏设定的中心频率确定;单击"满量程"按钮时,频率范围设定为0~4 GHz。

② 频率区:用于设置频率范围。量程设定频率范围;开始设定起始频率;中间设定中心频率;终止设定中止频率。

③ 振幅区:设置坐标刻度单位。dB代表纵坐标刻度单位为dB;dBm代表纵坐标刻度单位为dBm;线性代表纵坐标刻度单位为线性。

④ 频率分辨率区:设置频率分辨率,也就是能够分辨的最小谱线间隔。

其他按钮的说明如下:

① 单击"启动"按钮代表开始启动分析;单击"停止"按钮代表停止分析。

② "反向"按钮用于改变显示屏幕背景颜色,通常只有黑、白两种颜色。

③ "设置"按钮用于设置触发源及触发模式,如图3-2-50所示。

设置对话框共分为4个部分内容:触发源区用于设置触发源,有内部触发源和外部触发源。触发方式区用于设置触发方式,有连续触发方式和单次触发方式。阈值电压(V)为门限电压值,

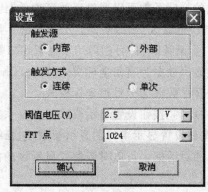

**图3-2-50　设置对话框**

大于此值便触发采样。FFT 点为傅里叶变换点,默认的数值为 1024 点。频谱分析仪使用界面的右下方有两个端:输入端和触发端。

2. 网络分析仪的使用

网络分析仪是一种用来分析双端口网络的仪器,它可以用来测量衰减器、放大器、混频器、功率分配器等电子电路及元件的特性。其在仪器工具栏、电路中的图标及控制面板如图 3 − 2 − 51 所示。

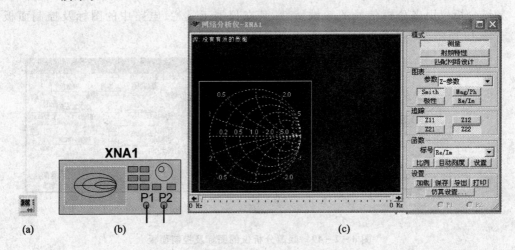

**图 3 − 2 − 51　网络分析仪的图标及控制面板**

从图可看出,网络分析仪使用界面共分为 6 个部分。

① 显示屏:主要用于显示电路信息和网络图。

② 模式区:设置分析模式。有测量模式、射频特性分析模式、匹配网络设计模式,可以显示电路的稳定度、阻抗匹配、增益等数据。

③ 图表区:选择分析参数及设置结果显示模式。

参数栏:选择所要分析的参数,其下拉列表中共有 5 项内容,分别为为 S 参数、H 参数、Y 参数、Z 参数、稳定因子。

显示模式通过单击以下一个按钮来选择:"Smith"按钮为史密斯格式,"Mag/Ph"按钮为增益/相位的频率响应图(即波特图),极性为极化图,"Re/In"按钮为实部/虚部。这 4 种显示模式的刻度系数可以通过函数区中的"比例"、"自动刻度"和"设置"3 个按钮实现。

④ 追踪区:选择需要显示的参数。只需单击相应的参数(Z11、Z12、Z21、Z22)按钮即可。

⑤ 函数区:标号栏内用于设置窗口数据显示模式。该栏下拉列表中共有 3 个选项:Re/In 代表显示数据为直角坐标模式;Mag/Ph(Degs)代表显示数据为极坐标模式;dBMag/Ph(Deg) 代表显示数据为分贝极坐标模式。

"比例"按钮设置显示模式的刻度系数,"自动刻度"按钮设置程序自动调整刻度参数,"设置"按钮设置显示窗口的显示参数,包括线宽、颜色等。单击"设置"按钮后,打开如图 3 − 2 − 52 所示的对话框。可以对频谱仪显示区的曲线和网络的宽度、颜色及图片框的颜色等参数进行设置。

⑥ 设置区包括以下内容:

➢ 加载:装载专用格式的加载数据文件。

- ➢ 保存:存储专用格式的加载数据文件。
- ➢ 导出:输出数据到其他文件。
- ➢ 打印:打印仿真结果。
- ➢ 仿真设置:单击该按钮,弹出如图3-2-53所示的测量设置对话框。在该对话框中,可以设置仿真的开始频率、终止频率、扫描类型、每十倍坐标刻度的点数和特性阻抗。

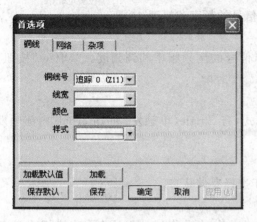

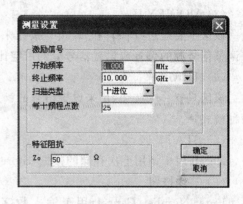

图3-2-52　首选项对话框　　　　　　图3-2-53　测量设置对话框

## 任务五　安捷伦、泰克仿真仪器的使用

### 一、任务目标

学习安捷伦信号发生器、安捷伦万用表、安捷伦示波器和泰克示波器的使用方法。

### 二、任务实施过程

1. 安捷伦信号发生器

安捷伦信号发生器基于 Agilent 技术的 33120 是一个能够建立任意波形的高性能的 15 MHz 合成信号发生器。其在仪器工具栏、电路中的图标及控制面板如图3-2-54所示。

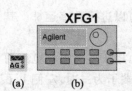

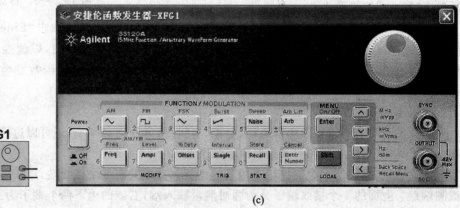

(a)　　　(b)　　　　　　　　　　　(c)

图3-2-54　安捷伦信号发生器的图标及控制面板

控制面板的控制按钮功能如下:

(1) FUNCTION/MODULATION 区

该区用来产生电子线路中的常用信号。以 [∿] 按钮为例,它可以输出正弦波,如果单击"Shift"按钮后,其输出可以改为 AM(调幅)信号。其余按键用法相同,可分别输出方波、三角波、锯齿波、噪声源,或产生用户定义的任意波形,或者输出为 FM 信号、FSK 信号、Burst 信号、Sweep 信号和 Arb List 信号。

(2) AM/FM 区

该区主要通过"Freq"和"Ampl"按钮来调节信号的频率和幅度。

(3) MODIFY 区

该区主要通过"Freq"和"Ampl"按钮来调节信号的调频频率和调频度。"Offset"按钮用来调整信号源的偏置或设置信号源的占空比。

(4) TRIG 区

该区只有一个按钮,用来设置信号的触发模式,有 Single(单触发)和 Internal(内部触发)两种模式。

(5) STATE 区

Recall 用于调用上次存储的数据,Store 用于选择存储状态。

(6) 其他按钮

Enter Number(Cancel)用于输入数字(取消上次的操作)。"Shift"是功能切换按钮。"Enter"是确认菜单按钮,右侧的 4 个按钮用于子菜单或参数设置。

安捷伦信号发生器应用实例:建立如图 3-2-55 所示的电路。设置输出频率为 1kHz,幅度为 10 V 的方波电压。

首先,单击安捷伦函数发生器 FUNCTION/MODULATION 区的 [⊓] 按钮,然后,按照要求设置方波的幅度和频率。

单击 MODIFY 区的"Freq"按钮,然后再单击"Enter Number"按钮,通过键盘输入相应的数据,最后单击"Enter"按钮确认。

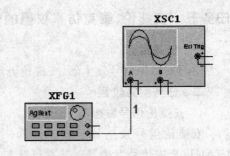

图 3-2-55 仿真电路

使用同样的方法设置幅度,不过再设置幅值 10 V 时,应该首先单击"Enter"按钮右侧的 [▷] 或 [◁] 按钮,选择要改动的相应数值位。然后,单击 [∧] 或 [∨] 按钮,以改变相应闪动数值位的具体数值。最后单击"Enter"按钮确认。也可以通过旋转安捷伦函数发生器显示区的旋钮来改变数值的大小。最终的结果如图 3-2-56 所示。

2. 安捷伦万用表

安捷伦万用表不仅可以测量电压、电流、电阻、信号周期和频率,还可以进行数字运算。其在仪器工具栏、电路中的图标及控制面板如图 3-2-57 所示。

图 3-2-57(b)所示是安捷伦万用表的图标。其中共有 5 个接线端,用于连接被测电路的被测端点。上面的 4 个接线端子分为两对测量输入端,右侧的上下两个端子为一对,左侧上下两个端子为另一对:上面的端子用来测量电压(为正极),下面的端子为公共端(为负极)。最下面一个端子为电流测试输入端。

安捷伦万用表 34401A 的控制面板,其按键按功能分为以下几个模块。

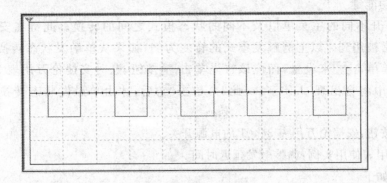

图 3 - 2 - 56 测试结果

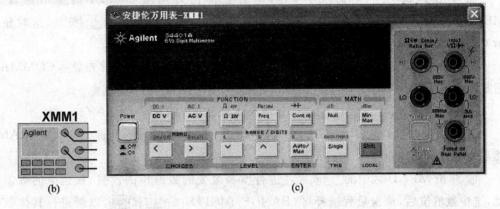

图 3 - 2 - 57 安捷伦万用表的图标及控制面板

（1）功能选择区（FUNCTION）

[DC V]用于测量直流电压/电流。[AC V]用于测量交流电压/电流。[Ω 2W]用于测量电阻。[Freq]用于测量信号的频率或周期。[Cont·II]用于测量连续模式测量电阻的阻值。

（2）数学运算区（MATH）

[Null]表示相对测量方式，将相邻的两次测量值的差值显示出来。

[Min Max]用于显示已经存储的测量过程中的最大-最小值。

（3）菜单选择区（MENU）

[<]和[>]用于进行菜单的选择。在安捷伦万用表 34401A 中，有 A：MEAS MENU（测量菜单）；B：MATH MENUS（数学运算菜单）；C：TRIG MENU（触发模式菜单）；D：SYS MENU（系统菜单）。

（4）量程选择区（RANGE/DIGITS）

[∨]和[∧]用于进行量程的选取。[∨]用于减小量程，[∧]用于增大量程。[Auto/Man]用于进行自动测量和人工测量的转换，人工测量需要手动设置量程。

（5）触发模式设置区（Auto/Hold）

[Single]用于单触发模式的选择设置。打开安捷伦万用表 34401A 时，其自动处于自动触发模式式状态，这时，可以通过单击[Single]按钮来设置成单触发状态。

（6）其他功能键

▆▆用于打开不同的主菜单以及不同的状态模式之间的转换。此键在安捷伦万用表34401A中经常被用到。以上例触发模式的转变为例，如果从单触发状态转换到自动触发状态，不能简单单击▆▆来设置，而应该首先单击▆▆按钮，这时安捷伦万用表34401A的显示屏的右下角中将会出现shift字样，此时，单击▆▆后，才由单触发状态转换回自动触发状态。

"Power"按钮：安捷伦万用表34401的电源开关。

安捷伦万用表使用实例：调整触发延迟时间。

操作步骤如下：

① 单击▆▆按钮，准备进行状态模式转换。

② 单击MENU区中的▆▆按钮，这时安捷伦万用表34401A的显示屏首先显示MENUS，然后立即显示A：MEAS MENU；连续单击MENU区中的▆▆按钮，这时显示屏显示C：TRIG MENU。

③ 单击量程选择区（RANGE/DIGITS）的▆▆按钮，这时显示屏首先显示COMMAND，然后显示1：READ HOLD。

④ 单击MENU区中的▆▆按钮，这时显示屏显示2：TRIG DELAY。

⑤ 单击量程选择区（RANGE/DIGITS）的▆▆按钮，这时显示屏首先显示PARAMETER然后立即显示0.0000000。

⑥ 单击MENU区中的▆▆或▆▆进行所要改变的数值位的设置，被选中的数值位将闪动，选中数值位后，单击量程选择区（RANGE/DIGITS）的▆▆和▆▆，以便进行具体数值的设置，也可以通过键盘来直接键入具体的数值。

⑦ 以上设置完成后，单击▆▆来保存设置。这时，显示屏出现CHANGESAVED字样。

3. 安捷伦示波器

安捷伦示波器是一款功能强大的示波器，它不但可以显示信号波形，还可以进行多种数学运算。其在仪器工具栏、电路中的图标及控制面板如图3-2-58和图3-2-59所示。

安捷伦示波器54622D的控制面板按功能分为以下几个模块。

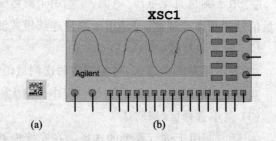

图3-2-58 安捷伦示波器图标

（1）Horizontal区

该区中左侧的较大旋钮主要用于时间基准的调整，范围为5 ns～50 s；右侧的较小的旋钮用于调整信号波形的水平位置。▆▆按钮用于延迟扫描。

（2）Run Control区

该区中的"Run/Stop"按钮用于启动/停止显示屏上的波形显示，单击该按钮后，该按钮呈现黄色表示连续运行，变成红色表示停止触发，即显示屏上的波形在触发一次后保持不变；右侧的"Single"按钮表示单触发。

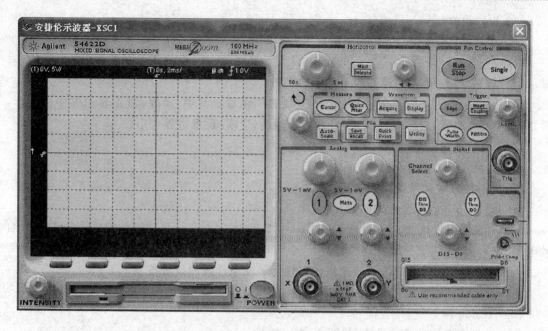

图 3 - 2 - 59　安捷伦示波器控制面板

（3）Measure 区

该区中有"Cursor"和"Quick Mear"两个按钮。单击"Cursor"按钮在显示区的下方出现如图 3 - 2 - 60 所示的设置。

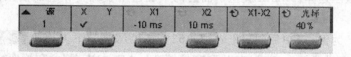

图 3 - 2 - 60　Cursor 按钮设置

源选项用来选择被测对象,单击正下方的按钮后,有 3 个选择:1 代表模拟通道 1 的信号;2 代表模拟通道 2 的信号;Math 代表数字信号。

X、Y 选项用来设置 X 轴和 Y 轴的位置。

X1 用于设置 X1 的起始位置。单击正下方的按钮,再单击 Measure 区左侧的图标所对应的旋钮,即可以改变 X1 的起始位置。X2 的设置方法相同。

X1－X2:X1 与 X2 的起始位置的频率间隔。光标:游标的起始位置。单击"Quick Mear"按钮后,出现图 3 - 2 - 61 所示的选项设置。

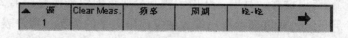

图 3 - 2 - 61　"Quick Mear"按钮设置

其中,源:待测信号源的选择。Clear Meas:清除所显示的数值。频率:测量某一路信号的频率值。周期:测量某一路信号的周期。峰-峰:测量峰-峰值。单击➡后,弹出新的选项设置,分别是:测量最大值,测量最小值,测量上升沿时间,测量下降沿时间,测量占空比,测量有效值,测量正脉冲宽度,测量负脉冲宽度,测量平均值。

(4) Waveform 区

该区中有 ▢Acquire▢ 和 ▢Display▢ 两个按钮,用于调整显示波形。

单击 ▢Acquire▢ 按钮,弹出 ▢▢▢▢ 选项设置。其中,标准:设置正常的显示方式,平均:对显示信号取平均值,平均 8:设置取平均值的次数。

单击 ▢Display▢ 按钮,弹出 ▢▢▢▢ 选项设置。其中,清除:清除显示屏中的波形,网格:设置栅格显示灰度,黑白颜色:设置背景颜色,边框:设置边界大小。

(5) Trigger 区

该区是触发模式设置区。

Edge:触发方式和触发源的选择。

Mode/Coupling:耦合方式的选择。

Mode:设置触发模式。有 3 种模式,Auto:自动触发,Normal:常规触发,Auto_Level:自动电平。

Pattern:将某个通道的信号的逻辑状态作为触发条件时的设置按钮。

Pulse Width:将脉冲宽度作为触发条件时的设置按钮。

(6) Analog 区

该区用于模拟信号通道设置,如图 3-2-62 所示。

在图 3-2-62 中,最上面的两个按钮用于模拟信号幅度的衰减,有时待显示的信号幅度过大或过小,为了能在示波器的荧光屏上完整地看到波形,可以调节该旋钮,两个旋钮分别对应 1、2 两路模拟输入。▢1▢ 和 ▢2▢ 按钮用于选择模拟信号 1 或 2。Math 旋钮用于对 1 和 2 两路模拟信号进行某种数学运算。Math 旋钮下面的两个旋钮用于调整相应的模拟信号在垂直方向上的位置。

以模拟通道 2 为例,选中后(见图 3-2-62),在显示屏的下方出现 ▢▢▢ 选项设置。其中,耦合用于设置耦合方式,有 DC(直接耦合)、AC(交流耦合)和接地(在显示屏上为一条幅值为 0 的直线)几种选择。选择用于对波形进行微调。切换是对波形取反。

(7) Digital 区

该区用于设置数字信号通道,如图 3-2-63 所示。在图 3-2-63 中,最上面的旋钮用于数字信号通道的选择。中间的两个按钮用于选择 D0~D7 或 D8~D15 两组数字信号中的某一组。

下面的旋钮用于调整数字信号在垂直方向上的位置。

首先选中 D0~D7 或 D8~D15 中的某一组,这时在显示屏所对应的通道中会有箭头附注,然后旋转通道选择旋钮到某通道即可。以 D0~D7 通道为例,单击 D0~D7 通道按钮,弹出 ▢▢▢ 选项设置。其中,D0 用于将 0 号通道的信号接地。第 2 项用于将 16 路数字信号全屏或半屏显示。阈值表示用户设置触发门限电平的类型。用户表示用户设置触发门限电平的大小。

(8) 其他按钮

图 3-2-64 所示分别为示波器显示屏灰度调节按钮、软驱和电源开关。

Multisim 9 除了可以像前面那样用元件的电气符号仿真操作以外,也可以采用器件的真实模型来仿真。本例中应用 Multisim 9 提供的 3D 工具栏,创建 74LS160N 十进制计数器的仿真电路,如图 3-2-65 所示。其中 3D 器件通过执行 Multisim 的"视图"→"工具"→"三维元件"命令来查找。

图 3 - 2 - 62　模拟信号通道设置

图 3 - 2 - 63　数字信号通道设置

图 3 - 2 - 64　灰度调节按钮、软驱和电源开关

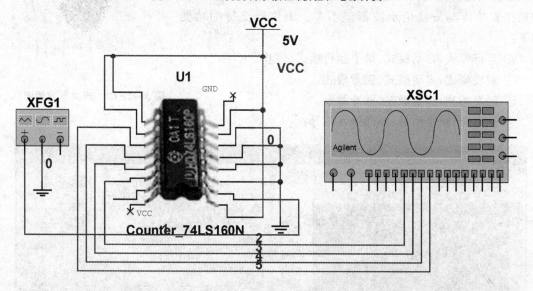

图 3 - 2 - 65　仿真电路

　　启动仿真开关,合理设置示波器的参数就可以得到图 3 - 2 - 66 所示的仿真结果。从图 3 - 2 - 66 中可以看到,74LS160N 输出的信号在示波器中显示的波形为按十进制递增的加法计数的波形。

　　4. 泰克示波器

　　泰克示波器的原型是 Tektronix TDS 2024,这是一台 4 通道、200 MHz 的数字存储示波

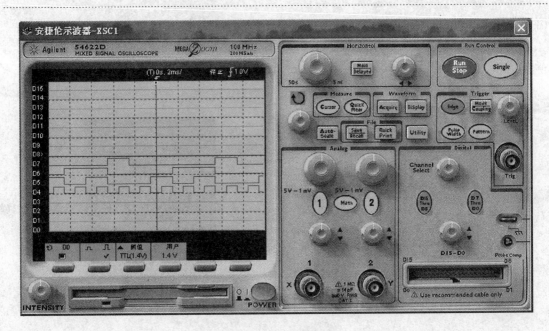

图 3-2-66 仿真结果

器。其在仪器工具栏、电路中的图标及控制面板如图 3-2-67 和图 3-2-68 所示。

泰克示波器的最大特点是有 4 通道同时分析的功能,其他 的操作和功能与安捷伦示波器差不多。该仪器支持的功能 如下:

① 运行模式:自动模式、单个运行模式、停止。

② 触发模式:自动模式、正常模式。

③ 触发类型:边沿触发、脉冲触发。

④ 触发源:模拟信号、外部触发信号。

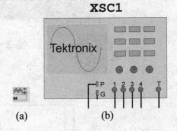

图 3-2-67 泰克示波器图标

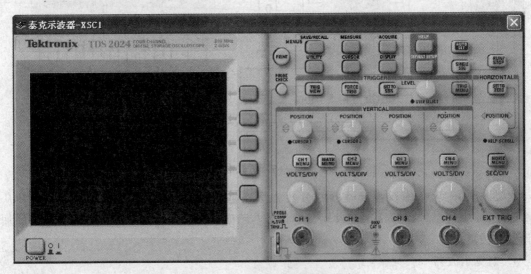

图 3-2-68 泰克示波器控制面板

⑤ 信号通道:4 模拟通道、1 数学通道、用于测试的 1kHz 的探针信号。

⑥ 光标:4 个光标。

⑦ 测量内容:光标信息、频率、周期、峰-峰、最大值、最小值、上升时间、下降时间、有效值、平均值。

⑧ 显示控制:向量/点、颜色对比控制。

TDS 2024 面板(见图 3-2-68)介绍如下:

① Run/Stop 按钮:开始或停止对多个触发信号的采样。

② Single Seq 按钮:对单个触发信号采样。

③ Trig View 按钮:查看电流触发信号和触发水平。

④ Force Trig(强制触发)按钮:立即开始触发信号。

⑤ Set to 50% 按钮:将触发水平改变到触发信号的平均值。

⑥ Set to Zero 按钮:将时间偏置位置设置为 0。

⑦ Help 按钮:进入仪器仪表帮助主题。

⑧ Print 按钮:将图形、图表送入打印机打印。

⑨ Soft Menu 按钮:支持如下对应的 11 种功能。

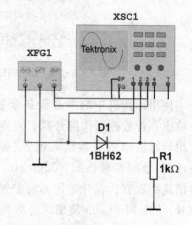

Save/Recall MENU:保存或重置菜单;Measure MENU:测量菜单;Acquire MENU:数据采集菜单;Auto Set MENU:自动设置菜单;Utility MENU:通用程序设置菜单;Cursor MENU:光标设置菜单;Display MENU:显示设置菜单;Default Setup MENU:默认启动设置菜单;Channel MENU:通道设置菜单;Math Channel MENU:数学引导菜单;Horizontal MENU:水平设置菜单。

泰克示波器应用实例:创建仿真电路如图 3-2-69 所示,泰克示波器的 3 个通道分别接函数信号发生器的

**图 3-2-69　泰克示波器测试电路**

正极、二极管负极、函数信号发生器的负极,打开仿真开关和示波器开关,调整通道参数,得到如图 3-2-70 所示结果。其中 2 通道的波形表明正弦信号的负半周已被二极管"去掉",1 通道与 3 通道的信号有 180°的相差。

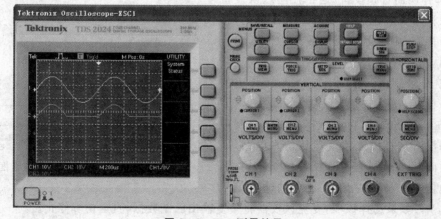

**图 3-2-70　测量结果**

### 任务六　LabVIEW 采样仪器的使用

**一、任务目标**

学习 Microphone(麦克风)、Speaker(播放器)、Signal Generator(信号发生器)、Signal Analyzer(信号分析仪)的使用。

**二、任务实施过程**

在 LabVIEW 图标上单击右键,弹出 LabVIEW 采样仪器种类,如图 3-2-71 所示。

1. Microphone(麦克风)的使用

Microphone 图标如图 3-2-72 所示。

图 3-2-71　LabVIEW 采样仪

图 3-2-72　麦克风图标

使用计算机中的声音设备录制音频信号,并输出声音数据用作信号源。麦克风仪器允许使用计算机中的音频输入设备(如麦克风、CD 播放器)录制音频数据。Multisim 将作为信号输出这些数据。在开始仿真前配置设置和录制声音,仿真 Multisim 使用该音频信号作为信号源。双击其图标,打开它的设置对话框,如图 3-2-73 所示。

麦克风使用步骤如下:

① 放置其示意图标并打开其操作界面。

② 选择所需音频设备(通常使用默认设备即可)、录音时长和理想采样率。采样率越高,输出信号音质越好,但使用该数据的仿真运行速度越慢。

③ 单击录制声音信号。它将与计算机的声音设备相连。

④ 在开始仿真前,可以选择重复已录制声音。如果没有选择该选项就运行仿真电路,一旦仿真时间超过录制信号时长,Multisim 将连续不断地仿真,但是麦克风仪器中的输出信号将降为 0 V。如果选择该项,麦克风仪器将重复输出已制数据,直至仿真停止。

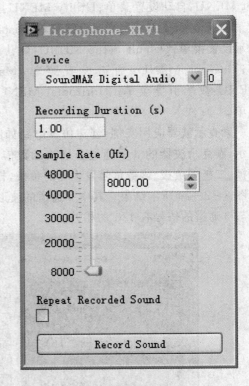

图 3-2-73　麦克风设置对话框

⑤ 开始仿真电路。麦克风仪器将以电压形式输出录制声音。

**2. Speaker(播放器)的使用**

Speaker 图标如图 3 - 2 - 74 所示。

可使用计算机的声音设备采集输入信号。

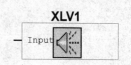

**XLV1**

图 3 - 2 - 74　播放器图标

播放器仪器允许使用计算机中的声音设备输出电压信号作为音频信号。仿真开始前必须先设置好参数,并在仿真停止后播放音频。双击其图标,打开它的设置对话框,如图 3 - 2 - 75 所示。

播放器的使用步骤如下:

① 放置其图标并打开其操作界面。

② 选择所需音频设备(通常使用默认设备即可),如果同时使用麦克风和播放器,那么两个仪器的抽样率应相同。否则,播放器的采样率至少是输入信号频率的两倍。

**注意**:采样率越高,仿真运行速度越慢。

③ 开始运行仿真。仿真运行时,播放器仪器采集输入数据,直到仿真时间到达所设置的播放持续范围。

④ 停止仿真,单击"Play Sound"按钮,播放仿真中存储的语音。

**3. Signal Generator(信号发生器)的使用**

信号发生器图标如图 3 - 2 - 76 所示。

信号发生器能够产生并输出正弦波、三角波、方波或者锯齿波。通过信号发生器作为一个简单的 LabVIEW 仪器的演示例子,可以看到 LabVIEW 仪器是如何产生或获取数据,然后作为信号源输出给仿真的。双击其图标,打开它的设置和显示对话框,如图 3 - 2 - 77 所示。

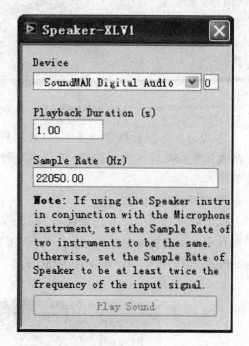

图 3 - 2 - 75　播放器设置对话框

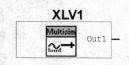

**XLV1**

图 3 - 2 - 76　信号发生器图标

信号发生器使用步骤如下:

① 放置其示意图标并打开其操作界面。

② 设置所需信号信息参数和采样信息。如果需要,可选择重复数据项。

③ 开始仿真。仪器产生数据,接着输出该数据作为信号源用于仿真。

**4. Signal Analyzer(信号分析仪)的使用**

信号分析仪图标如图 3 - 2 - 78 所示。

信号分析仪能够显示时域数据、自动功率谱或运行输入信号平均值。

信号分析仪可以显示 LabVIEW 仪器接收、分析以及显示仿真数据的实现过程。双击信号分析仪图标,打开它的设置和显示对话框,如图 3 - 2 - 79 所示。

信号分析仪使用步骤如下:

① 放置其示意图标并打开其操作界面。

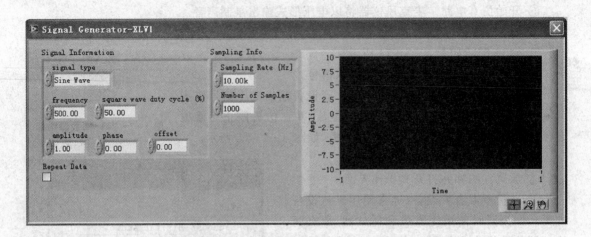

图 3-2-77　信号发生器设置和显示对话框

② 设置所需分析类型和采样率(该采样率为仪器从仿真中接收的数据采样率)。信号分析仪的采样率只为输入信号频率的两倍。

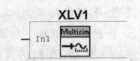

图 3-2-78　信号分析仪图标

③ 开始仿真。

以上就是 Multisim 9 中所特有的 LabVIEW 采样仪器的详细介绍。特别要指出的是:以上 LabVIEW 采样仪器的源码可在 Multisim 安装目录...\samples\LabVIEW Instruments 中获得。

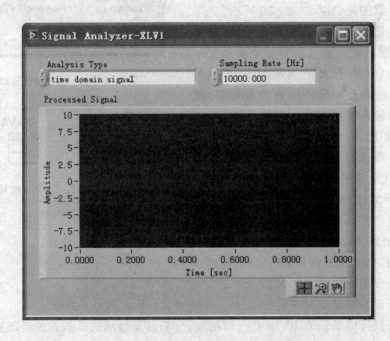

图 3-2-79　信号分析仪设置和显示对话框

## 项目三  Multisim 9 的应用实例

### 任务一  单管放大电路分析

#### 一、任务目标

掌握单管放大电路静态工作点分析、动态分析的仿真分析方法。

#### 二、任务分析

Multisim 9 具有庞大的器件库，提供了 20 种虚拟仪器仪表和完善的分析方法，可以应用于模拟电路、数字电路、高频电子电路等。模块一、模块二的实验项目和模块五的实训项目均可用 Multisim 9 来进行仿真实验。

#### 三、任务实施过程

在 Multisim 9 电路窗口中建立单管放大电路，如图 3-3-1 所示，对该电路进行如下分析。

1. 静态工作点分析

单击"仿真"→"分析"→"DC Operating Point Analysis"，在弹出的对话框中将全部节点选为仿真变量，从对话框的左边添加到右边。单击"Simulate"按钮，开始仿真，结果如图 3-3-2所示。也可以用万用表进行测量。

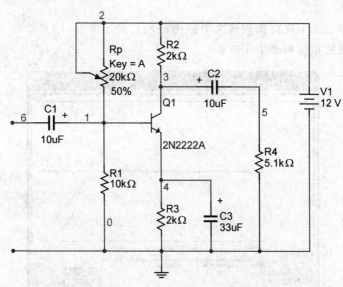

图 3-3-1  单管放大电路

| | DC Operating Point | |
|---|---|---|
| 1 | $3 | 6.74165 |
| 2 | $1 | 5.93678 |
| 3 | $5 | 0.00000 |
| 4 | $6 | 0.00000 |
| 5 | $2 | 12.00000 |
| 6 | $4 | 5.28364 |

图 3-3-2  静态分析结果

2. 动态分析

如图 3-3-3 所示,由函数信号发生器 XFG1 提供输入信号,双击 XFG1 图标,将信号频率设置为 1 kHz,峰-峰值为 10 mV 的正弦波。

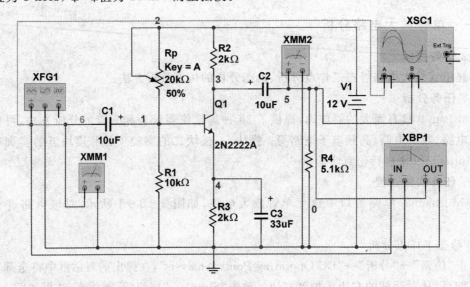

图 3-3-3　单管放大电路动态测试

(1) 相位比较

用双踪示波器 XSC1 观察比较放大电路的输入与输出波形,结果如图 3-3-4 所示。可见输入与输出波形的相位相差了 180°。

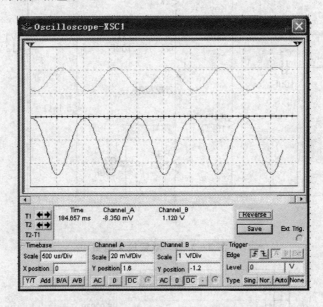

图 3-3-4　单管放大电路输入和输出波形

(2) 放大倍数测量

用万用表 XMM1、XMM2 分别测试放大电路的输入和输出电压,测试结果如图 3-3-5 所示。可以估算单管放大电路的电压放大倍数为 120。

（3）观察静态工作点对输出波形失真的影响

图 3-3-1 中电位器 Rp 旁边标注的文字"Key＝A"表明按动键盘上 A 键，电位器的阻值按 5％的速度增加，按 Shift＋A 键，阻值将以 5％的速度减少。电位器变动的数值大小直接以百分比的形式显示在一旁。

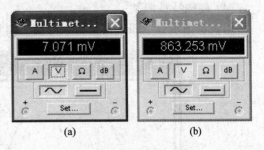

图 3-3-5 单管放大电路输入、输出电压测试结果

启动仿真开关，反复按 Shift＋A 键，观察示波器波形变化。随着一旁显示的电位器值百分比的减少，输出波形产生饱和失真越来越严重。波形如图 3-3-6 所示。若反复按 A 键，增大电位器的阻值，从示波器中可观察到输出波形产生了截止失真，如图 3-3-7 所示。

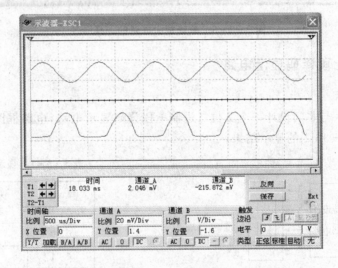

图 3-3-6 饱和失真

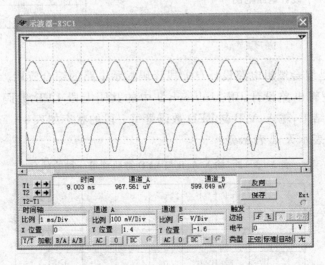

图 3-3-7 截止失真

（4）幅频特性测量

用波特图示仪 XBP1 测量放大电路的幅频特性，显示结果如图 3-3-8 所示。

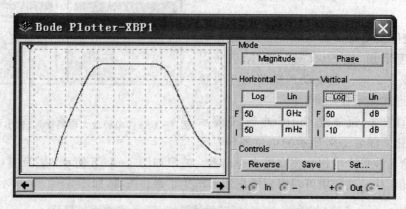

图 3-3-8　单管放大电路的幅频特性

## 任务二　设计七段译码显示电路

### 一、任务目标

要求用二输入与非门设计一个 2 位二进制七段译码显示电路，电路框图如图 3-3-9 所示，使之满足表 3-3-1 的显示结果。

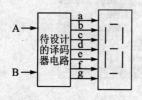

图 3-3-9　设计电路框图

表 3-3-1　显示结果

| 输　入<br>A　B | 数码<br>显示 |
|---|---|
| 0　0 | H |
| 0　1 | L |
| 1　0 | E |
| 1　1 | F |

### 二、任务分析

设计思路：这是组合逻辑电路设计与七段译码显示电路的综合应用。用 Multisim 9 中的逻辑转换仪进行逻辑电路设计，用 Multisim 9 中的共阴七段 LED 数码管作显示器。对应表 3-3-1 的显示结果，输入 A、B 与 LED 数码管每一段的状态如表 3-3-2 所列。表中数码管每一段的状态 0 表示灭，1 表示亮。

表 3-3-2　输入 A、B 与 LED 数码管每一段的状态

| A | B | a | b | c | d | e | f | g |
|---|---|---|---|---|---|---|---|---|
| 0 | 0 | 0 | 1 | 1 | 0 | 1 | 1 | 1 |
| 0 | 1 | 0 | 0 | 0 | 1 | 1 | 1 | 0 |
| 1 | 0 | 1 | 0 | 0 | 1 | 1 | 1 | 1 |
| 1 | 1 | 1 | 0 | 0 | 0 | 1 | 1 | 1 |

### 三、任务实施过程

(1) 双击逻辑转换仪图标,打开逻辑转换仪的控制面板。

(2) 分别用逻辑转换仪设计出 a、b、d、g 段的输入端的控制电路,从表 3-3-2 看出 c 段与 b 段相同,e、f 段始终为 1。下面以 a、b 段为例说明。

a 段:① 单击逻辑转换仪控制面板的输入端 A 和 B,如图 3-3-10 所示。然后单击"?"将对应的电平信号输入,如图 3-3-11 所示。

② 单击 $\boxed{\text{1011} \rightarrow \text{AIB}}$ 按钮,将真值表转换为表达式,再单击 $\boxed{\text{1011}\ \text{SIMP}\ \text{AIB}}$ 按钮,得到最简表达式为 A,如图 3-3-12 所示。

b 段:用上述方法同样得到最简表达式,如图 3-3-13 所示。再单击 $\boxed{\text{AIB} \rightarrow \text{NAND}}$ 按钮得到逻辑图,如图 3-3-14 所示。同理可以得到 g 段的输入端的控制逻辑电路。

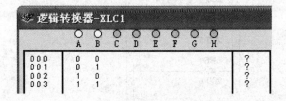

图 3-3-10　逻辑转换仪(一)

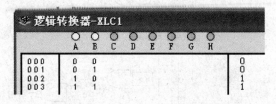

图 3-3-11　逻辑转换仪(二)

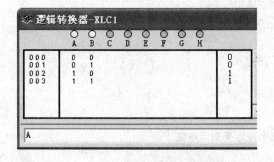

图 3-3-12　逻辑转换仪(三)

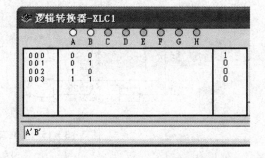

图 3-3-13　逻辑转换仪(四)

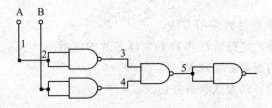

图 3-3-14　b 段逻辑电路图

(3)将各部分电路连接完整,如图 3-3-15 所示。图中用两个开关 JA 和 JB 来控制输入端 A、B 的四种输入状态。启动仿真开关,仿真结果完全符合设计要求。

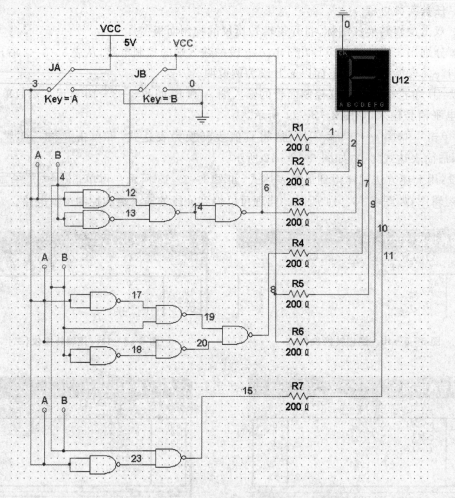

**图 3-3-15　2 位二进制七段译码显示电路**

## 任务三　自动售饮料机电路的设计与仿真

### 一、任务目标

（1）熟悉 Multisim 9 软件的使用方法。

（2）掌握基本门电路的电路特性和 D 触发器芯片的应用。

（3）了解数字电路的竞争冒险现象。

（4）设计一个简易的自动售饮料机并仿真。

### 二、任务分析

本任务设计要求实现自动销售饮料，其中，按"A"键一次，模拟投入1元硬币，用绿灯 A 显示；按"B"键一次，模拟投入 5 角硬币，用绿灯 B 显示；按空格键清零；Y 表示售出 1 瓶饮料，用红灯显示；Z 表示找回 1 枚 5 角硬币，用蓝灯显示。由于信号传输的路径，有的仅有 1 级门电路，有的有 4 级，所以该电路有严重的竞争冒险现象。A、B 键按下的时间不能太短，否则触发器不能及时地翻转；也不能太长，否则输出容易出错。

### 三、任务实施过程

（1）设计编辑如图 3 - 3 - 16 所示电路原理图。

（2）电路功能仿真显示。"SPACE"键接高电平，黄灯亮，电路为正常工作状态。连续按"B"键 3 次，或者先按 1 次"B"键，再按一次"A"键，或者先按 1 次"A"键，再按一次"B"键，红灯亮。连续按"A"键两次，红灯、蓝灯都亮。

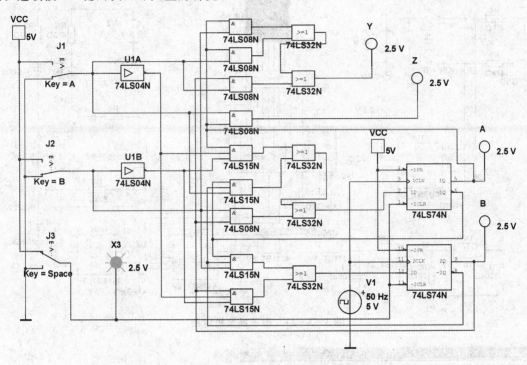

图 3 - 3 - 16　自动售饮料机仿真电路

## 任务四　电子摇奖机设计与仿真

### 一、任务目标

（1）熟练掌握 Multisim 9 软件的使用。

（2）进一步提高电路的设计和仿真调试能力。

### 二、任务分析

图 3 - 3 - 17 所示为电子摇奖机电路，该电路采用 4 MHz 左右的高频振荡器，能随机摇出 0～9 中的某个数字。

电子摇奖机电路按功能分为高频振荡器、计数器、译码器、LED 数码管显示、摇奖及复位控制电路、正常工作指示电路。

### 三、任务实施过程

（1）设计编辑如图 3 - 3 - 17 所示电路。

（2）电路功能仿真测试。

启动仿真开关：

① 用示波器、频率计分别测试高频振动器输出（U2D 的输出端）的电压波形及频率，仿真测试结果如图 3 - 3 - 18 所示。

② J1 为复位开关,J2 为取数开关。先断开 J1、J2 开关,然后闭合 J2 开关,再闭合 J1 开关,分别观察数码管、LED1 和 LED2 的显示状态。

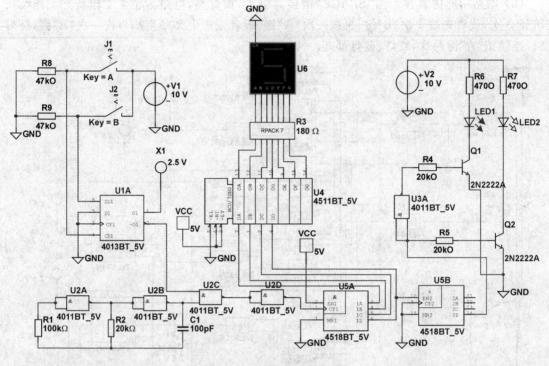

图 3 - 3 - 17　电子摇奖机电路

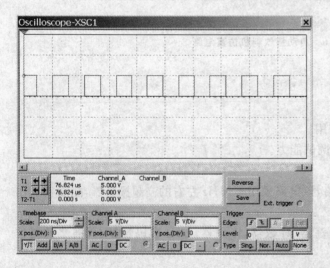

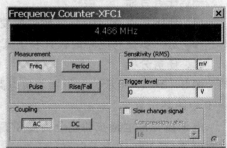

图 3 - 3 - 18　高频振动器仿真结果

# 模块四 Protel DXP 2004 SP2 在电子线路设计中的应用

Protel DXP 2004 Service Pack 2（SP2）是目前使用最广泛的电子线路设计软件，它是一款面向 PCB 项目设计、为用户提供板级的全面解决方案并多方位实现设计任务的桌面 EDA 开发软件。

## 项目一 Protel DXP 2004 SP2 的基本操作

### 任务一 认识 Protel DXP 2004 SP2

#### 一、任务目标

（1）了解 Protel DXP 2004 SP2 的功能及特点。

（2）掌握 Protel DXP 2004 SP2 的启动及中英文切换的方法。

#### 二、任务实施过程

1. 了解 Protel DXP 2004 SP2

Protel DXP 2004 SP2 运行于优化的设计浏览器环境。该软件从多方面改进并完善了 Protel 旧版本，把电路原理图设计、FPGA 应用程序设计、电路仿真、PCB 绘制编辑、拓扑自动布线、信号完整性分析和设计输出等技术融合在一起，具有更高的稳定性、更强的图形功能和友好超强的用户界面，为用户提供了全线的设计解决方案，使用户能轻松地进行各种复杂的电子电路设计。

Protel DXP 2004 SP2 包括了 150 多项新功能和增强性能，以及 100 多处更新，对部分新功能和增强性能介绍如下。

Storage Manager（存储管理器）组成增强型设计管理和版本控制中心，提供完整的工程级文件控制及使用方便的本地历史文档管理，可以方便地比较和重新检索文档的早期版本。增强的比较功能不仅可以检测电气特性差异，还能通过新的图形化比较器引擎方便地定位，并突出显示不同版本原理图和 PCB 文件之间的物理变化。

Protel DXP 2004 SP2 升级了基于查询的对象筛选和编辑功能，并且简化了设计对象的全局编辑。设计者能够选择一组元件，载入全局编辑参数属性的通用参数值。此外，还可直接从 Inspector 面板上直接添加元件参数。增强的 PCB 编辑器特性包括：更快速的网络分析；支持作为 Gerber 多边元素的一致性多边输出；剪贴板的多次复制和粘贴，以及支持从 PCB 文档复制到 WMF 格式的剪贴板。

Protel DXP 2004 SP2 应用新的 Embedded Board Array 特性支持 PCB 编辑器内的 PCB 预先定制。这一特性使设计者能够构造一块包含单板的多个拷贝或各种不同板阵列的面板，从而简化制作板的准备过程。在设计区域内，SP2 支持原理图级的手工定义元件和网络分类，以及自动类生成的增强控制。

Protel DXP 2004 SP2 通过引入对 Verilog 代码和源文件的支持增强了 Protel 的 FPGA 设计能力，使设计者能够同时使用原理图设计和 VHDL/Verilog 代码完成 FPGA 设计。HDL

源代码文件的编译经过改善能够对 HDL 层次结构进行智能化处理,系统因此可自动确定 HDL 文件的顺序和层次结构,并在项目面板上反映编译过程。

此外,还有许多图形用户界面(GUI)的升级,包括原理图编辑器中上下文关联的右键菜单、增强的表单项和表单标记编辑、提高对不同种类组件注解的支持、直接向原理图编辑器内粘贴文本和图形,以及允许设计者在编译和错误检查过程中有效"注释掉"部分原理图的图形编译屏蔽功能。

2. Protel DXP 2004 SP2 的启动

(1) 快捷启动 Protel DXP 2004 SP2

如图 4-1-1 所示,单击 Windows [开始] 按钮,选择"DXP 2004 SP2"菜单项,即可打开 Protel DXP 2004 SP2 设计环境。

(2) 常规启动 Protel DXP 2004 SP2

按常规启动应用程序的方法,从 Windows 开始菜单中选择 "程序"→Autium SP2→DXP 2004 SP2 也能启动 Protel DXP 2004 SP2。启动画面如图 4-1-2 所示。

3. Protel DXP 2004 SP2 的中英文菜单切换

Protel DXP 2004 SP2 启动后将进入如图 4-1-3 所示设计环境界面。

在图 4-1-3 所示界面中单击主菜单栏的 [DXP],选择 Preferences... 菜单项(见图 4-1-4),进入如图 4-1-5 所示的优选项设置窗口。

**图 4-1-1 从开始菜单启动**

**图 4-1-2 Protel DXP 2004 SP2 启动画面**

选择 DXP System 中的 General,在 Use localized resources 选项前打"√",并选中 Display localized dialogs 和 Localized menus,单击"OK"按钮返回,退出 Protel DXP 2004 SP2 设计环境后重新启动 Protel DXP 2004 SP2 设计环境,便可显示中文菜单,如图 4-1-6 所示。

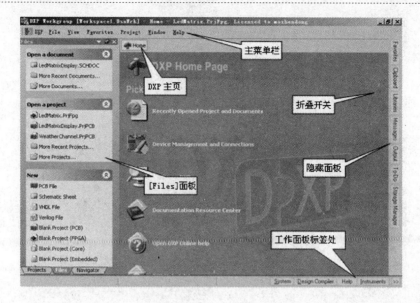

图 4 - 1 - 3 Protel DXP 2004 SP2 设计环境界面

图 4 - 1 - 4 选择 Preferences... 菜单项操作

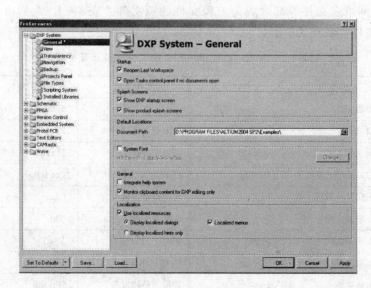

图 4 - 1 - 5 优选项设置窗口

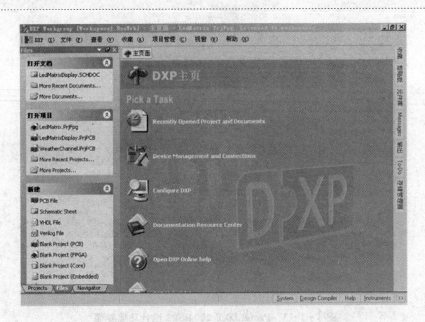

**图 4 - 1 - 6　中文菜单的 Protel DXP 2004 SP2 设计环境**

## 任务二　工程项目管理与编辑

### 一、任务目标

掌握工程项目的创建、管理和编辑的方法。

### 二、任务分析

Protel DXP 2004 SP2 引进了设计工程项目和文档的概念,在开始进行印制电路板设计之前,一般要先创建一个新的工程项目文件,扩展名为. Prj＊＊＊(其中"＊＊＊"由所建工程项目的类型决定)。工程项目文件起的作用只是建立起某些源文件之间的链接关系,原理图文件、PCB 文件及网络表文件等都可成为工程文件的源文件。表 4 - 1 - 1 列出了 Protel DXP 2004 SP2 中的文件类型及其扩展名。

**表 4 - 1 - 1　Protel DXP 2004 SP2 的文件类型及其扩展名**

| 文件类型 | 文件扩展名 | 文件类型 | 文件扩展名 |
|---|---|---|---|
| 原理图文件 | . SchDoc | 原理图库文件 | . SchLib |
| PCB 文件 | . PcbDoc | PCB 封装库文件 | . PcbLib |
| PCB 工程文件 | . PrjPCB | 集成元件库文件 | . LibPkg |
| FPGA 设计工程文件 | . PrjFpg | PCB3D 库文件 | . Pcb3DLib |
| 嵌入式软件项目文件 | . PrjEmb | 辅助制造工艺文件 | . Cam |
| 核心项目文件 | . PrjCor | 纯文本文件 | . Txt |
| 脚本项目文件 | . PrjScr | VHDL 设计文件 | . Vhd |
| 工程组文件 | . PrjGrp | VHDL 库文件 | . VHDLIB |
| 网络表文件 | . Net | 数据库链接文件 | . DbLink |
| 仿真网络表文件 | . Nsx | 输出作业文件 | . OutJob |

### 三、任务实施过程

#### 1. 创建工程项目

启动 Protel DXP 2004 SP2，如图 4-1-7 所示，执行菜单命令"文件"→"创建"→"项目"→"PCB 项目"，可创建 1 个 PCB 设计项目工程文件。在此菜单下还可创建 FPGA 项目、核心项目、集成元件库等。创建的空工程项目文件如图 4-1-8 所示。

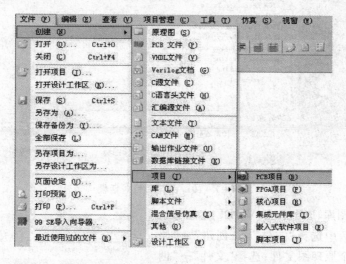

**图 4-1-7　创建项目及设计文件菜单操作**

#### 2. 保存工程项目

如图 4-1-9 所示，选择"文件"→"保存项目"，可保存项目工程文件。

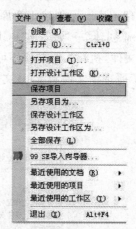

**图 4-1-8　创建的空工程项目文件**　　　　**图 4-1-9　保存项目菜单操作**

在图 4-1-10 所示的窗口中选择保存路径并修改文件名（在此用 MyPCB_Project1）即可保存该工程项目文件。

保存后的工程项目文件如图 4-1-11 所示，当前工程的名字已经被换成了 MyPCB_Project1.PRJPCB。

#### 3. 创建并保存各种设计文档

前面创建的是空工程，还需往这个工程中添加文档。可以添加的文档类型很多，有原理

**图 4 - 1 - 10　保存项目对话框**

图、PCB 图、原理图库、PCB 库和 VHDL 文档等。

在图 4 - 1 - 7 中选择"文件"→"创建"→"原理图",可创建 1 个原理图文件;选择"文件"→"创建"→"PCB 文件",可创建 1 个 PCB 文件;或选择其他菜单项创建其他类型的设计文件。

在图 4 - 1 - 12 中选择"文件"→"创建"→"库"→"原理图库",可创建 1 个原理图库文件,选择"文件"→"创建"→"库"→"PCB 库",可创建 1

**图 4 - 1 - 11　工程名改为 MyPCB_
Project1. PRJPCB**

个 PCB 库文件,执行其他选项还可创建 VHDL 库和 PCB 3D 库。

创建了原理图文件和 PCB 文件的工程项目如图 4 - 1 - 13 所示。

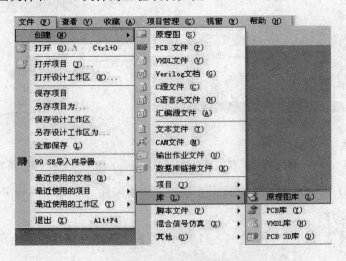

**图 4 - 1 - 12　创建库文件菜单操作**

选择"文件"→"保存",保存原理图和 PCB 文件,操作类似于保存项目工程文件。保存后的文件会列在工程面板中,如图 4-1-14 所示。这些文件都是相互独立地存储于磁盘上,可用添加或删除操作将其加入一个工程项目或从工程项目中移除。本任务分别创建了原理图文件 MySheet1. SCHDOC 和 PCB 文件 MyPCB1. PCBDOC。

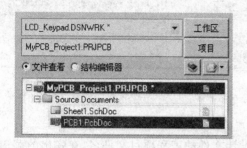

**图 4-1-13 创建了原理图和 PCB 文件的工程项目**　　**图 4-1-14 工程面板管理工程项目文件**

4. 打开已有工程项目

选择"文件"→"打开",可打开一个已有工程项目文件,在图 4-1-15 窗口中选择前面所建的工程项目文件 MyPCB_Project1. PRJPCB,即可打开该工程文件。打开后如图 4-1-14 工程面板所示。

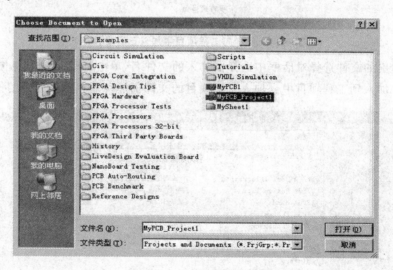

**图 4-1-15 打开工程项目文件操作**

5. 打开文档和切换文档

在图 4-1-14 所示的工程面板中单击文档的名字,即可打开这个文档,单击工程面板中的相应文件名即可切换当前正在编辑的文档。

6. 从工程项目中删除文件

在图 4-1-14 所示的工程面板中右击要删除的文件,在弹出的菜单中选择"从项目中删除"选项,如图 4-1-16 所示。

然后在弹出的删除文件确认对话框(见图 4-1-17)中单击　Yes　按钮,即可将此文件从当前工程项目中删除。从工程项目中删除的文件就成了自由文件,但并未真正从磁盘上删除,要想从磁盘上删除,则需要删除相应的磁盘文件。

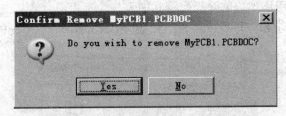

**图 4 - 1 - 16  从工程项目中删除文件**    **图 4 - 1 - 17  删除文件确认对话框**

**7. 向工程项目加入设计文件**

在图 4 - 1 - 14 所示工程面板中右击要添加设计文件的工程项目文件名,在弹出的菜单中选择"追加已有文件到项目中"选项,如图 4 - 1 - 18 所示。

**图 4 - 1 - 18  向工程项目中加入已有文件**

然后在弹出的文件选择对话框中选择要加入的文件名,单击**打开(O)**按钮(见图 4 - 1 - 19),即可将此文件加入到工程项目中。加入工程项目的文件仍然存储在磁盘原来的位置。

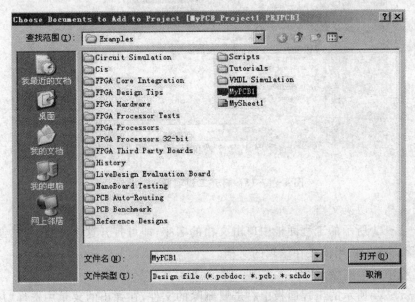

**图 4 - 1 - 19  文件选择对话框**

## 任务三  原理图设计

### 一、任务目标

了解 Protel DXP 2004 SP2 原理图设计的基本操作流程及操作步骤。

### 二、任务分析

进行电路设计的第一步工作是设计原理图,它是后续工作能否良好进行的根本,原理图的设计操作流程一般如图 4-1-20 所示。

### 三、任务实施过程

原理图的设计操作步骤如下:

1. 创建原理图文件

启动原理图编辑器。

2. 设置工作环境

工作环境设置分系统参数设置和图纸参数设置。

常用原理图编辑器系统参数设置内容有:设置原理图参数、设置图形编辑参数、设置编译器参数、设置自动变焦参数、设置常用图件默认值参数等。

常用图纸参数设置内容有:设置图纸规格、设置图纸选项、设置图纸栅格、设置自动捕获电气栅格、快速切换栅格命令、填写图纸设计信息(公司名称、设计人姓名、设计日期及修改日期等)。

在设计过程中,也可根据实际需要对工作环境进行调整。

3. 加载元件库

默认情况下,Protel DXP 2004 SP2 只加载了两个最常用的元件库,即常用电气元件杂项库(Miscellaneous Devices. IntLib)和常用接插件杂项库(Miscellaneous Connectors. IntLib)。如果用户所用元件不在这两个元件库中,则必须首先利用系统的搜索功能找到该元件所在的元件库,然后将该元件库加载到内存中,最后才能使用该元件。

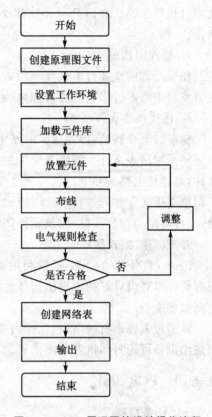

图 4-1-20　原理图的设计操作流程

载入元件库时应注意以下几点:

➤ 一旦将元件库载入,每次启动 Protel DXP 2004 SP2 时都可使用它。

➤ 载入的元件库会占用大量的内存,如果某些载入的元件库不再使用,应将其卸载。否则,如果当前加载的元件库太多,将导致系统运行非常缓慢。

➤ 尽管 Protel DXP 2004 SP2 提供的元件库已非常丰富,涵盖了众多厂商且种类齐全,但仍会有部分元件无法找到,此时用户只能创建自己的元件库。

4. 放置元件

用户根据需要从元件库中选取元件,然后根据元件之间的接线关系或电路板的功能划分,布置到图纸中的合适位置,并对元件的名称、编号、封装进行调整设定。另外也可采用适当的工具对图纸进行美化操作。

5. 原理图布线

根据实际电路的需要,利用原理图编辑器所提供的各种工具或指令对电路进行布线,将工作窗口中放置的元器件用能反映元件关系并具有电气意义的导线、符号等连接起来,从而构成一幅完整的电路原理图。

**6. 电气规则检查**

完成原理图的布线后,选择"项目管理"→"项目管理选项",打开 Option 对话框,设置合适的检查规则(设置连接矩阵、比较器、错误报告等),编译当前项目或当前原理图,以确保原理图或项目正确无误。利用 Protel DXP 2004 SP2 提供的错误检查报告信息对原理图进行修改和调整。

**7. 原理图调整**

如果原理图能通过电气规则检查,则原理图的设计即告完成。但对于较大的项目工程,往往需要对电路进行多次的检查和修改才能通过电气规则检查。

**8. 创建网络表**

完成以上步骤后,即完成了一张电路原理图的设计。但是,要进行电路板的设计,还需要生成一个网络表文件。网络表文件是电路原理图和印制电路板图元件连接关系所对应的文本文件,是连接电路板和电路原理图之间的重要纽带。需在 PCB 编辑器中将网络表文件转换为印制电路板文件才能进行 PCB 设计。网络表的内容主要是电路图中各元件的数据(流水序号、元件类型与封装信息)以及元件间网络连接的数据。

**9. 原理图报表及打印输出**

Protel DXP 2004 SP2 提供利用各种报表工具生成的报表(如网络表、元件清单等)功能,同时也可以对设计好的原理图和各种报表进行存盘、输出以及打印等工作,从而为生成印制板电路做好准备。

常用报表输出有网络表、元件列表、材料清单、交叉参考表、网络比较表和 ERC 表等。打印输出设备可为打印机或绘图仪等。

## 任务四 PCB 设计

### 一、任务目标

了解 Protel DXP 2004 SP2 PCB 图设计的基本操作流程及操作步骤。

### 二、任务分析

完成原理图设计后,便可创建一个新的 PCB 文件,将新的 PCB 文件添加到工程项目中,设置 PCB 工作区,设置捕获栅格、定义板层和其他非电层,设置设计规则和约束规则,加载网络表和元件封装,在 PCB 中布局和布线,验证板设计,最后输出 PCB 文件。

PCB 图的设计操作流程一般如图 4-1-21 所示。

### 三、任务实施过程

PCB 图的设计操作步骤如下:

**1. 创建 PCB 文件**

启动 PCB 编辑器。

**2. PCB 设计环境设置**

设计者可根据个人习惯来设置 PCB 编辑器的环境参数,包括网格的大小、光标捕捉范围及所采用的单位。PCB 编辑器参数设置包括选项设置、显示设置、显示/隐藏设置及默认设置等。

**3. 规划电路板**

规划电路板首先要规划电路板的层结构。Protel DXP 2004 SP2 提供了功能强大的层管理功能,可利用层堆栈管理器来规划电路板的工作层,如确定电路板的层数(双层、4 层等)、每个层的性质(信号层、内部电源/接地层、机械层、丝印层、防护层、其他工作层),以及顶层和底层的敷铜厚度等。

为便于制作电路板,在确定电路板的层结构后,还需设置电路板的外形、尺寸以及物理边界和安装孔,设置电路板的电气边界以控制电路板中用来放置元件和进行布线的有效区域。

4. 加载网络表和元件封装

网络连接是自动布线的关键,元件封装是元件的外形。只有正确装入网络连接和每个元件的封装,才能保证电路板自动元件布局和自动布线的顺利进行。

5. 元件自动布局及手工调整

装入网络连接后,可以让系统对元件进行自动布局,也可以自己手工布局,或者先进行自动布局,然后对该布局进行手工调整,只有布局合理,才能进行下一步的布线工作。

6. 自动布线及手工调整

在布线过程中,Protel DXP 2004 SP2 的自动布线器会根据用户设置的自动布线规则选择最佳的布线策略,使印制电路板的设计尽可能完美。

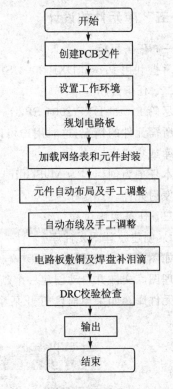

图 4-1-21　PCB 图的设计操作流程

在自动布线结束后,往往存在令人不满意的地方,可进行手工调整,以满足设计的要求。特别是在一些比较复杂的设计中,考虑到电气特性的要求、干扰等因素,会经常需要进行手工调整。

7. 电路板敷铜及焊盘补泪滴处理

如果需要的话,可对布线层中的地线进行敷铜,以增强 PCB 抗干扰的能力,或者在需要通过大电流的地方采用敷铜以加大过电流的能力。此外,通过对焊盘进行补泪滴处理可增强印制电路板的网络连接以及将来焊接元件的可靠性。

8. 对电路板做 DRC 校验检查

在布线完毕后,需要对电路板做 DRC 校验检查,以确认电路板是否符合设计规则,网络是否连接正确。若有不合要求或不正确的地方,则需对电路板进行重新布局或布线。

9. PCB 报表及打印输出

这一步的主要工作有保存印制电路板文件、生成 PCB 报表和打印输出 PCB 图。

各种 PCB 报表有:电路板信息报表、网络状态报表、设计层次报表、元器件报表、元器件交叉参考表、其他报表等。

PCB 图文件的打印输出包括:设置项目输出,打印到 Windows 打印设备,生产输出文件,生成底片文件、材料清单等。

### 任务五　库元件的设计

**一、任务目标**

掌握利用 Protel DXP 2004 SP2 提供的相应工具创建元件库、封装库或集成库的方法。

**二、任务分析**

尽管 Protel DXP 2004 SP2 已经提供了非常丰富的元件库,但在设计过程中仍会出现找不到所需元件的情况,这时用户可以利用 Protel DXP 2004 SP2 提供的相应工具创建元件库、封装库或集成库。

本任务为创建名为 MySchlib1. SchLib 的原理图库,并在库中创建一个名为 BA1404 的立体声发射元件。

**三、任务实施过程**

**1. 创建原理图元件库**

如图 4-1-22 所示,选择"文件"→"创建"→"库"→"原理图库",此时系统会自动创建一个原理图库文件并自动创建一个新的元件。如果希望在现有原理图库中增加元件,则应先打开该元件库。如果当前已打开某个工程项目,则新建的原理图库将被自动增加到该工程项目中。

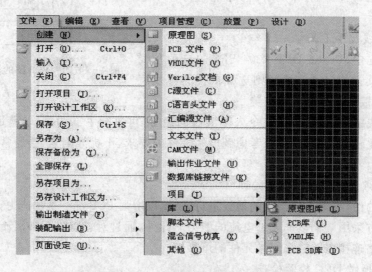

**图 4-1-22　创建原理图元件库菜单操作**

选择"文件"→"保存",在弹出的对话框中更名为 MySchlib1. SCHLIB,同时系统自动更新为 MySchlib1. SCHLIB 编辑界面,如图 4-1-23 所示。

**2. 创建一个新元件**

① 选择"工具"→"新元件",在当前库文件内创建一个新元件。

打开原理图库面板,选中元件列表内的"Component_1",执行"工具"→"重新命名元件"命令,在元件重新命名对话框中输入"BA1404",创建一个立体声发射元件。

② 绘制元件的符号轮廓。

选择"放置"→"矩形",使光标指向图纸的原点,按住左键在第 4 象限拖出一个矩形框(此时框的大小可以随意,以后在放置引脚等符号时,再根据实际情况修改),如图 4-1-24 所示。

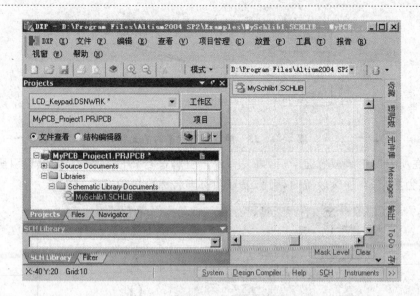

**图 4 - 1 - 23　原理图元件库元件编辑窗口**

右击退出放置状态。放置时按键盘上的 Tab 键或双击刚画好的矩形框,打开属性设置对话框,可修改边框颜色、边框线宽、填充颜色等参数。

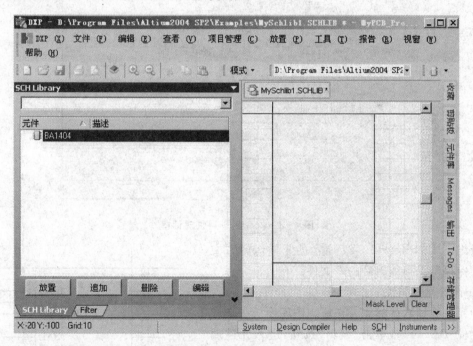

**图 4 - 1 - 24　绘制元件轮廓**

③ 添加引脚及符号。

元件引脚具有电气属性,它定义了该元件上的电气连接点,也具有图形属性,如长度、颜色、宽度等。选择"放置"→"引脚",出现十字光标,并带有一个引脚(见图 4 - 1 - 25)。靠近引脚名称的一端为非电气端,该端放置在元件的符号轮廓边框上。

在放置过程中,按 Tab 键进入引脚属性设置对话框编辑修改引脚的属性参数,如图 4 - 1 - 26

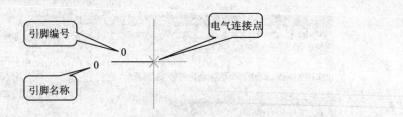

图 4 - 1 - 25　放置引脚状态时的光标

所示(也可在所有的引脚放置完毕后,再一一双击引脚进行属性设置)。若设置引脚编号和引脚名称末尾为数字,在连续放置时,引脚编号和引脚名称会自动递增。

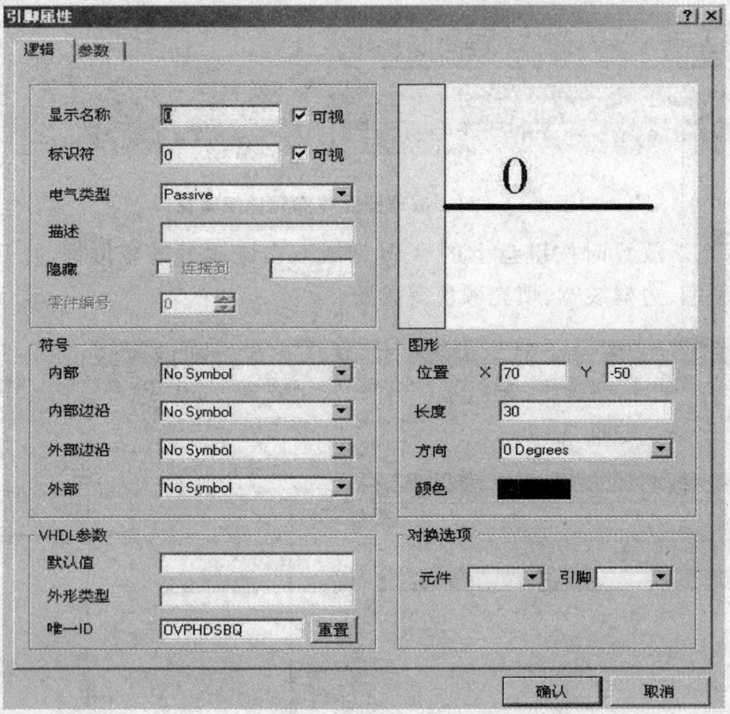

图 4 - 1 - 26　引脚属性对话框

最终完成如图 4 - 1 - 27 所示的元件,选择"文件"→"保存",保存编辑后的库文件。

④ 设置元件属性。

为元件添加默认标志。在原理图库面板中选中新建元件"BA1404",单击"编辑"按钮,进入元件属性设置对话框,如图 4 - 1 - 28 所示。在 Default Designator 文本框内输入默认的元件标志,如"IC?"。在"注释"文本框内输入默认的元件注释"BA1404"。设置完成后,在原理图上连续放置该元件时,元件标志就会自动递增。

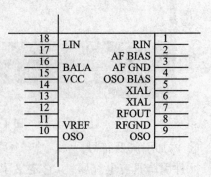

图 4 - 1 - 27　设计好的元件

为元件添加 PCB 封装。在图 4 - 1 - 28 中的元件属性设置对话框中单击"追加"按钮,进

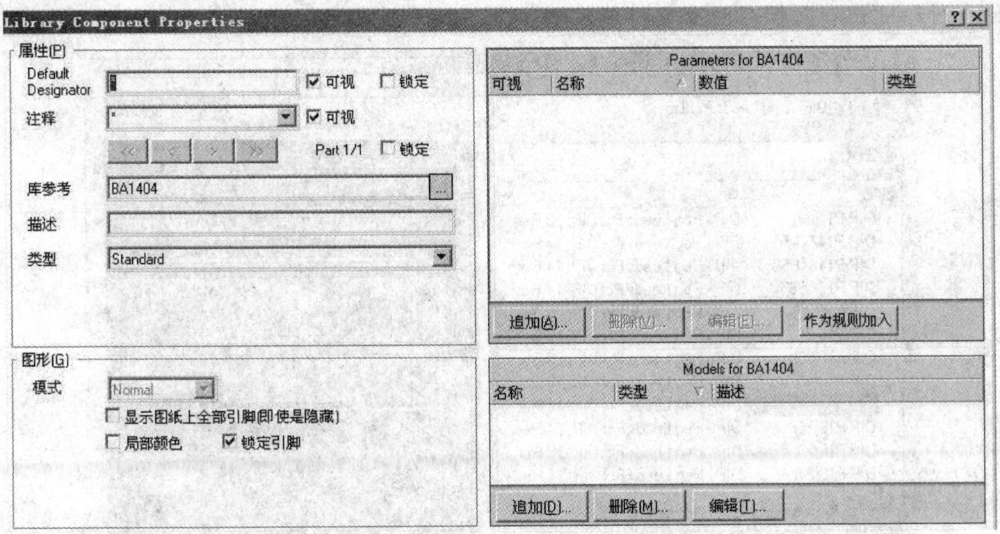

**图 4 - 1 - 28 元件属性设置对话框**

入添加模型对话框,如图 4 - 1 - 29 所示。

在添加模型对话框中,单击下拉列表中的三角按钮,选择"Footprint",然后单击"确认"按钮,进入 PCB 模型对话框,如图 4 - 1 - 30 所示。

在 PCB 模型设置对话框中单击"浏览"按钮,进入元件库浏览对话框,如图 4 - 1 - 31 所示。单击元件库浏览对话框中的┅按钮,进入添加/删除元件库文件对话框,添加 Altium2004

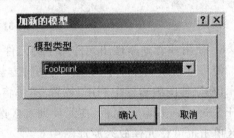

**图 4 - 1 - 29 添加模型对话框**

SP2\Library\Pcb\DIP-Peg Leads. PcbLib。单击"关闭"按钮返回,从封装列表框中选择"DIP.P18"。单击"确认"按钮返回 PCB 模型设置对话框,单击"确认"按钮后即可将封装添加到元件属性对话框中,也就是为元件添加了封装。单击"确认"按钮,关闭元件属性设置对话框。最后

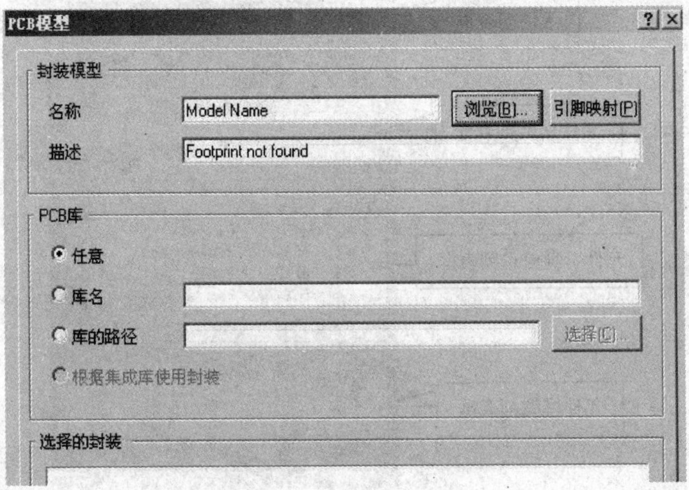

**图 4 - 1 - 30 PCB 模型设置对话框**

选择"文件"→"保存",保存对库文件的编辑。

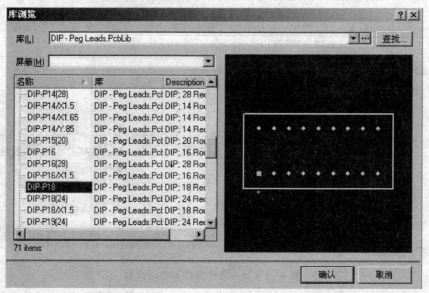

**图 4 - 1 - 31　元件库浏览对话框**

3. 使用和管理原理图元件库中的元件

使用原理图元件库中的元件有两种方法。其一是在库面板中加载原理图元件库并打开元件库,在原理图编辑器中利用"放置"菜单将元件放入原理图。其二是直接打开原理图库文件,打开 Libraries Editor 面板,在元件列表区选中希望使用的元件,单击"放置"按钮,在原理图编辑区单击也可将元件放入原理图中。

管理原理图元件库,如向原理图元件库中增加元件、删除元件、编辑库中元件,都可在打开元件库后用 SCH Library 面板进行操作,如图 4 - 1 - 32 所示。

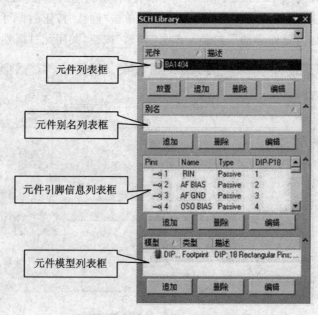

**图 4 - 1 - 32　库编辑器面板**

### 任务六　PCB 库元件的设计

**一、任务目标**

（1）以创建名为 MyPcblib1. PcbLib 的 PCB 库，并在库中创建一个 DIP 双列直插 18 脚封装的 PCB 库元件。

（2）了解集成库的创建和使用。

**二、任务实施过程**

1. 创建 PCB 库文件

如图 4-1-22 所示，选择"文件"→"创建"→"库"→"PCB 库"，此时系统会自动创建一个 PCB 封装库文件并自动添加一个新元件。如果希望在已有 PCB 封装库中添加元件封装，则应先打开该封装库。

类似原理图元件库操作，选择"文件"→"保存"，在弹出的对话框中更名为 MyPcblib1. PcbLib，同时系统自动更新为 MyPcblib1. PcbLib 编辑窗口。PCB 库面板的组成如图 4-1-33 所示。

创建好新的元件封装库或打开一个已有元件封装库后，便可进行元件封装的创建工作，创建元件封装有两种方法，利用向导创建元件封装和手工创建元件封装。

2. 利用向导创建元件封装

若需要创建的元件封装比较规则，如创建电容、电阻、DIP 封装等，就可以利用系统提供的封装创建向导来快速创建元件封装，步骤如下：

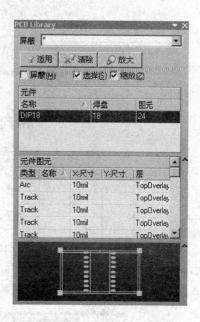

图 4-1-33　PCB 库面板

① 在 PCB 编辑器中选择"工具"→"新元件"，进入如图 4-1-34 所示的元件封装向导对话框。在打开的元件封装向导对话框中单击 下一步 > 按钮，进入图 4-1-35 所示对话框。

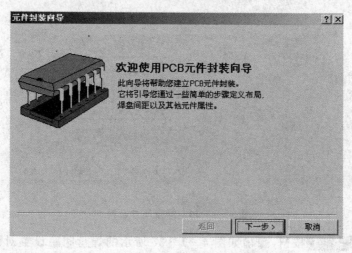

图 4-1-34　元件封装向导对话框

② 在这个对话框可设置元件的外形,还可以选择设计元件封装时使用的长度单位。Protel DXP 2004 SP2 提供了 12 种元件封装的外形供用户选择,具体包括 Dual in‑line Package (DIP)(DIP 双列直插封装)、Capacitors(电容封装)、Resistors(电阻封装)、Edge Connectors (边连接样式)等。在此,为前面所建原理图库元件 BA1404 创建一个 DIP 双列直插 18 脚封装。

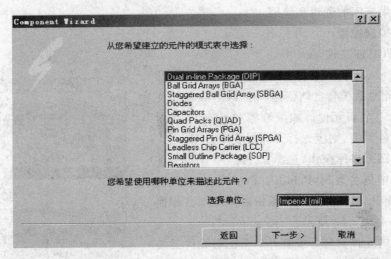

图 4 − 1 − 35    元件封装模式选择

③ 选择好元件的外形和所使用的度量单位后,单击 下一步 > 按钮,弹出如图 4 − 1 − 36 所示的焊盘尺寸设置对话框。在此可设置焊盘和过孔的尺寸大小,用鼠标单击相应尺寸,然后输入新的尺寸即可完成。本任务取系统默认值。

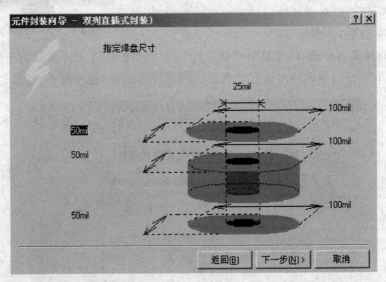

图 4 − 1 − 36    焊盘尺寸设置

④ 单击 下一步 > 按钮,弹出如图 4 − 1 − 37 所示的焊盘间距设置对话框。设置方法同上。

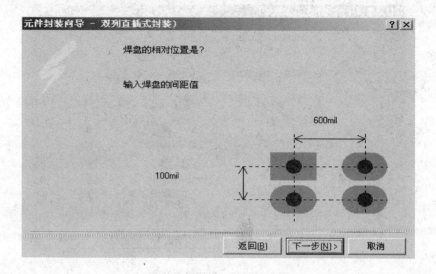

图 4-1-37 焊盘间距设置

⑤ 设置好焊盘间距后,单击 下一步> 按钮,弹出如图 4-1-38 所示的设定封装轮廓线线宽对话框。设置方法同上。

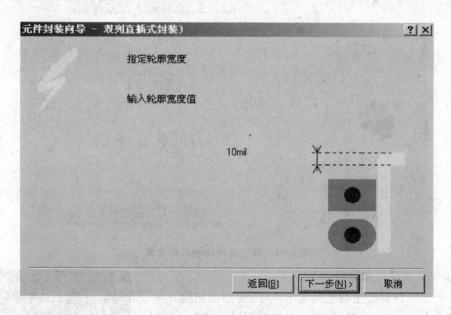

图 4-1-38 轮廓线线宽设置

⑥ 设置好轮廓线线宽后,单击 下一步> 按钮,弹出如图 4-1-39 所示的设定引脚数目对话框。本任务设置值为 18。

⑦ 单击 下一步> 按钮,弹出如图 4-1-40 所示的设定元件封装名称对话框。在编辑框中输入元件封装名称,本例取名为 DIP18。

⑧ 单击 下一步> 按钮,完成全部设置工作。单击 Finish 按钮,确认所有设置,系统会自动产生如图 4-1-41 所示的元件封装。最后,保存 PCB 库文件。

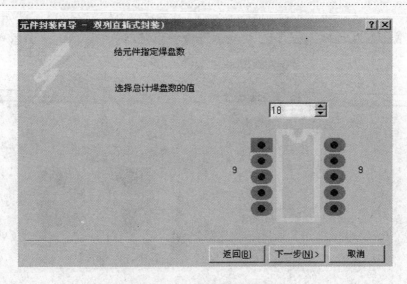

图 4 - 1 - 39   引脚数目设置

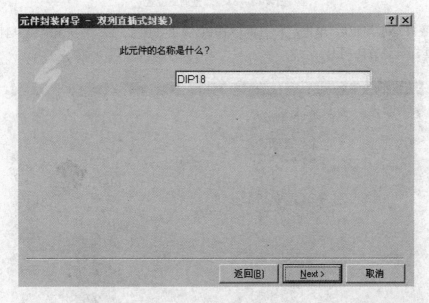

图 4 - 1 - 40   元件封装名称设置

### 3. 手工创建元件封装

手工创建元件封装主要包括以下几步:规划层结构,元件封装命名,设置参考点,根据元件实际尺寸放置焊盘并编号,在丝印层绘制元件外框,最后保存。其操作较为简单,在此不再赘述。

### 4. 使用和管理 PCB 封装库中的元件封装

使用 PCB 封装库中的元件封装有两种情况。一种是在绘制原理图时使用元件封装;另一种是在手工绘制PCB 图时使用。

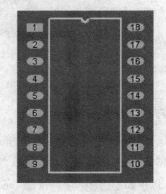

图 4 - 1 - 41   完成的元件封装

在绘制原理图时使用 PCB 封装库中的元件封装,只要将元件封装指定给原理图中的某个元件就可以了,即进行封装调整。

若进行手工制作 PCB 图,用户可直接将 PCB 封装库的元件封装放入 PCB 中。为此,要先打开 PCB 封装库文件,然后打开 PCB Library 面板,在元件封装列表区选中希望使用的元件封装,执行"工具"→"放置元件"命令,在 PCB 编辑区中单击"确认"按钮即可将元件封装放入 PCB 图中。

管理 PCB 封装库,如向图库中增加元件封装、从库中删除元件封装、编辑库中的元件封装,都应先打开 PCB 封装库,然后用 PCB Library 面板进行操作,如图 4-1-33 所示。

5. 集成库的创建和使用

Protel DXP 2004 SP2 引入了集成库的概念,用户可以在现有原理图元件库和 PCB 封装库的基础上创建集成库。由于集成库是通过编译产生的,所以用户不能像操作原理图库和 PCB 封装库那样对其进行直接管理(如直接向其中增加元件或从中删除元件),而只能使用其中的元件。必须先加载集成库才能使用其中的元件,无法像添加原理图元件库和 PCB 封装库那样将集成库添加到工程项目中。

可以在原理图编辑器中执行"设计"→"生成集成库"命令创建集成库。

## 任务七　电路仿真

### 一、任务目标
了解电路仿真的操作流程。

### 二、任务分析
Protel DXP 2004 SP2 可对模拟、数字和模数混合电路进行仿真。该软件提供了瞬态选择性分析、工作点特性分析、直流扫描、交流小信号分析、傅里叶分析、温度扫描、参数扫描、传输函数、噪声分析以及蒙特卡罗分析等多种仿真方式。不同的仿真方式从不同的角度对电路的各种电器特性进行仿真,设计者可以根据具体电路的实际需要确定合适的仿真方式。

为了正确仿真电路,要求电路图中所有的元器件必须与相应的模型关联,即选中 Simulation 属性,同时要正确连接元器件和信号源,要在观测节点上仿真网络标号,要设置好电路仿真的初始条件。

电路仿真的操作流程如图 4-1-42 所示。

### 三、任务实施过程
电路仿真分析可按以下步骤操作。

1. 设计仿真电路原理图

设计仿真电路原理图的方法与在原理图编辑器中绘制电路原理图相同,原理图中使用的元器件必须具备 Simulation 属性。

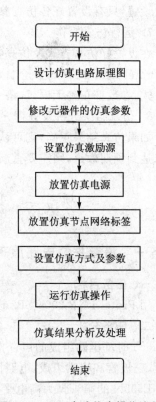

**图 4-1-42　电路仿真操作流程**

2. 修改仿真元器件的属性参数

完成电路原理图的设计后，要对原理图中的仿真元器件的属性参数进行正确设置。在一般的原理图中，为便于阅读原理图，元器件的标注值（如电阻值等）往往只起标注作用。而在仿真原理图中，这些参数将会影响电路的仿真输出。

3. 设置仿真激励源

仿真激励源就是仿真电路的输入信号。常用激励源有直流信号源、脉冲信号激励源和正弦波信号源等。激励源设置好后，则需根据实际电路的要求修改其属性参数，如确定激励源的幅值、初始相位、脉冲宽度、频率等。

4. 放置仿真电源

进行原理图设计时用到的电源只是一些符号，而在仿真时必须放置仿真电源，且使电路形成真正的回路。Protel DXP 2004 SP2 中常用的仿真电源有直流仿真电源、正弦仿真电源、周期性脉冲仿真电源、离散点仿真电源、指数脉冲仿真电源、调频仿真电源、线性受控仿真电源、非线性受控仿真电源、频/压转换仿真电源和压控振荡仿真电源等。

5. 放置仿真节点网络标签

为了观察电路中的节点电压或电流波形，需放置节点网络标签。可放置多个节点网络标签，观察多个输出点或中间节点的波形，以便分析电路特性及信号传输过程或判断电路错误所在。放置仿真电路节点网络标签与在一般的原理上放置网络标签的方法完全一样。

6. 设置仿真方式及参数

设计者必须根据具体的仿真电路确定仿真方式，在不同的仿真方式下需进行不同的仿真参数设置，只有设置好各仿真参数后才能进行下一步的工作。

7. 运行仿真操作

在设置好仿真方式及仿真参数后，执行仿真命令即可启动仿真操作。若原理图中存在错误，Protel DXP 2004 SP2 会自动停止仿真过程，同时弹出仿真错误信息对话框。若电路及仿真方式、参数都正确无误，屏幕上将显示仿真输出的波形，并保存在文件中。

8. 仿真结果分析及处理

如果仿真结果正确，则可认为电路原理图中所选择的元器件参数合理，设计正确。如果仿真未达到预期效果，则需要重新修改电路或调整元器件参数。

# 项目二　Protel DXP 2004 SP2 的应用实例

## 任务一　声音报警电路原理图的设计

### 一、任务目标

用 Protel DXP 2004 SP2 设计一个由 555 时基电路组成的声音报警电路原理图。

### 二、任务分析

555 时基电路组成的声音报警电路如图 4-2-1 所示。该电路由 NE555N、电阻、电容、二极管、三极管和喇叭组成，电路简单实用，NE555N 构成的音频多谐振荡器由启动信号启动后，使 NE555N 的第 4 脚为高电平，可以产生音频信号，T1 驱动喇叭产生声音报警。

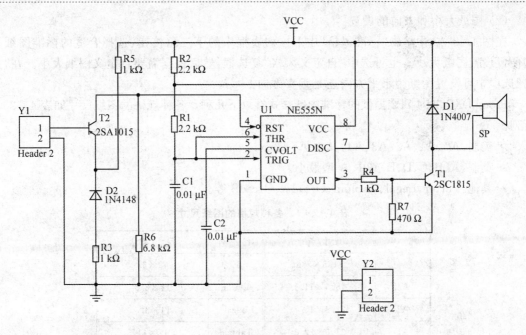

**图 4-2-1　555 时基电路组成的声音报警电路**

### 三、任务实施过程

**1. 创建原理图文件，启动原理图编辑器**

执行"文件"→"打开"命令，打开前面所建的工程项目文件"MyPCB_Project1. PRJPCB"，如图 4-1-14 所示，双击原理图文件"MySheet1. SCHDOC"，启动原理图编辑器。

**2. 设置工作环境**

**(1) 启动图纸属性设置对话框**

在原理图编辑器中执行菜单命令"设计"→"文档选项"，或在原理图上右击，然后在弹出的快捷菜单中选择"选项"→"文档选项"，便可启动图纸属性设置对话框，如图 4-2-2 所示。

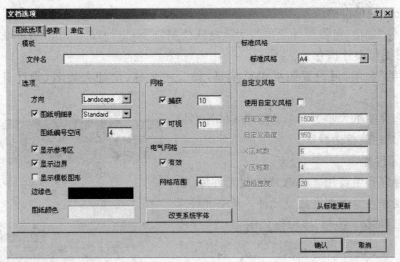

**图 4-2-2　图纸属性设置对话框**

(2) 图纸大小和方向的设置

在图 4-2-2 中单击"标准风格"中下拉列表框中的下三角按钮,选择合适的标准图纸类型便可设置图纸大小。也可选中"自定义风格"复选框,然后根据需要自定义图纸大小。在"方向"选项中可设置图纸为水平方向还是垂直方向。

Protel DXP 2004 SP2 提供的标准图纸样式有以下几种。各种规格的图纸尺寸如表 4-2-1 所列。

➢ 美制:A0、A1、A2、A3、A4,其中 A4 最小。

➢ 英制:A、B、C、D、E,其中 A 型最小。

➢ 其他:Letter、Legal、Tabloid、OrcadA、OrcadB 等。

表 4-2-1 各种规格的图纸尺寸

| 代　号 | 尺寸/英寸 | 代　号 | 尺寸/英寸 |
|---|---|---|---|
| A4 | 11.5×7.6 | E | 42×32 |
| A3 | 15.5×11.1 | Letter | 11×8.5 |
| A2 | 22.3×15.7 | Legal | 14×8.5 |
| A1 | 31.5×22.3 | Tabloid | 17×11 |
| A0 | 44.6×31.5 | OrcadA | 9.9×7.9 |
| A | 9.5×7.5 | OrcadB | 15.6×9.9 |
| B | 15×9.5 | OrcadC | 20.6×15.6 |
| C | 20×15 | OrcadD | 32.6×20.6 |
| D | 32×20 | OrcadE | 42.8×32.2 |

(3) 图纸网格的设置

在图纸属性设置对话框中可设置捕获网格、可视网格和电气网格在图纸上是否可见(复选框选中为可见),还可设置网格尺寸大小。

(4) 图纸计量单位的设置

选择"单位"选项,可设置计量单位为英制或公制,1 Inche=25.4 mm=1 000 mil。

(5) 填写图纸设计信息

选择"参数"选项,可设置图纸设计信息,如公司名称、设计人姓名、设计日期及修改日期等。

本任务选择图纸大小为 A4,水平方向,各网格属性、单位等其他属性为默认。

3. 加载元件库

元件库管理器主要用于加载或卸载元件库、在元件库中查找和在原理图上放置元件。单击元件库管理器中的 元件库... 按钮,将弹出如图 4-2-3 所示的对话框,单击 加元件库(A) 按钮,将弹出元件库文件选择对话框,如图 4-2-4 所示。一般情况下,元件库文件在 Altium2004 SP2\Library 目录

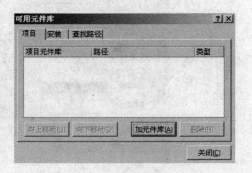

图 4-2-3 加载元件库对话框

下，Protel DXP 2004 SP2 主要根据厂商来对元件进行分类，选定某个厂商，该厂商的元件列表就会显示出来。在图 4-2-4 所示的元件库文件选择对话框中，选择要加载的元件库文件，如"Miscellaneous Devices. INTLIB"，单击**打开(O)**按钮，回到加载元件库界面，单击**关闭(C)**按钮，即可完成一个元件库文件的加载。

图 4-2-4 元件库文件选择

4. 在图纸上放置元件

元件库加载完成后，便可在图纸上放置元件了。

（1）放置 2 个晶体管（transistors）

首先在原理图中放置两个晶体管 T1 和 T2。执行"放置"→"元件"命令，弹出如图 4-2-5

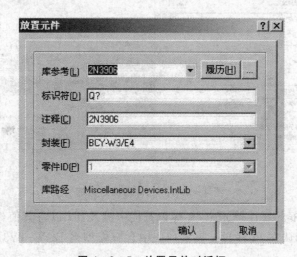

图 4-2-5 放置元件对话框

所示的放置元件对话框,在其中单击"..."按钮弹出如图 4-2-6 所示的浏览元件库对话框,选择"2N3904",单击 确认 按钮回到放置元件对话框,单击 确认 按钮,此时光标变成了十字状,并且在光标上"悬浮"着一个晶体管的轮廓(现在即处于元件放置状态)。移动光标,晶体管轮廓也会随之移动。

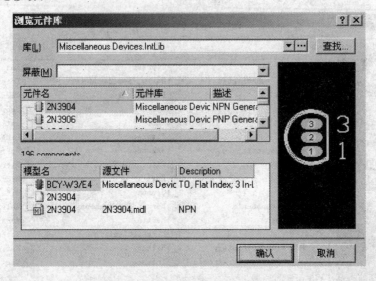

图 4-2-6  浏览元件库对话框

在原理图上放置元件之前,要编辑其属性。在晶体管悬浮在光标上时,按下 Tab 键,打开元件属性对话框,如图 4-2-7 所示。

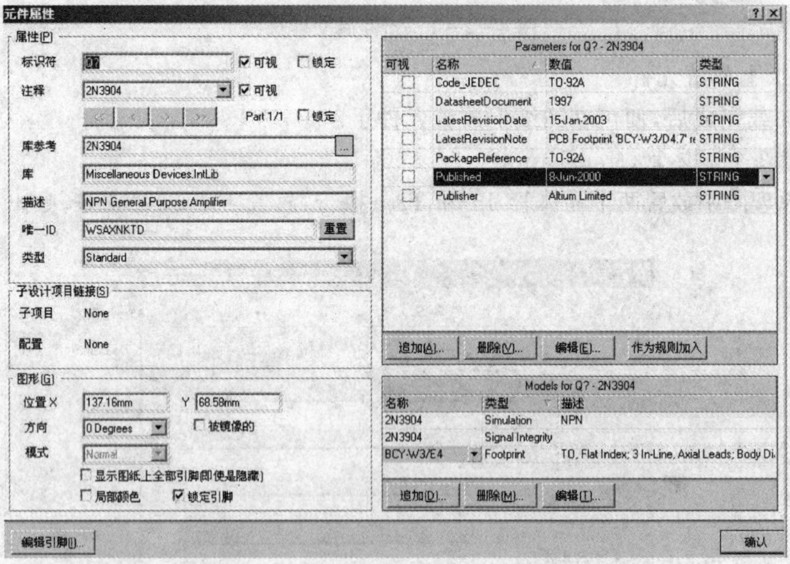

图 4-2-7  元件属性对话框

在元件属性对话框的属性单元中,在标识符栏中键入 T1 以将其值作为第一个元件序号,注释改为 2SC1815,确认在 PCB 封装模型列表中含有模型名 BCY-W3/E4,保留其余栏为默认值,单击 确认 按钮。

移动光标(附有晶体管符号)到图纸中的适当位置,单击左键或按 ENTER 键将晶体管放在原理图上,如图 4－2－8 所示。移动光标,晶体管的一个复制品就放置在原理图纸上了,此时光标上仍悬浮着晶体管元件轮廓且序号变成了 T2。Protel DXP 2004 SP2 的这个功能可一次将相同型号的元件放完。

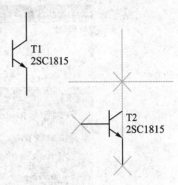

图 4－2－8　在原理图上放置元件

用同样的方法在如图 4－2－6 所示的浏览元件库对话框中选择"2N3906",在元件属性对话框的属性单元中,在标识符栏中键入 T2,注释改为 2SA1015。其余为默认值。

当元件悬浮在光标上时,按 X 键可以使元件水平翻转,按 Y 键可以使元件垂直翻转,按空格键可以使元件逆时针旋转。

要将元件的位置放得更精确些,可按 PageUp 键放大图纸(按 PageDown 键缩小图纸)。

单击右键或按 ESC 键退出元件放置状态。

(2) 放置 7 个电阻(resistors)

在元件库面板中,确认 Miscellaneous Devices. IntLib 库为当前库,在过滤器栏里键入 res2,单击 Place Res2 按钮,一个电阻符号便悬浮在光标上了。

按 Tab 键编辑电阻的属性。在属性对话框的标识符栏中键入"R1"以将其值作为第一个电阻元件序号,单击注释栏并从下拉列表中选择"＝Value",将"可视"关闭,确认名为 AXIAL－0.4 的 PCB 模型包含在模型列表中。对电阻的 parameter 栏的 Value 修改为 2.2 kΩ,确认 String 作为规则类型被选择,并且数值的"可视"框被勾选。单击 确认 按钮,返回放置模式放置 R1。

在放置其他电阻时可根据需要修改电阻值,同样可进行旋转和翻转操作以调整位置。

(3) 放置 2 个电容(capacitors)

电容元件也在 Miscellaneous Devices. IntLib 库里,该库前面已经在元件库面板中被选择。在元件库面板的元件过滤器栏键入 cap。在元件列表中选择 CAP,然后单击"Place Cap"按钮,现在光标上悬浮着一个电容符号了。

按 Tab 键编辑电容的属性。在属性对话框的标识符栏中键入"C1"以将其值作为第一个电容元件序号,单击注释栏并从下拉列表中选择"＝Value",将"可视"关闭,确认名为 RAD－0.3 的 PCB 模型包含在模型列表中。将电容的 parameter 栏的 Value 修改为 $0.01\mu F$,确认 String 作为规则类型被选择,并且数值的"可视"框被勾选。单击 确认 按钮,返回放置模式放置 C1 和 C2。

(4) 放置 2 个二极管(diode)和 1 个喇叭(speaker)

用与放置电阻、电容同样的方法可放置 2 个二极管和 1 个喇叭。在此不再赘述。

(5) 放置 NE555N

在元件库面板中单击 查找... 按钮,弹出如图 4－2－9 所示的元件库查找对话框,在查找条件中输入"NE555N",范围选择"路径中的库",路径输入 Protel DXP 2004 SP2 安装盘:\PROGRAM FILES\ALTIUM2004 SP2\Library\,单击 ✓ 查找(S) 按钮,找到 NE555N 所在库后便可加载该库,然后选中 NE555N 并放置。

**元件库查找**

NE555N

**选项**

查找类型    Components

☑ 清除现有查询

**范围**

○ 可用元件库

◉ 路径中的库

○ 改进最后查询

**路径**

路径:    GRAM FILES\ALTIUM2004 SP2\Library\

☑ 包含子目录

文件屏蔽:    *.*

| ✓ 查找(S) | ✗ 清除 | 帮助器... | 履历 | 收藏... | 取消 |

**图 4 - 2 - 9 元件库查找对话框**

(6) 放置连接器(connector)

连接器在 Miscellaneous Connectors. IntLib 库里,这里需要放置的连接器是两个引脚的插座,所以设置过滤器为 ＊2＊。在元件列表中选择 HEADER2 并单击"Place Header 2"按钮,放置 Y1 和 Y2 连接器。

(7) 放置电源和地

执行"放置"→"电源端口"命令,放置电源和地。

至此 555 时基电路组成的声音报警电路所需的全部元件放置完毕,执行"文件"→"保存"命令保存原理图。然后对元件位置进行调整,以便于后面的布线工作,调整后的元件布局图如图 4 - 2 - 10 所示。

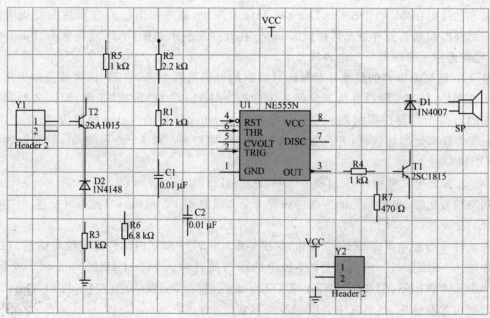

**图 4 - 2 - 10 元件位置图**

5．原理图布线

在原理图中连线可按以下步骤完成：

（1）确认电路原理图图纸有一个好的视图，从菜单选择"查看"→"显示全部对象"。

（2）连接电阻 R4 与晶体管 T1 的基极。

① 从菜单选择"放置"→"导线"，光标变为十字形状；

② 将光标放在 R4 的右端。当放对位置时，一个红色的连接标记（大的星形标记）会出现在光标处。这表示光标在元件的一个电气连接点上。

③ 单击或按 ENTER 键固定第一个导线点。移动光标会有一根导线从光标处延伸出来。

④ 将光标移到 R4 右边 T1 的基极的水平位置上，当放对位置时，同样会出现一个红色的连接标记，单击或按 ENTER 键在该点固定导线。

⑤ 第一个和第二个固定点之间的导线连接如图 4-2-11 所示。

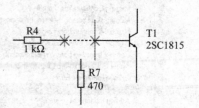

图 4-2-11　连接 R4 与 T1

（3）完成这部分导线的放置后，光标仍然为十字形状，可以继续放置其他导线。要完全退出放置导线模式恢复箭头光标，可右击或按 ESC 键。

（4）参照图 4-2-1 用同样的方法可完成其余部分连线。完成所有连线后如图 4-2-12 所示。

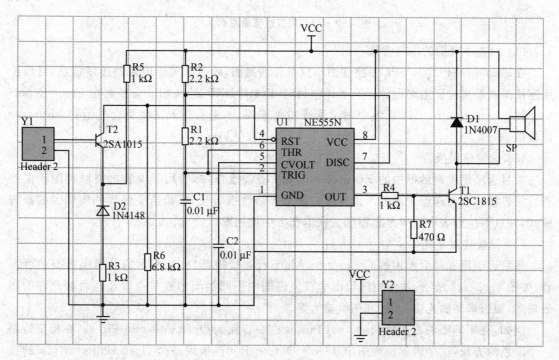

图 4-2-12　完成放置导线的电路图

6．电气规则检查

完成原理图布线后，执行"项目管理"→"项目管理选项"命令，打开如图 4-2-13 所示的项目选项设置对话框来设置合适的检查规则，如连接矩阵、比较器、错误检查，ECO 启动，输出路径和网络选项等,然后执行编译当前项目或当前原理图,以确保原理图或项目正确无误。

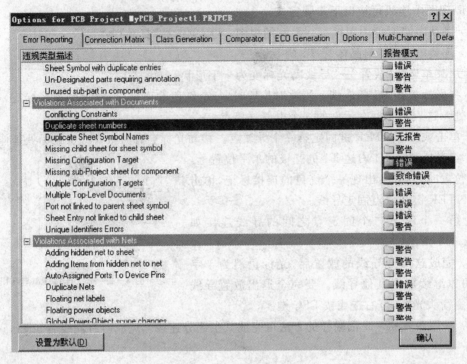

图 4-2-13　项目选项设置对话框

(1) 检查原理图的电气参数

在 Protel DXP 2004 SP2 中原理图不仅是普通制图,还包含关于电路的连接信息,可以使用连接检查器来验证电路设计。当编译项目时,Protel DXP 2004 SP2 会根据在 Error Reporting 和 Connection Matrix 标签中的设置来检查错误,如果有错误发生则会显示在 Messages 面板中。

(2) 设置错误报告

项目选项设置对话框中的 Error Reporting(错误报告)标签用于设置电路原理图错误检查。报告模式表明违反规则的严重程度。如果要修改报告模式,单击要修改的规则旁的报告模式,并从下拉列表中选择严重程度。在本任务中使用默认设置。

(3) 设置连接矩阵

项目选项设置对话框中的 Connection Matrix(连接矩阵)标签显示的是错误类型的严重性,如图 4-2-14 所示,这个矩阵给出了在原理图中不同类型的连接点以及是否被允许的图表描述,如引脚间的连接、元件和图纸输入等。

例如,在矩阵图的右边找到 Output Pin,从这一行找到 Open Collector Pin 列,在相交处是一个橙色的方块,这个表示原理图中从一个 Output Pin 连接到一个 Open Collector Pin 的橙色方块将在项目被编译时启动一个错误条件。

可以用不同的错误程度来设置各个错误类型,也可以对一些致命的错误不予报告。修改连接错误分以下几步:

① 单击如图 4-2-13 所示项目选项设置对话框的 Connection Matrix 标签,打开连接矩

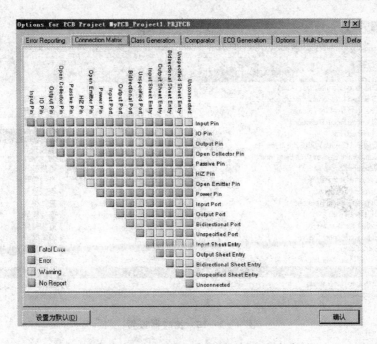

**图 4 - 2 - 14　连接矩阵设置**

阵设置对话框；

② 单击两种类型相交处的方块，例如 Output Sheet Entry 和 Open Collector Pin；

③ 在方块变为图例中的 errors 表示的颜色时停止单击，例如一个橙色方块表示一个错误，这将决定相应的连接能否被发现。

（4）设置比较器

图 4 - 2 - 13 所示的项目选项设置对话框的 Comparator 标签用于设置当一个项目修改时是否显示文件之间的不同。一般不需要将一些仅表示原理图设计等级的特性（如 rooms）之间的不同显示出来，但一定要确认在忽略元件等级时没有忽略元件。

单击 Comparator 标签，并在 Difference Associated with Components 单元找到 Changed Room Definitions、Extra Room Definitions 和 Extra Component Classes。从这些选项右边的模式列中的下拉列表中选择忽略差异，如图 4 - 2 - 15 所示。

（5）编译项目

编译一个项目就是在设计文档中检查电路图和电气规则错误，前面已对各种规则进行了设置。执行"项目管理"→"Compile PCB Project MyPCB_Project1. PRJPCB"命令编译前面所建工程项目。

当项目被编译时，任何已经启动的错误均将显示在设计窗口下部的 Messages 面板中。被编辑的文件会与同级的文件、元件和列出的网络以及一个能浏览的连接模型一起列表在 Compiled 面板中。

如果电路绘制正确，Messages 面板应该是空白的。如果报告给出错误，则可根据错误提示信息对原理图进行调整，确认所有的导线和连接是否正确。

7. 创建网络表

完成了前面的步骤后，就完成了一张电路原理图的设计。但是要完成电路板的设计，还需

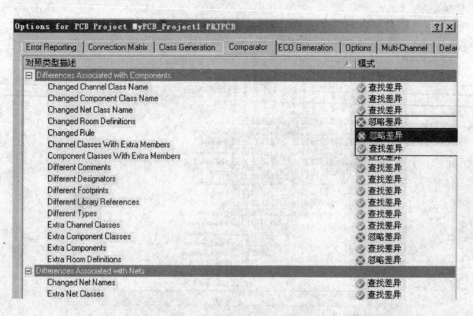

图 4-2-15 比较器设置

要生成一个网络表文件。网络表文件是电路原理图和印制电路板图元件连接关系所对应的文本文件,是连接电路板和电路原理图之间的重要纽带。

彼此连接在一起的一组元件引脚称为网络(net)。例如,一个网络包括 T1 的基极、R4 的一个引脚和 R7 的一个引脚。

选择"设计"→"文档的网络表"→"Protel",可生成一个网络表文件。如图 4-2-16 所示,双击 MySheet1. NET 网络表文件,可打开该文本文件,在文件中可看到前面是各个元件的标识符、数值和封装,后面是各个网络名称及包含的元件引脚。

8. 原理图报表及打印输出

选择"报告"可生成的报表有材料清单、元件交叉引用表、项目层次报告、简易材料清单、单一引脚网络报告、I/O 端口交叉引用表,如图 4-2-17 所示。

要对原理图进行打印输出或输出到绘图仪,可执行"文件"→"打印"命令。

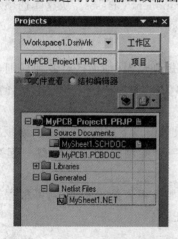

图 4-2-16 生成了网络表文件的工程项目

图 4-2-17 报告选单

## 任务二　声音报警电路 PCB 图的设计

### 一、任务目标

在前一任务原理图设计完成并创建了网络表后,将从原理图编辑器转换到 PCB 编辑器,进行 PCB 设计。

### 二、任务实施过程

1. 创建 PCB 文件,启动 PCB 编辑器

使用 PCB 向导创建 PCB 设计的方法,在向导的任何阶段,都可以使用 返回⒝ 按钮来检查或修改以前页的内容。使用 PCB 向导创建 PCB,需要完成以下步骤:

（1）打开 PCB 板向导

在图 4-2-18 所示的"Files"面板底部的"根据模板新建"单元单击"PCB Board Wizard"（如果这个选项没有显示在屏幕上,单击向上的箭头图标关闭上面的一些单元）可创建新的 PCB,弹出如图 4-2-19 所示的 PCB 板向导对话框。

图 4-2-18　Files 面板

图 4-2-19　PCB 板向导对话框

（2）设置度量单位

在 PCB 板向导对话框中单击 下一步⒩> 按钮,在图 4-2-20 中设置度量单位为英制(I)（注意:1 000 mil＝1 Inch ）,单击 下一步⒩> 按钮继续。

（3）选择板轮廓

在本任务中使用自定义的板尺寸。从板轮廓列表中选择 Custom,如图 4-2-21 所示,单击 下一步⒩> 按钮。

（4）电路板详情设置

如图 4-2-22 所示,在选择电路板详情对话框中选择"矩形",并在"宽"和"高"栏键入"2000",取消选择"标题栏和刻度"、"图标字符串"、"尺寸线"、"角切除"和"内部切除",单击 下一步⒩> 按钮继续。

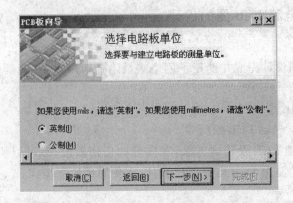

图 4 - 2 - 20　选择电路板单位

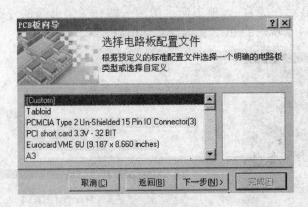

图 4 - 2 - 21　板轮廓选择

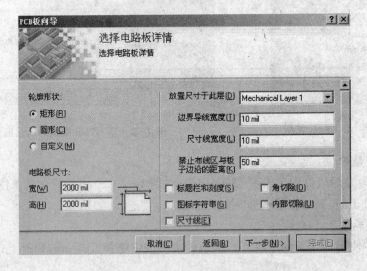

图 4 - 2 - 22　选择电路板详情

（5）选择电路板层

在图 4 - 2 - 23 中选择电路板层，信号层设为 2，内部电源层设为 0，单击 下一步(N) 按钮继续。

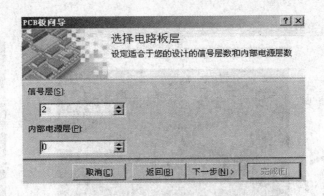

图 4-2-23 选择电路板层

（6）选择过孔风格

在选择过孔风格对话框中选择"只显示通孔"过孔风格，单击 下一步(N)> 按钮继续。

（7）选择元件

选择此电路板主要是"通孔元件"及邻近焊盘间的导线数为"一条导线"，单击 下一步(N)> 按钮继续。

（8）选择设计规则

选择导线和过孔尺寸等一些设计规则。设为默认值。单击 下一步(N)> 按钮，会弹出如图 4-2-24 所示的电路板向导完成对话框。单击 完成(F) 按钮关闭向导。

图 4-2-24 电路板向导完成对话框

（9）创建 PCB

PCB 向导将根据前面所设置的信息来创建新的 PCB 板，PCB 编辑器将显示一个名为 PCB1.PcbDoc 的新的 PCB 文件。该文档显示的是一个默认尺寸的白色图纸和一个空白的板子形状（带栅格的黑色区域），如图 4-2-25 所示。

（10）重命名

选择"文件"→"保存"，将新 PCB 文件重命名 MyPCB1.PcbDoc。

2. PCB 设计环境设置

（1）设置捕获网格

放置在 PCB 工作区的所有对象均排列在捕获网格上，这个网格需要设置的适合所使用的布线技术。

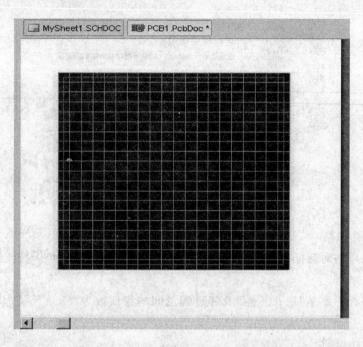

**图4-2-25 新建的空白PCB文档**

本任务用到的标准的英制元件最小引脚间距为100 mil。可将这个捕获网格设定为100 mil的一个平均分数,如50 mil或25 mil,这样所有的元件引脚在放置时均将落在网格点上。当然,板子上的导线宽度和间距分别是12 mil和13 mil(这是PCB板向导使用的默认值),在平行导线的中心之间允许最小为25 mil。所以,最合适的捕获网格应设为25 mil。

完成以下步骤可设置捕获网格:

① 选择"设计"→"PCB板选择项",打开PCB板选择项对话框,如图4-2-26所示。

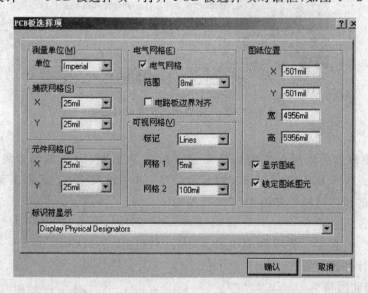

**图4-2-26 PCB板选择项对话框**

② 在对话框中,将捕获网格X、捕获网格Y、元件网格X和元件网格Y栏的值设为

25 mil。注意:这个对话框也用来定义电气网格。电气网格在放置一个电气对象时工作,它将忽略捕获网格而同时捕获电气对象。单击 **确认** 按钮关闭对话框。

(2) 设置一些其他选项以便更容易定位元件

① 选择"工具"→"优先设定",打开优先设定对话框。选择"Protel PCB"→"General",在编辑选项中确认"对准中心"及"聪明的元件捕获"选项被选中。这样会在抓住一个元件时,光标自动定位在元件的参考点上。

② 选择"Protel PCB"→"Display",在"表示"单元中将"焊盘网络"、"焊盘号"和"过孔网络"选项取消选择。在"草案阈值"单元,将"字符串"栏设为 4,然后单击 **确认** 按钮关闭对话框。

3. 规划电路板

PCB 编辑器是一个多层环境,大多数编辑工作都将在一个特殊层上进行。在 PCB 编辑器工作区的底部有一系列层标签,可以执行"设计"→"PCB 板层次颜色"命令打开板层和颜色对话框来显示、添加、删除、重命名及设置层的颜色。

在 PCB 编辑器中有 3 种类型的层:

① 电气层。包括 32 个信号层和 16 个平面层。电气层的添加或移除是在图层堆栈管理器中,可选择执行"设计"→"层堆栈管理器"命令打开图层堆栈管理器对话框。

② 机械层。有 16 个用途的机械层,用来定义板轮廓、放置厚度和制造说明或其他设计需要的机械说明。在板层和颜色对话框可以添加、移除和命名机械层。

③ 特殊层。包括顶层和底层丝印层、阻焊和助焊层、钻孔层、禁止布线层(用于定义电气边界)、多层(用于多层焊盘和过孔)、连接层、DRC 错误层及栅格层和孔层。在板层和颜色对话框中可以控制这些特殊层的显示。

4. 加载网络表和元件封装

在将原理图信息转换到新的空白 PCB 之前,应确认与原理图和 PCB 关联的所有库均可用,项目编译过并且在原理图中的任何错误均已修复,则可将项目中的原理图信息发送到目标 PCB。

① 在原理图编辑器中执行"设计"→"Update PCB Document MyPCB1. PCBDOC"命令启动 ECO,出现工程变化订单(ECO)对话框,如图 4 - 2 - 27 所示。

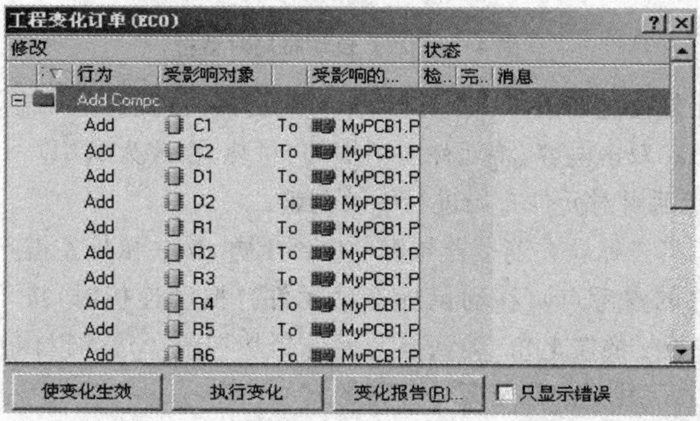

图 4 - 2 - 27　工程变化订单(ECO)对话框

② 单击 **使变化生效** 效按钮。如果所有的改变均有效,检查将在状态列表中出现绿色对勾;如果改变无效,则关闭对话框,检查 Messages 面板并清除所有错误。

③ 单击 **执行变化** 按钮,将改变发送到 PCB,关闭工程变化订单(ECO)对话框,目标 PCB 打开,元件已在 PCB 板上,如图 4-2-28 所示。

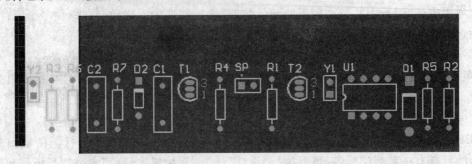

图 4-2-28　加载到 PCB 的元件及网络连接

5. 元件自动布局及手工调整

装入网络连接后,可以让系统对元件进行自动布局,然后对该布局进行手工调整。选择"工具"→"放置元件"→"自动布局",将弹出图 4-2-29 所示的自动布局对话框,选择分组布局,单击 **确认** 按钮便可开始自动布局。

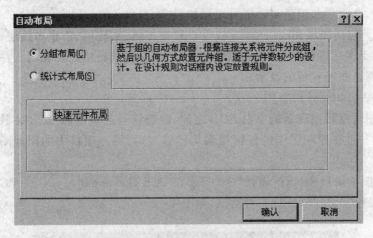

图 4-2-29　自动布局对话框

自动布局后的元件位置如图 4-2-30 所示,可见元件位置并不如意,且电容的封装太大,须将电容的封装改小。双击电容,将元件对话框的"封装"栏改为 RAD-0.1,则电容的封装如图 4-2-31 所示。然后再对元件布局进行手动调整。

调整连接器 Y1,将光标放在连接器轮廓的中部上方,按住鼠标左键不放(光标会变成一个十字形状并跳到元件的参考点),移动鼠标拖动元件。拖动连接时,按下空格键可将其旋转90°,然后将其定位在板子的左上角(确认整个元件仍然在板子边界以内)。元件定位好后,松开鼠标将其放下(注意飞线是怎样与元件连接的)。

参照图 4-2-31 放置其余的元件。当拖动元件时,如有必要,可使用空格键旋转元件。元件文字也可以用同样的方式来重新定位——按住鼠标左键不放拖动文字,按空格键旋转。

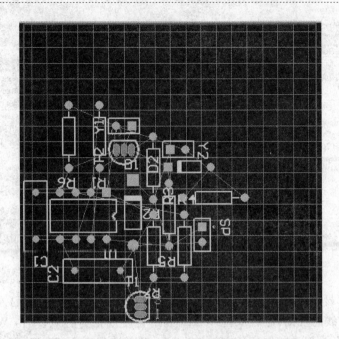

图 4 - 2 - 30　自动布局后的元件位置

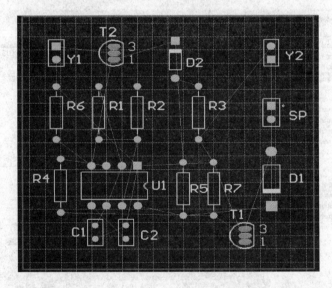

图 4 - 2 - 31　手工调整后的元件布局

6. 自动布线及手工调整

Protel DXP 2004 SP2 的 PCB 编辑器是一个规则驱动环境。当在 PCB 编辑器中执行改变设计的操作时,如放置导线、移动元件或自动布线,PCB 编辑器将一直监视每一个操作并检查设计是否仍然满足设计规则,任何设计错误都会立即被标记出来以提醒注意。

设计规则分为 10 个类别,覆盖了电气、布线、制造、放置及信号完整要求等。

(1) 宽度设计规则的设置

当 PCB 文档为当前文档时,选择"设计"→"规则",弹出如图 4 - 2 - 32 所示的 PCB 规则和约束编辑器对话框。

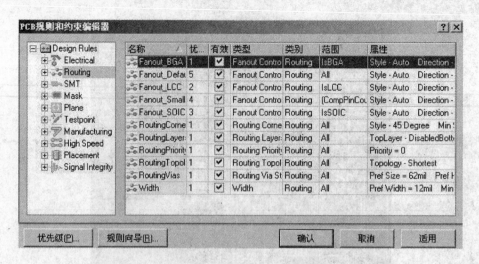

**图 4 - 2 - 32　PCB 规则和约束编辑器对话框**

·每一类规则都显示在 PCB 规则和约束编辑器对话框的设计规则面板(左边)。双击 Routing 类展开有关布线的规则;然后双击 Width 显示宽度规则为有效;单击 Width 规则显示它的约束特性和范围,设置该规则的约束特性为 12 mil 并应用到全部对象,如图 4 - 2 - 33 所示。

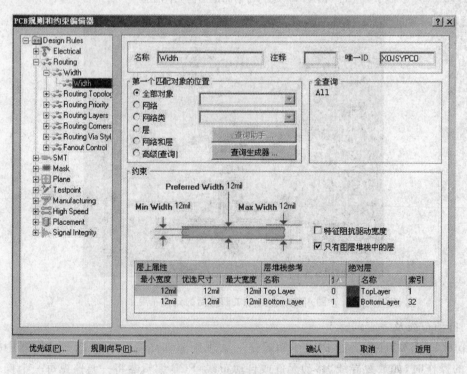

**图 4 - 2 - 33　宽度规则设置**

Protel DXP 2004 SP2 的设计规则系统可以定义同类型的多重规则,而每个规则的目标对象又不相同。例如,上面定义了一个对整个板的宽度约束规则(即所有的导线都必须是这个宽度),而对电源和接地网络需要另一个宽度约束规则。

添加新的宽度约束规则。为 VCC 和 GND 网络添加一个新的宽度约束规则。右击 Width

类选择新建规则,将一个宽度约束规则添加到 VCC 和 GND 网络。在名称栏键入"VCC"或
"GND"。具体步骤如下:

① 单击"第一个匹配对象的位置"选项区的"网络"单选按钮,在"全查询"单元里会出现
InNet( )。单击"全部对象"按钮旁的下拉列表框的下三角按钮,从有效的网络列表中选择
VCC,"全查询"单元会更新为 InNet ('VCC'),如图 4-2-34 所示。

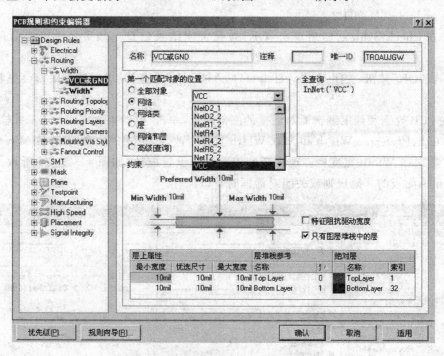

图 4-2-34　设置 VCC 和 GND 宽度规则

② 使用查询助手将范围扩展到包括 GND 网络。单击"高级(查询)"单选按钮,然后单击
"查询助手"按钮,弹出查询助手对话框,如图 4-2-35 所示。

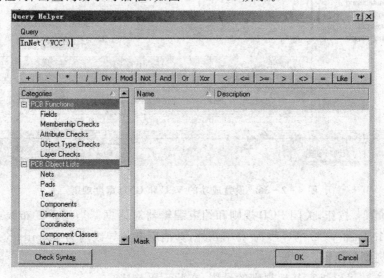

图 4-2-35　查询助手对话框

③ 单击 Query 单元的 InNet('VCC')的右边,然后单击"Or"按钮。现在 Query 单元的内容变为 InNet('VCC') or,这样就使范围设置为将规则应用到两个网络中。

④ 单击 PCB Functions 类的 Membership Checks,双击 Name 单元的 InNet。

⑤ 在 Query 单元 InNet( )的括号中间单击一下,以添加 GND 网络的名称。在 PCB Objects List 类单击 Nets,然后从可用网络列表中双击选择 GND。Query 单元变为 InNet('VCC') or InNet('GND')。

⑥ 单击 Check Syntax,然后单击"OK"按钮关闭结果信息。如果显示错误信息应予以修复。

⑦ 单击"OK"按钮,关闭 Query Helper 对话框。在"全查询"单元的范围就会更新为设置好的内容。

⑧ 在 PCB 规则和约束编辑器对话框的底部单元,单击"旧约束文本(10mil)"并输入新值,将 Min Width、Preferred Width 和 Max Width 宽度栏改为 25mil。注意:在修改 Min Width 值之前先设置 Max Width 宽度栏。现在新的规则已经设置成功,如图 4-2-36 所示。当选择 Design Rules 面板的其他规则或关闭对话框时予以保存。

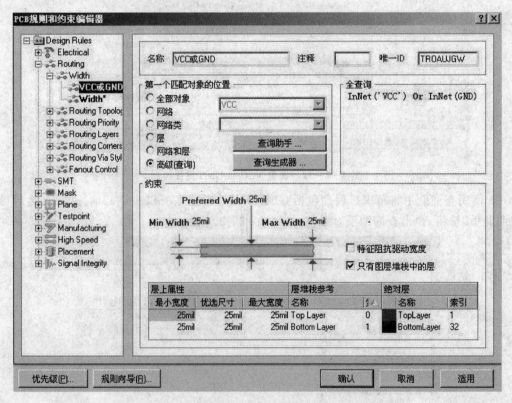

图 4-2-36  设置成功的 VCC 和 GND 宽度规则

⑨ 单击 **确认** 按钮,关闭 PCB 规则和约束编辑器对话框。当用手工布线或使用自动布线器时,除了 GND 和 VCC 的导线为 25 mil 外,其他所有的导线均为 12 mil。

(2)其他规则的设置

用同样的方法可以进行其他规则的设置,在此不再赘述。

（3）自动布线

规则设置好后，便可执行"自动布线"→"全部对象"命令进行自动布线。完成自动布线后如图 4－2－37 所示。

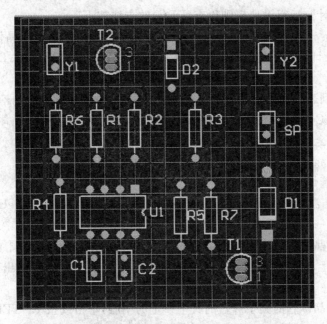

图 4－2－37　完成自动布线

（4）手工调整

自动布线结束后，往往存在令人不满意的地方，或考虑到电气特性的要求、干扰等因素，需要进行手工调整，以满足设计的要求。手工调整后的布线如图 4－2－38 所示。最后，执行"文件"→"保存"命令保存 PCB 板。

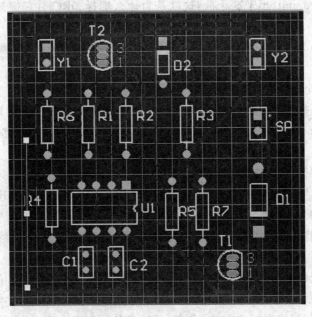

图 4－2－38　手工调整后的布线

**7. 对电路板做 DRC 校验检查并进行调整**

Protel DXP 2004 SP2 提供了一个规则驱动环境来设计 PCB,并允许定义各种设计规则来保证 PCB 板的完整性。一般在电子电路设计的开始就设置好设计规则,然后在设计的最后用这些规则来验证设计。运行设计规则检查(DRC)的方法如下:

(1) 执行"工具"→"设计规则检查"命令,运行 DRC,本任务会出现晶体管的焊盘呈绿色高亮,表示有一个设计规则被违反。同时生成并打开一个名为 MYPCB1.DRC 的设计规则检查错误列表文件。

(2) 查看错误列表。在此错误列表中列出了在 PCB 设计中存在的所有违反规则的情况。注意:在"Clearance Constraint"规则下列出了 4 个错误,在细节中指出晶体管 T1 和 T2 的焊盘违反了 13 mil 安全间距规则。

(3) 双击 Messages 面板中的一个错误可跳转到它在 PCB 中的位置。

(4) 找出晶体管焊盘间的实际间距。

① 在 PCB 文档激活的情况下,将光标放在一个晶体管的中间按 PageUp 键放大。

② 选择"报告"→"测量距离",光标变成十字形状。

③ 将光标放在晶体管的中间一个焊盘的中心,单击或按 ENTER 键。由于光标是在焊盘和与其连接的导线上,所以会弹出一个菜单让用户选择需要的对象,从弹出菜单中选择晶体管的焊盘。

④ 将光标放在晶体管的其余焊盘的其中一个的中心,单击或按 ENTER 键。再一次从弹出菜单中选择焊盘。一个信息框将打开显示两个焊盘的边缘之间的最小距离是 10.63 mil。

(5) 查看当前安全间距设计规则。

① 执行"设计"→"规则"命令,打开 PCB 规则和约束编辑器对话框。双击 Electrical 类在对话框的右边显示所有电气规则。双击 Clearance 类型(列在右边),然后单击 Clearance 打开它。对话框底部区包括一个单一的规则,指明整个板的最小安全间距是 13 mil。而晶体管焊盘之间的间距是 10.63mil,小于这个值,这就是为什么选择 DRC 时它们被当做违反了规则的原因。

② 在 Design Rules 面板选择 Clearance 类型,右击并选择新建规则添加一个新的安全间距约束规则。

③ 双击新的安全间距规则,在约束单元设置最小间隙为 10mil。

④ 单击"高级(查询)",然后单击"查询助手",从 Query Helper 构建 query ,或直接在 Query 栏键入 HasFootprintPad('BCY－W3/D4.7','＊')。"＊"表示名为 BCY－W3/D4.7 的"任何焊盘"。

⑤ 单击"OK"按钮,关闭对话框。

⑥ 再执行"工具"→"设计规则检查"命令,运行 DRC,T1 和 T2 已不违反约束规则。

**8. PCB 报表及打印输出**

PCB 报表及打印输出的操作都比较简单,按提示进行操作便可方便地实现各种报表输出。在此仅对元器件清单和 PCB 板打印输出进行举例说明。

(1) 执行"报告"命令,可产生电路板信息报表、网络状态报表、设计层次报表、元器件报表、元器件交叉参考表和其他报表等。

(2) 执行"文件"→"输出制造文件"命令,可输出各种制造文件,如底片文件、钻孔文件、阻焊文件、助焊文件、装配文件和制版文件等。

（3）元器件清单输出。

① 执行"报告"→"Bill of Materials"命令，可打开如图 4-2-39 所示的对话框，在此可根据需要选择所要报告的信息。

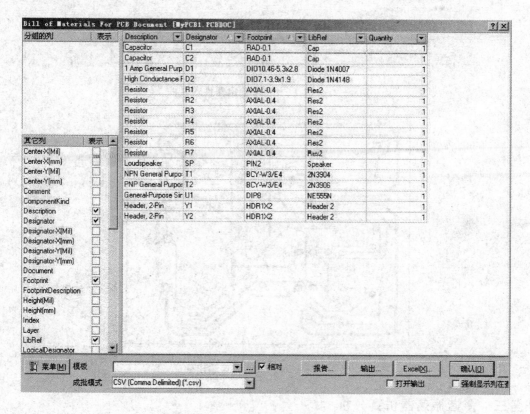

图 4-2-39　Bill of Materials 对话框

② 单击"报告"按钮可显示元器件清单的打印预览并打印，也可单击"输出"按钮保存该报告文件（可以为各种格式的文件，如 Microsoft Excel 文件）。

（4）PCB 打印输出。

Protel DXP 2004 SP2 有一个精密的打印引擎让用户对打印进程进行控制，精确定义要打印的 PCB 层的组合、预览描图、设置比例以及在纸上的位置。

① 从 PCB 菜单选择"文件"→"打印预览"。PCB 将被分析并且以默认的输出显示在打印预览窗口。

② 右击"配置"按钮，打开 PCB 打印输出属性对话框。在该对话框中用右击菜单选项插入新的打印输出或在已有的打印输出中添加或删除层，或对包含元件和打印输出选项进行设置，如图 4-2-40 所示，设置完成后单击 **确认** 按钮退出。

③ 按如图 4-2-40 所示设置的 PCB 打印输出如图 4-2-41 所示。

④ 右击菜单还可进行页面设定和打印设定，修改目标打印机、设置页位置和比例等参数，这些设置类似于其他办公软件的打印机设置，在此不再赘述。

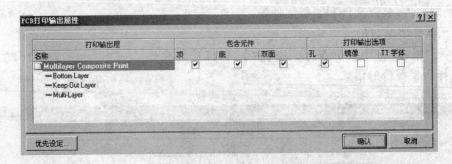

图 4-2-40 PCB 打印输出属性对话框

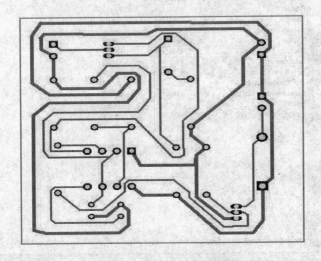

图 4-2-41 PCB 版打印输出图

## 任务三 多谐振荡器仿真分析

### 一、任务目标

以多谐振荡器电路为例,进行输出波形的仿真分析。

### 二、任务实施过程

**1. 设计仿真电路原理图**

设计仿真电路原理图的方法与在原理图编辑器中绘制电路原理图相同,但仿真电路原理图中使用的元器件必须具备 Simulation 属性,在原理图编辑器中设计好得多谐振荡器电路如图 4-2-42 所示。

**2. 修改仿真元器件的属性参数**

完成电路原理图的设计后,要对原理图中的仿真元器件的属性参数进行设置,如图 4-2-43 所示,逐一修改各元件的数值。

**3. 设置仿真激励源**

由于任务的多谐振荡器无需激励源,此处不设置。

**4. 放置仿真电源**

选择"查看"→"工具栏"→"实用工具",显示仿真电源工具栏。单击仿真电源工具栏的"+12 V"按钮可放置一个电源符号,并修改其属性。

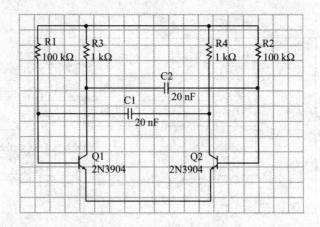

图 4 - 2 - 42　多谐振荡器电路

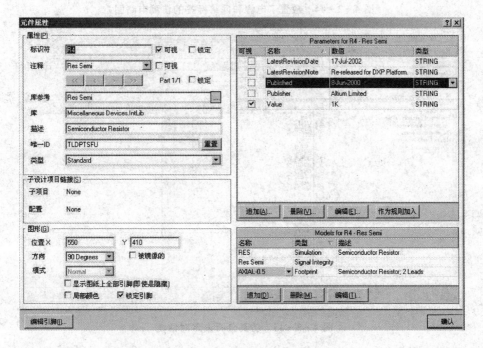

图 4 - 2 - 43　仿真元件属性设置

5. 放置仿真节点网络标签

（1）选择"放置"→"网络标签"，按 TAB 键编辑网络标签的属性，在网络标签对话框设置网络栏为 Q1B，然后关闭对话框。

（2）将光标放在与 Q1 基极连接的导线上，单击或按 ENTER 键将网络标签放在导线上。参照图 4 - 2 - 44 的网络标签的位置继续放置网络标签 Q1C、Q2B、Q2C、12V 和 GND。

6. 设置仿真方式及参数

本任务电路的时间常数为 $100\,000 \times 20$ ns＝2 ms，要查看振荡的 5 个周期，须设置 10 ms 的仿真窗口。

（1）选择"设计"→"仿真"→"Mix Sim"，显示分析设定对话框，如图 4 - 2 - 45 所示。所有的仿真选项均在此设置。

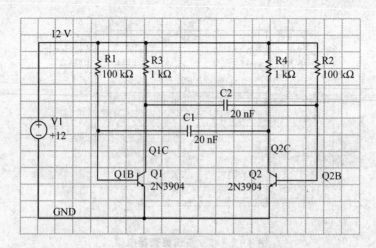

**图4-2-44 放置了电源和网络标签的仿真电路图**

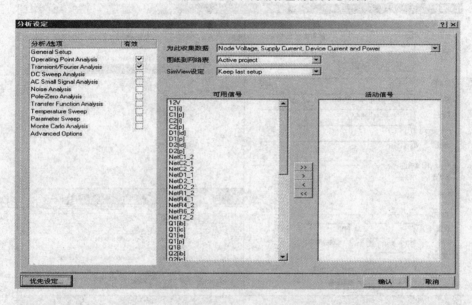

**图4-2-45 仿真分析设定对话框**

　　(2)在"为此收集数据"栏,从下拉列表中选择"Node Voltage and Supply Current"。这个选项定义了在仿真运行期间想计算的数据类型。在可用信号栏,双击Q1B、Q2B、Q1C和Q2C信号名。在双击每一个名称时,它会移动到活动信号栏,设定后如图4-2-46所示。

　　(3)在"分析/选项"栏为仿真分析勾选"Operating Point Analysis"和"Transient/Fourier Analysis"。在"Transient/Fourier Analysis Setup"中将"Use Transient Defaults"选项设为无效,设置瞬态特性分析规则可用;将"Transient Stop Time"栏设为"10m"指定一个10 ms的仿真窗口;设置"Transient Step Time"栏设为"10u",表示仿真可以每10 μs显示一个点;设置"Transient Max Step Time"为"10u"限制时间间隔大小的随机性。如果"Transient/Fourier Analysis Setup"没有自动显示,单击"Transient/Fourier analysis",如图4-2-47所示。

　　**7. 运行仿真操作**

　　单击分析设定对话框底部的"确认"按钮运行仿真,执行后将产生一个扩展名为.sdf的仿

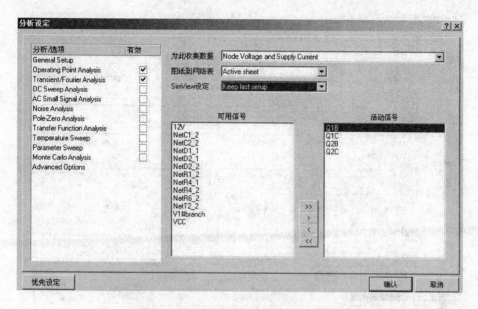

图 4 - 2 - 46    设置仿真数据类型和活动信号

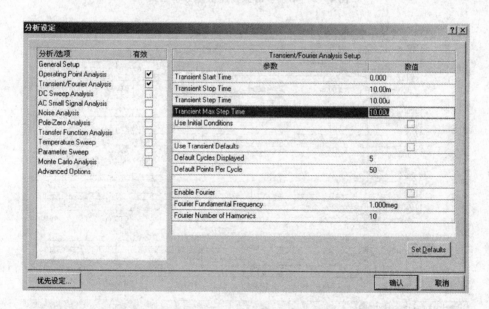

图 4 - 2 - 47    设置仿真分析时间

真波形文件,如图 4 - 2 - 48 所示。

8. 仿真结果分析及处理

至此已经完成了多谐振荡器电路的仿真,并显示了它的输出波形。如果仿真结果符合要求,则可认为电路原理图中所选择的元器件参数合理,设计正确。如果仿真未达到预期效果,则需重新修改电路或调整元器件参数。

将 C1 的值改为"47n"(双击 C1 编辑其属性),然后再运行瞬态特性分析。输出波形将显示一个不均匀的占空比波形,如图 4 - 2 - 49 所示。

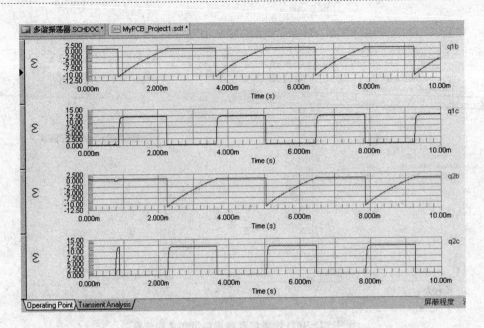

**图 4 - 2 - 48　多谐振荡器仿真分析结果**

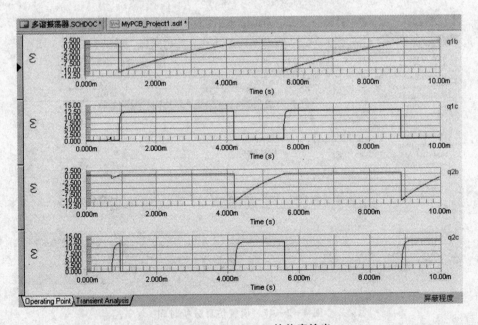

**图 4 - 2 - 49　C1＝47nF 的仿真输出**

# 模块五 电子线路综合实训

## 项目一 电子产品安装与调试

### 任务一 声光延时控制器的装配

#### 一、任务目标

(1) 初步认识常用电子元器件及其检测。

(2) 掌握电烙铁的使用方法、注意事项及其焊接工艺。

(3) 了解电子产品的安装过程。

#### 二、任务分析

声光延时控制器原理图如图 5-1-1 所示。白天,光敏电阻 $R_7$ 的亮电阻较小,CD4011 的 5 脚为低电平,不管 6 脚是否为高电平,4 脚输出均为高电平,那么 $D_5$ 不导通,CD4011 的 12、13 脚为高电平,11 脚输出低电平,那么可控硅 T 的控制极加低电平,+、-极之间截止,电子开关断开,楼道灯不亮。

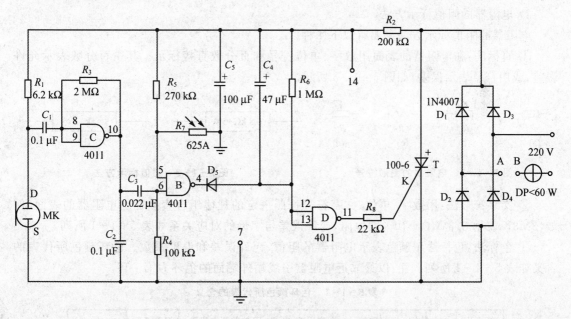

**图 5-1-1 声光延时控制器原理图**

天黑时,光敏电阻 $R_7$ 的暗电阻很大,CD4011 的 5 脚为高电平,声音电信号经过 $C_1$、非门、$C_3$ 加至 6 脚,6 脚为高电平,只要 6 脚一有高电平触发,那么 B 与非门就翻转输出低电平,这时 $D_5$ 导通,低电平加到 12、13 脚,与非门 D 翻转,11 脚输出高电平,加至可控硅 T 的控制极 K,使 +、-极之间导通,电子开关闭合,楼道灯点亮,同时 $D_5$ 导通也给电容器 $C_4$ 充电,并瞬间冲满,$C_4$ 两端电压使 12、13 脚保持约 40 s 的低电平,所以灯亮 40 s 后熄灭。

本任务所需仪器:万用表、声光延时控制器套件、声光延时控制器演示板、电烙铁、斜口钳、尖嘴钳、镊子、螺丝刀、焊接练习板。

**实训注意事项:**

(1) 在声光延时控制器调试过程中,注意人体不能碰触有 220 V 交流电压的地方(如引入线和电路板等)。

(2) 焊接时烙铁头上多余的焊锡不许乱甩,往后甩危险更大。

(3) 发热的电烙铁不能烫着电源线,更不能敲打电烙铁以免发生触电事故。

(4) 实训场地要文明工作、文明生产,各种工具、设备要摆放合理、整齐。

(5) MIC(麦克风)的焊接时间不要超过 3 s,以免影响 MIC 的灵敏度。

**三、任务实施过程**

1. 元器件识别与检测

(1) 电阻器

电阻器一般由骨架(陶瓷基体)、电阻体(电阻丝或电阻膜)、引线帽、引出线和保护层等部分构成,在电路中起着稳定或调节电流、电压的作用。通常将电阻器简称为电阻,单位为欧姆简称欧,用字母"$\Omega$"表示。常用单位:欧($\Omega$)、千欧($k\Omega$)和兆欧($M\Omega$),$1\ M\Omega = 10^3\ k\Omega = 10^6\ \Omega$。

1) 电阻器的图形符号

电阻器的图形符号如图 5-1-2 所示,图 5-1-2(a)、(c)为固定电阻,图 5-1-2(b)为光敏电阻,图 5-1-2(d)为可变电阻。

2) 电阻器的阻值标示方法

电阻器的阻值标示方法主要有以下 4 种。

① 直标法:在电阻器的表面用数字、单位符号和百分数直接标示。其中百分数表示允许误差,或用符号表示误差,如图 5-1-3 所示。

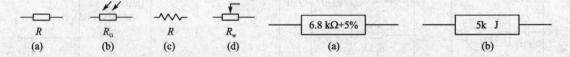

| | |
|---|---|
| 图 5-1-2 电阻器的图形符号 | 图 5-1-3 阻值标示方法 |

② 文字符号法:用数字、单位、文字符号按照一定的规律组合直接标在电阻器的表面,例如,3M3K 表示 3.3 M$\Omega$±10% 的电阻,允许误差与字母的对应关系如表 5-1-1 所列。

③ 色标法:色标法用颜色表示电阻器的阻值、允许误差和温度系数。色环颜色所代表的含义如表 5-1-1 所列。注:以最靠近电阻器引线帽外端面的色环为第一环。

表 5-1-1 色环颜色所代表的含义

| 颜 色 | 有效数字 | 倍乘数 | 允许误差/% | 误差的英文代码 | 温度系数/($10^{-6}℃^{-1}$) |
|---|---|---|---|---|---|
| 黑 | 0 | $10^0$ | | | |
| 棕 | 1 | $10^1$ | ±1 | F | ±100 |
| 红 | 2 | $10^2$ | ±2 | G | ±50 |
| 橙 | 3 | $10^3$ | | | ±15 |

续表 5-1-1

| 颜　色 | 有效数字 | 倍乘数 | 允许误差/% | 误差的英文代码 | 温度系数/(10⁻⁶℃⁻¹) |
|---|---|---|---|---|---|
| 黄 | 4 | $10^4$ | | | ±25 |
| 绿 | 5 | $10^5$ | ±0.5 | D | ±20 |
| 蓝 | 6 | $10^6$ | ±0.2 | C | 10 |
| 紫 | 7 | $10^7$ | ±0.1 | B | ±5 |
| 灰 | 8 | $10^8$ | | | ±1 |
| 白 | 9 | $10^9$ | | | |
| 金 | | $10^{-1}$ | ±5 | J | |
| 银 | | $10^{-2}$ | ±10 | K | |
| 无色 | | | ±20 | M | |

色环标注电阻器的示意图如图 5-1-4 所示。

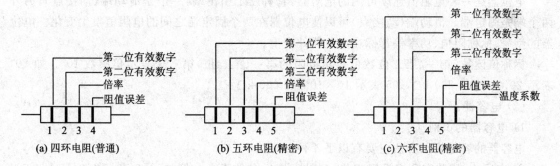

(a) 四环电阻(普通)　　　(b) 五环电阻(精密)　　　(c) 六环电阻(精密)

图 5-1-4　色环标注电阻器的示意图

例如：

(a) 电阻的 4 个色环颜色依次为：

绿、棕、金、金——表示 $5.1 \times (1 \pm 5\%)$ Ω 的电阻。

棕、绿、绿、银——表示 $1.5 \times (1 \pm 10\%)$ MΩ 的电阻。

(b) 电阻的 5 个色环颜色依次为：

棕、黑、绿、金、红——表示 $10.5 \times (1 \pm 2\%)$ Ω 的电阻。

白、绿、橙、橙、蓝——表示 $953 \times (1 \pm 0.2\%)$ kΩ 的电阻。

(c) 电阻的 6 个色环颜色依次为：

黄、红、黑、橙、棕、黄——表示 420kΩ±1%±25ppm/℃ 的电阻。

④ 数码标示法：电阻值用 3 位数字表示，从左至右的第一、第二位为有效数字，第三位数字表示有效数字后加"0"的个数，用 R 表示小数点，电阻单位为 Ω。例如，0R3 表示 0.3 Ω，2R2 表示 2.2 Ω，470 表示 47 Ω，181 表示 180 Ω，154 表示 150 kΩ，102 表示 1 000 Ω(1 kΩ)。

3) 电阻的质量判别和选用

① 电阻的质量判别

用目测可以看出电阻引线是否折断或电阻体是否烧坏等外表故障；可以用万能表欧姆挡进行测量，其阻值是否变大、开路或短路。

② 电阻的选用

应根据电路的具体要求,从电气性能和经济成本等方面综合考虑选用。电阻器精度越高,其成本越高。故不要片面追求高精度,以免造成不必要的浪费。同时,为了保证电阻在电路中长期可靠运用,其额定功率必须高于所消耗的功率。

4) 光敏电阻

光敏电阻是一种电阻值随外界光照强弱(明暗)而变化的电阻器,光越强阻值越小,光越弱阻值越大。如果把光敏电阻的两个引脚接在万用表的表棒上,用万用表的 R×1k 挡测量在不同的光照下光敏电阻的阻值,将光敏电阻从较暗的抽屉里移到阳光下或灯光上,万用表读数将会发生变化。在完全黑暗处,光敏电阻的阻值可达几兆欧以上(万用表指示电阻为无穷大,即指针不动);而在较强光线下,阻值可降到几千欧甚至 1 千欧以下。若光敏电阻器变质或损坏,则阻值变化很小或不变。另外,在光照时,测得光敏电阻器阻值为零或无穷大,则也可以判定该光敏电阻器内部短路或开路。

5) 电位器

电位器是一种电阻值连续可调的电阻器,它有三个引出端,一个是滑动端(动接点),另外两个端是固定端。滑动端(动接点)可以使电位器在两个固定端之间的电阻值发生变化。电位器的型号、标称阻值、功率等都标在电位器外壳上。

标称值读数,第一、第二位数值表示电阻的第一、第二位,第三位表示倍乘数 $10^n$。如 204 表示 $20×10^4 \Omega = 200$ kΩ,105 表示 $10×10^5 = 1\,000$ kΩ。

(2) 电容器

1) 电容器的识别

电容器的容量标示方法主要有以下 4 种:

① 直标法:用数字和字母把规格、型号直接标在外壳上。例如,4n7 表示 4.7nF 或 4 700 pF;4μ7 表示 4.7 μF(省略小数点);R47μF 表示 0.47 μF(用 R 表示小数点);.01 μF 表示 0.01 μF(省略整数位的"0");0.1 表示 0.1 μF,3300 表示 3 300 pF(小于 1 的数字单位为 μF,大于 10 的数字单位为 pF)。

② 文字符号法:用字母或数字或两者结合的方法来标注。例如,10p 代表 10 pF,4.7μ 代表 4.7 μF,3p3 代表 3.3pF,μ33 代表 0.33 μF。

③ 数码标示法:用 3 位数字表示,从左至右的第一、第二位为容量值有效数字位,第三位为倍率表示有效数字后的零的个数,电容量的单位为 pF。另外,若第三位数为 9,表示 $10^{-1}$,而不是 $10^9$。例如,223J 代表 $22×10^3$ pF = 22 000 pF = 0.22 μF,J 表示允许误差为 ±5%;479K 代表 $47×10^{-1}$ pF = 4.7 pF,K 表示允许误差为 ±10%。

④ 色标法:电容器的色标法与电阻器相似,单位一般为 pF。靠近引脚端的一环为第一色环,依次为第二、第三色环。若某一道色环的宽度是标准宽度的 2 或 3 倍,则表示这是相同颜色的 2 或 3 道色环。例如,红红橙,两个红色环涂成一个宽的色环,表示 22 000 pF。

2) 电容器的检测

① 电解电容:电解电容长脚为正极,短脚为负极,在电容器表面上还印有负极标志。通常将容量的单位"μF"字母省略,如"100"表示 100 μF。

测量前应将电解电容两个管脚相碰使其放电。用指针式万用表 R×1k 或 R×100 挡,红、黑表棒接电容正、负极。接上万用表瞬间,电容充电表头指针向右摆动,摆动幅度越来越大,容量越大。随着电容的放电,表针又向左摆回,最后停在某一位置,此时的电阻值为电容器的漏电电阻。若表针停在∞处,说明该电容器正常。若表头指针返回时不到∞处,说明电容器漏电电流大,一般漏电电阻应大于 200 kΩ。漏电电阻相对小的电容器质量不好。若表针始终停在∞位置,表明电容内部已开路;若在零处,表明电容被击穿已短路。

② 无极电容

用指针式万用表 R×1k 或 R×100 挡,当两个表棒接触电容器的两个引脚时,0.1 μF 以下的小容量电容器,表头指针应指在∞处,对于容量相对较大的电容器,表头指针很快地摆动一下(容量越小,指针摆动越小),最后回到∞处。若表头指针有一定的读数,说明该电容器严重漏电,若表针在 0 Ω 位置,表明该电容器内部的介质已被击穿。

(3) 二极管、三极管

二极管、三极管的识别与检测请参照模块一项目一的任务一,这里不再赘述。

(4) 单向晶闸管的检测

单向晶闸管又名可控硅,有三个电极,即阳极 A、阴极 K 和控制极 G。用万用表测量极间电阻的方法可以判断其好坏、触发能力及管脚。

1) 管脚判别

对于单向晶闸管,只有控制极与阴极之间是一个 PN 结,具有正向导通、反向阻断特性。利用这个特性,将指针式万用表转换开关置于 R×1k,任意测量两个管脚的正反向电阻,当有两个管脚之间的电阻很小时,黑表棒所接管脚便为控制极,红表棒所接管脚为阴极,剩下的即为阳极。

2) 好坏判别

① R×100 挡,测量晶闸管阳极与阴极间正反向电阻值,正常晶闸管正反向电阻值都应在几百千欧以上,若只有几欧或几十欧,则说明晶闸管已短路损坏。

② R×10 挡或 R×1 挡位置,控制极与阴极间的正向电阻应很小(几十欧姆),反向电阻应很大(几十至几百千欧),但有时由于控制极 PN 结特性并不太理想,反向不完全呈阻断状态,故有时测得的反向电阻不是太大(几 kΩ 或几十 kΩ),这并不能说明控制极特性不好。测试时,如果控制极与阴极间的正反向电阻都很小(接近零)或极大,说明晶闸管已损坏。

3) 触发能力

触发能力检测步骤如下:

① 将万用表量程拨至 R×1 挡,将黑表棒接阳极,红表棒接阴极,记下表针位置。

② 然后用一导线或通过开关将晶闸管阳极与控制极短路一下(这相当于给控制极加上控制电压),晶闸管导通,表针读数为几欧至几十欧。

③ 再把导线断开,若读数不变,说明晶闸管良好。

本法仅适用于小容量晶闸管,对于中容量和大容量晶闸管可在万用表 R×1 挡上再串联一两节 1.5 V 电池测试。

(5) 集成电路

在半导体基片上制成的整体电路称为集成电路。集成电路具有体积小、功耗低、性能好、可靠性高等优点。因此集成电路得到了广泛的应用。

1) 集成电路的分类

① 按功能分为模拟集成电路和数字集成电路。

② 按集成度分为小规模、中规模、大规模和超大规模集成电路。集成度是指单位面积的芯片上所包含的电子元器件的数目。一般来说，芯片上的集成度为100个元件或小于10个门电路的称为小规模集成电路；集成度为100～1 000个元件或10～100个门电路的集成电路称为中规模集成电路；集成度在1 000个元件以上或100个门电路以上的集成电路称为大规模集成电路；集成度在10万个元件以上或1万个门电路以上的集成电路称为超大规模集成电路；元件数超过$10^7$以上的集成电路称为特大规模集成电路。

2）CD4011集成电路

CD4011是4个2输入端的与非门，如图5－1－5所示，工作电压为3～18 V。其逻辑功能如下：

$$J=\overline{AB}, \quad K=\overline{CD}, \quad L=\overline{EF}, \quad M=\overline{GH}$$

（6）传声器

传声器的作用是利用空气媒介把信号转换成电信号的器件，俗称话筒，又称麦克风微声器。其工作原理就是通过膜片接收声波，把它变成相应的机械振动，然后通过力-电转换器由机械振动产生相应的电信号。

传声器的种类很多，按换能原理来分可分为静电传声器、压电式传声器和电动式传声器等，静电传声器又可分为电容传声器和驻极体式传声器；按阻抗分可分为低阻抗传声器（约200 Ω）、中阻抗传声器（500 Ω～5 kΩ）和高阻抗传声器（25～150 kΩ）。

判别驻极体式传声器性能好坏的方法如下：把万能表置R×100挡，将红表棒接外壳（S），黑表棒接信号端（D），这时对着驻极体式传声器吹气，若表针有摆动则说明该驻极体式传声器良好，摆动越大灵敏度越高。驻极体式传声器的图形符号如图5－1－6所示。

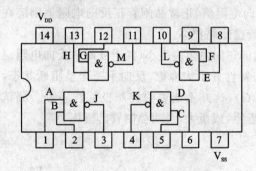

图 5－1－5　CD4011 集成电路

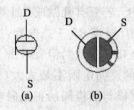

D—接信号高电平输出端；
S—接信号地端（外壳）

图 5－1－6　驻极体式传声器的图形符号

2. 焊接技术

焊接是电子产品组装的主要任务，是电子电路检修的基本技能。焊接质量取决于4个条件：焊接工具、焊料、焊剂、焊接工艺。

（1）焊接工具

电烙铁是焊接的主要工具，直接影响着焊接的质量。其握法有正握法、反握法、笔握法三种。要根据不同的焊接对象选择不同功率的电烙铁。焊接集成电路一般可用25 W的，电路面积较大时可选用45 W或更大功率的。焊接CMOS电路一般选用20 W内热式电烙铁，而且外壳要连接良好的接地线，它的烙铁头一般都经电镀，可以直接使用。外热式电烙铁的烙铁头一般是实心紫铜制成，新烙铁头在使用前要用锉刀锉去烙铁头表面的氧化物，然后再接通电源,待烙铁头加热到颜色发紫时,再用含松香的焊锡丝摩擦烙铁头,使烙铁头挂上一层薄锡,这就是新烙铁头的上锡工作。对于旧烙铁头,随着使用时间的延长,工作面不断损耗,表面会变得凹凸不平,如果继续使用下去,会使热效率下降并产生各种焊接质量问题。这时需要把烙铁头取下,夹到台钳上用平锉锉去缺口和氧化物并修成自己所需要的形状。一般情况下,对烙铁头的形状要求并不严格,只是焊接精细易损器件时最好选用锥形。外热式烙铁头的长短是可以调整的,烙铁头越短,烙铁尖的温度就越高,反之温度越低,在操作中可根据实际需要灵活掌握。

(2)焊 料

在电子产品装配中,一般都选用铅锡系列焊料,俗称焊锡,焊锡是一种锡铅合金。在锡中加入铅后可获得锡与铅都不具有的优良特性。锡的熔点为 232℃,铅为 327℃。铅锡比例为60:40的焊锡,其熔点只有 190℃ 左右,非常便于焊接。锡铅合金的特性优于锡、铅本身,机械强度是锡、铅本身的 2~3 倍,而且降低了表面张力和黏度,从而增大了流动性,提高了抗氧化能力。市面上出售的焊锡丝有两种:一种是将焊锡做成管状,管内填有松香,称松香焊锡丝,使用这种焊锡丝时可以不加助焊剂。另一种是无松香的焊锡丝,焊接时要加助焊剂。

(3)焊 剂

焊剂的功能是清除被焊件表面的氧化物和杂质,防止焊点和焊料在焊接过程中被氧化,帮助焊料流动以及帮助把热量从烙铁头传递到焊料上和被焊件表面。通常用的焊剂有松香和松香酒精溶液。后者是用 1 份松香粉末和 3 份酒精(无水乙醇)配制而成,焊接效果比前者好。还有一种焊剂是焊油膏,在电子电路的焊接中,一般不使用它,因为它是酸性焊剂,对金属有腐蚀作用。如果确实需要它,焊接后应立即用溶剂将焊点附近清洗干净。

(4)焊接工艺

对于初学者来说,首先要求焊接牢固、无虚焊,因为虚焊会给电路造成严重的隐患,给调试工作带来很多麻烦。其次是焊点的大小、形状及表面粗糙度等。手工锡焊的基本操作方法如下:

1)焊接操作姿势与卫生

焊剂加热挥发出的化学物质对人体是有害的,如果操作时鼻子距离烙铁头太近,则很容易将有害气体吸入。一般烙铁离开鼻子的距离应至少不小于 30 cm,通常以 40 cm 时为宜。

电烙铁拿法有 3 种,如图 5-1-7 所示。反握法(见图 5-1-7(a))动作稳定,长时间操作不宜疲劳,适于大功率烙铁的操作。正握法(见图 5-1-7(b))适于中等功率烙铁或带弯头电烙铁的操作。一般在操作台上焊印制板等焊件时多采用握笔法(见图 5-1-7(c))。

焊锡丝一般有两种拿法,如图 5-1-8 所示。图 5-1-8(a)为连续锡焊时的拿法,图 5-1-8(b)为断续锡焊时的拿法。由于焊锡丝成分中,铅占一定比例,众所周知铅是对人体有害的重金属,因此操作时应戴手套或操作后洗手。

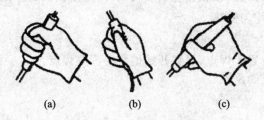

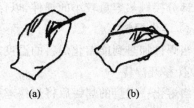

(a)          (b)          (c)                    (a)          (b)

图 5-1-7 电烙铁的握法              图 5-1-8 焊锡丝的拿法

使用电烙铁要配置烙铁架,一般放置在工作台右前方,电烙铁用后一定要稳放在烙铁架上,并注意导线等物不要碰烙铁头。

2) 五步法训练

不少电子爱好者采用通行的一种焊接操作法,即先用烙铁头沾上一些焊锡,然后将电烙铁放到焊点上停留等待加热后焊锡润湿焊件。这种方法虽然也可以将焊件焊起来,但却不能保证质量。如图5-1-9所示,当把焊锡融化到烙铁头上时,焊锡丝中的焊剂伏在焊料表面,由于烙铁头温度一般都在250~350 ℃以上,当烙铁放到焊点之前,松香焊剂将不断挥发,而当烙铁放到焊点上时由于焊件温度低,加热还需一段时间,在此期间

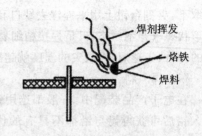

图5-1-9 焊剂在烙铁上挥发

助焊剂很可能挥发大半甚至完全挥发,因而在润湿过程中由于缺少焊剂而润湿不良。同时由于焊料和焊件温度差很多,结合层不容易形成,很难避免虚焊。另外,由于焊剂的保护作用丧失后焊料容易氧化,质量得不到保证。

正确的方法应该为五步法,如图5-1-10所示。图5-1-10(a)为准备施焊,图5-1-10(b)为加热焊件,图5-1-10(c)为熔化焊料,图5-1-10(d)为移开焊锡,图5-1-10(e)为移开烙铁。

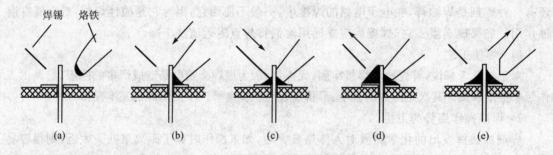

(a)　　　　　(b)　　　　　(c)　　　　　(d)　　　　　(e)

图5-1-10 焊接五步法

① 准备施焊

准备好焊锡丝和烙铁。此时特别强调的是烙铁头部要保持干净,即可以沾上焊锡(俗称吃锡)。

② 加热焊件

将烙铁接触焊接点,注意首先要保持烙铁加热焊件各部分,例如印制板上引线和焊盘都使之受热,其次要注意让烙铁头的扁平部分(较大部分)接触热容量较大的焊件,烙铁头的侧面或边缘部分接触热容量较小的焊件,以保持焊件均匀受热。

③ 熔化焊料

当焊件加热到能熔化焊料的温度后将焊丝置于焊点,焊料开始熔化并润湿焊点。

④ 移开焊锡

当熔化一定量的焊锡后将焊锡丝移开。

⑤ 移开烙铁

当焊锡完全润湿焊点后移开烙铁,注意移开烙铁的方向应该是大致45°的方向。

　　上述过程,对一般焊点而言大约需要两三秒钟。对于热容量较小的焊点,例如印制电路板上的小焊盘,有时用三步法概括操作方法,即将上述步骤②与③合为一步,步骤④与⑤合为一步。实际上细微区分还是五步,所以五步法有普遍性,是掌握手工烙铁焊接的基本方法。特别是各步骤之间停留的时间,对保证焊接质量至关重要,只有通过实践才能逐步掌握。

　　3) 绝缘导线端头的加工处理

　　导线及绝缘导线在接入电路前必须对端头进行加工处理,这样才能保证引线在接入电路后,不致因端头问题产生导电不良或经受不住一定的拉力而产生断头。导线端头加工有以下几个步骤:按所需长度截断导线;按导线连接的方式(如搭焊连接、钩焊连接和绕焊连接)决定削头长度;对多股线捻头处理;最后是上锡。

　　4) 拆　焊

　　设备调试和日常维修工作中,经常需要更换一些元器件。如果拆卸方法不得当,不仅会损坏印刷电路板,还会使换下来并没有失效的元器件无法重新使用。一般电阻、电容、晶体二极管和三极管等的引脚不多,且每个引线能相对活动,这类元器件可用电烙铁直接拆焊。方法是将电路板竖立起来夹住,一边用烙铁加热待拆元件的焊点,另一边用镊子或尖嘴钳夹住元器件引线轻轻拔出。重新焊接时,需将焊元件的焊孔中焊锡熔化,用针或锥子将孔扎通。需要指出的是,这种方法不宜在一个焊点处多次使用,因为印刷电路板的印刷导线和焊孔经反复加热后很容易脱落而损坏。

　　当需要拆下多个焊点且引线较硬的元器件时,以上方法就不行了,例如要拆集成电路块、收音机的中频变压器等。一般常采用如下方法:

　　① 选用合适的医用空心针头拆焊

　　医用空心针头用钢锉锉平,作为拆焊的工具。具体的方法是:一边用烙铁熔化焊点,一边把针头套在被焊的元件引线上,待焊点熔化后,将针头迅速插入电路板的孔内,使元器件的引线脚与电路板的焊点孔分开,反复进行,直至元器件所有引线脚与电路板的焊点孔全部分开,轻轻取下被拆元件。

　　② 用铜编织线进行拆焊

　　将铜编织线的部分吃上松香焊剂,然后放在将要拆焊的焊点上,再把电烙铁放在铜编织线上加热焊点,待焊点上焊锡熔化后,就会被铜编织线吸去,如果焊点上的焊锡一次没有被吸干净,则可进行第二次、第三次,直至吸完为止。当编织线吸满焊锡后就不能再用,必须把已吸满焊锡的编织线部分剪去。

　　③ 用吸锡电烙铁、气囊吸锡器或专用拆焊电烙铁进行拆焊

　　这些都是拆焊专用工具,在此不作详细介绍。拆焊是一件细致的工作,不能马虎,否则将造成元器件的损坏、印刷板印刷导线的断裂及焊点脱落等不应有的损失。

　　3. 声光延时控制器的安装与调试

　　声光延时控制器电路是利用光敏电阻和驻极体话筒产生的电信号,经过一定的逻辑关系控制晶闸管的控制端,进而实现自动控制的。

　　(1) 装配步骤

　　① 认真阅读装配说明,根据材料清单清点一遍,并按照上述方法对每一个元器件进行质量判别;

　　② 弄清每一个元器件在印刷电路板上的对应位置;

③ 按照先小后大、同类元器件高度一致的原则，先装焊电阻、电容、二极管，让它们尽量贴近电路板（距电路板 1～2 mm）；

④ 装焊单向可控硅 T 和集成块插座（注意方向）；

⑤ 装焊光敏电阻 $R_7$（注：引脚要留够一定长度）、驻极体话筒 MK（可用两引线引出，按极性焊接到电路板上）引出导线；

⑥ 对应插上集成块，认真检查电路板上的元器件有无虚假错焊和拖锡短路现象，经确认无误后可进行功能演示。

（2）功能演示示意图（用声光控延时控制器控制白炽灯）

如图 5-1-11 所示，演示时将专用线的鳄鱼夹夹牢开关 A、B 两点引出的导线，把开关放入暗盒里，再将专用线的插头接入声光控制开关演示插座板的插座上，然后合上漏电保护开关，轻敲暗盒，对应的灯应亮。

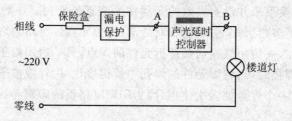

**图 5-1-11 功能演示示意图**

**四、实训报告**

总结实训的收获和体会。

## 任务二 收音机的安装与调试

**一、任务目标**

（1）分析并读懂收音机电路图，对照原理图看懂接线电路图。

（2）掌握电子元器件的识别及质量检验。

（3）掌握调幅收音机的安装、调试及故障处理方法。

**二、任务分析**

HX108-2 七管半导体收音机，采用全硅管标准二级中放电路，用两只二极管正向压降稳压电路，稳定从变频、中频到低放的工作电压，不会因为电池电压降低而影响接收灵敏度，使收音机仍能正常工作，本机体积小巧，外观精致，便于携带。

1. 技术指标

频率范围：525～1 605 kHz

中频频率：465 kHz

灵敏度：≤2 mV/m　S/N　20 dB

扬声器：$\phi$57 mm　8 Ω

输出功率：50 mW

电源：3 V（2 节 5 号电池）

2. 工作原理

工作方框图如图 5-1-12 所示，工作原理图如图 5-1-13 所示。在图 5-1-13 中，当调

幅信号感应到 $B_1$ 及 $C_1$ 组成的天线调谐回路,选出所需的电信号 $f_1$ 进入 $V_1$(9018)三极管基极;本振信号调谐在高出 $f_1$ 频率一个中频的 $f_2$($f_1$＋465 kHz),例:$f_1$＝700 kHz 则 $f_2$＝(700＋465)kHz＝1 165 kHz,进入 $V_1$ 发射极,由 $V_1$ 三极管进行变频,通过 $B_3$ 选取出 465 kHz 中频信号,经 $V_2$ 和 $V_3$ 二级中频放大,进入 $V_4$ 检波管,检出音频信号,经 $V_5$(9014)低频放大并由 $V_6$、$V_7$ 组成功率放大器进行功率放大,推动扬声器发声。图中 $D_1$、$D_2$(1N4148)组成(1.3±0.1)V 稳压,固定变频、一中放、二中放、低放的基极电压,稳定各级工作电流,以保持灵敏度。$V_4$(9018)三极管 PN 结用作检波。$R_1$、$R_4$、$R_6$、$R_{10}$ 分别为 $V_1$、$V_2$、$V_3$、$V_5$ 的工作点调整电阻,$R_{11}$ 为 $V_6$、$V_7$ 功放级的工作点调整电阻,$R_8$ 为中放的 AGC 电阻,$B_3$、$B_4$、$B_5$ 为中周(内置谐振电容),既是放大器的交流负载,又是中频选频器,该机的灵敏度、选择性等指标靠中频放大器保证。$B_6$、$B_7$ 为音频变压器,起交流负载及阻抗匹配的作用。

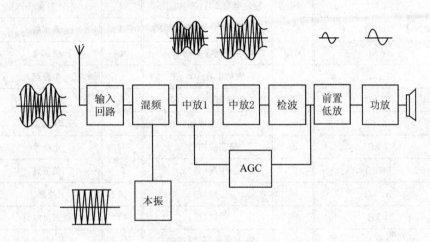

图 5－1－12　工作方框图

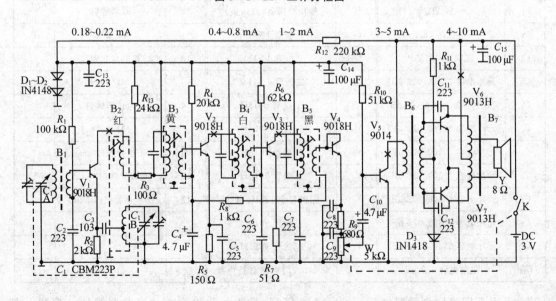

"×"为集电极电流测试点,电流参考值见图上方

图 5－1－13　HX108－2 七管半导体收音机原理图

本任务所需仪器:万用表、高频信号发生器、调幅收音机套件、电烙铁、斜口钳、尖嘴钳、镊子、螺丝刀等。

### 三、任务实施过程

1. 检查元器件数量和质量

(1) 按表5-1-2所列材料清单清点全套零件,分类放好。

表5-1-2 HX108-2收音机套件材料清单

| 元器件标号目录 | | | | 结构件清单 | | |
|---|---|---|---|---|---|---|
| 标 号 | 名称规格 | 标 号 | 名称规格 | 序 号 | 名称规格 | 数 量 |
| $R_1$ | 电阻 100 kΩ | $C_{11}$ | 元片电容 223(0.022 μF) | 1 | 前框 | 1 |
| $R_2$ | 2 kΩ | $C_{12}$ | 元片电容 223(0.022 μF) | 2 | 后盖 | 1 |
| $R_3$ | 100 Ω | $C_{13}$ | 元片电容 223(0.022 μF) | 3 | 周率板 | 1 |
| $R_4$ | 20 kΩ | $C_{14}$ | 电解电容 100 μF | 4 | 调谐盘 | 1 |
| $R_5$ | 150 Ω | $C_{15}$ | 电解电容 100 μF | 5 | 电位盘 | 1 |
| $R_6$ | 62 kΩ | $B_1$ | 磁棒 B5×13×55 | 6 | 磁棒支架 | 1 |
| $R_7$ | 51Ω | | 天线线圈 | 7 | 印制板 | 1 |
| $R_8$ | 1 kΩ | $B_2$ | 振荡线圈(红) | 8 | 正极片 | 2 |
| $R_9$ | 680 Ω | $B_3$ | 中周(黄) | 9 | 负极簧 | 2 |
| $R_{10}$ | 51 kΩ | $B_4$ | 中周(白) | 10 | 拎带 | 1 |
| $R_{11}$ | 1 kΩ | $B_5$ | 中周(黑) | 11 | 调谐盘螺钉 | |
| $R_{12}$ | 220 Ω | $B_6$ | 输入变压器(绿或蓝) | | 沉头 M2.5×4 | 1 |
| $R_{13}$ | 24 kΩ | $B_7$ | 输出变压器(红或黄) | 12 | 双联螺钉 | |
| W | 电位器 5kΩ | $D_1$ | 二极管 1N4148 | | M2.5×5 | 2 |
| $C_1$ | 双联 CBM223P | $D_2$ | 二极管 1N4148 | 13 | 机芯自攻螺钉 | |
| $C_2$ | 元片电容 223(0.022 μF) | $D_3$ | 二极管 1N4148 | | M2.5×6 | |
| $C_3$ | 元片电容 103(0.01 μF) | $V_1$ | 三极管 9018G | 14 | 电位器螺钉 | |
| $C_4$ | 元片电容 223(0.022 μF) | $V_2$ | 三极管 9018H | | M1.7×4 | 1 |
| $C_5$ | 元片电容 223(0.022 μF) | $V_3$ | 三极管 9018H | 15 | 正极导线(9 cm) | 1 |
| $C_6$ | 元片电容 223(0.022 μF) | $V_4$ | 三极管 9018H | 16 | 负极导线(10 cm) | 1 |
| $C_7$ | 元片电容 223(0.022 μF) | $V_5$ | 三极管 9013H(9014) | 17 | 扬声器导线(10 cm) | 2 |
| $C_8$ | 元片电容 223(0.022 μF) | $V_6$ | 三极管 9013H | | | |
| $C_9$ | 元片电容 223(0.022 μF) | $V_7$ | 三极管 9013H | | | |
| $C_{10}$ | 电解电容 4.7 μF | Y | 0.5(0.25)W、8 Ω 扬声器 | | | |

(2) 用万用表检测元器件如表5-1-3所列,具体一些检测方法可参照模块一项目一任务一和本模块项目一任务一,将测量结果填入自拟的表格中并写入实训报告。

表 5 - 1 - 3 用万用表初步检测元器件好坏

| 类 别 | 测量内容 | 万用表量程 |
|---|---|---|
| 电阻器 | 电阻值 | ×10、×100、×1k |
| 电位器 | 开关通断、固定电阻、可调电阻如图 5 - 1 - 14 所示 | ×1k |
| 电容器 | 电容绝缘电阻,电解电容正反向充放电,可变电容器是否有碰片、漏电现象如图 5 - 1 - 15 所示 | ×1k |
| 三极管 | 发射结、集电结正反向电阻;放大倍数 9018G(80~100)、9018H(97~146)、9014C(200~600)、9013H(144~202) | ×1k、$h_{FE}$ |
| 二极管 | 正、反向电阻 | ×1k |
| 中周 | 红 4Ω 0.4Ω 0.3Ω  黄 2Ω 4Ω 0.3Ω  白 1.8Ω 3.8Ω 0.4Ω  黑 2Ω 4.5Ω 1Ω 初次级之间的电阻为无穷大 | ×1 |
| 输入变压器 (绿或蓝) | 220Ω 90Ω 90Ω 初次级之间的电阻为无穷大 | ×1 |
| 输出变压器 (红或黄) | 90Ω 0.4Ω 90Ω 1Ω 0.4Ω 自耦变压器无初次级 | ×1 |

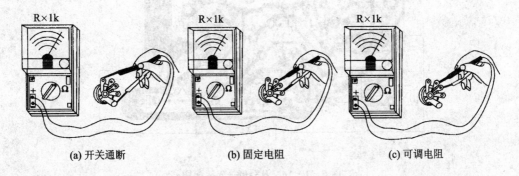

(a) 开关通断　　　(b) 固定电阻　　　(c) 可调电阻

图 5 - 1 - 14 电位器检测

2. 焊接前的准备

(1) 烙铁的使用及焊接技术参照本模块项目一中的任务,这里不再赘述。

(2) 对元器件引线或引脚进行镀锡处理。注意:镀锡层未氧化(可焊性好)时可以不再处理。

(3) 检查印制板的铜箔线条是否完好,有无断线及短路,特别要注意板的边缘是否完好。

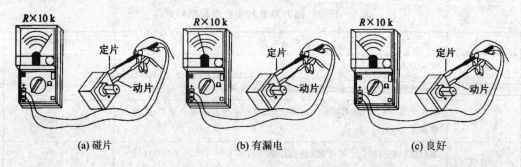

(a) 碰片　　　　　　　　(b) 有漏电　　　　　　　　(c) 良好

图 5 - 1 - 15　可变电容器的检测

3. 元器件安装步骤及注意事项

元器件安装质量及顺序直接影响整机的质量与功率,合理的安装需要思考和经验。特别提示:按照图 5 - 1 - 16 所示装配图正确插入元件,所有元器件高度不得高于中周的高度。每次焊接完一部分元器件,均应检查一遍焊接质量及是否有错焊、漏焊,发现问题及时纠正。这样可保证焊接收音机的一次成功而进入下道工序。

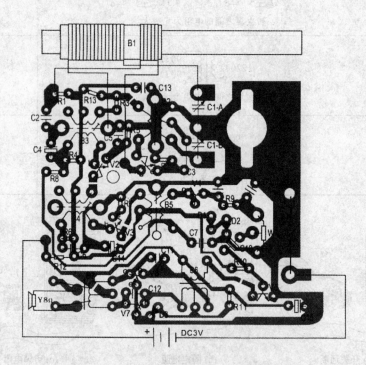

图 5 - 1 - 16　HX108 - 2 装配图

(1) 电阻、二极管

电阻、二极管采用立式插法,如图 5 - 1 - 17 所示,安装时电阻的有效色环朝上,二极管注意极性。

(2) 元片电容

一共有 10 个元片,首先安装 $C_3$(103 或 0.01 μF),然后再装其他 9 个瓷片电容(223 或 0.022 μF),以防搞错而影响本振电路的起振。

（3）三极管

三极管 9018、9013 的管脚如图 5 - 1 - 18 所示。$V_1$、$V_2$、$V_3$、$V_4$ 为 9018，$V_5$ 为 9013 或 9014，选两个 $\beta$ 相近的 9013 作为功放管 $V_6$、$V_7$。注意：9018 与 9013 不能调换位置，管脚 e、b、c 也不能搞错。

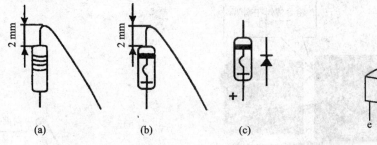

图 5 - 1 - 17　立式插法

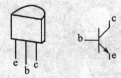

图 5 - 1 - 18　三极管的管脚

（4）中周、输入/输出变压器

红色中周 $B_2$、黄色中周 $B_3$、白色中周 $B_4$、黑色中周 $B_5$ 不能调换位置。红色中周 $B_2$ 插件外壳应弯脚与铜箔焊牢，否则会造成卡调谐盘。中周外壳均要焊牢，特别是黄色中周 $B_3$ 外壳一定要焊牢（接地）。

输入（绿色或蓝色）变压器与输出（红色或黄色）变压器不能调换位置。

（5）电位器、电解电容

将电位器组合件焊接在电路板指定位置，电位器一共要焊 5 个焊点，开关通断那两个焊点不要漏焊。电解电容应紧贴底板安装，并注意极性不要装反。

（6）装大件

① 双联可调电容（双联）

将双联 CBM - 223P 安装在印刷电路板正面，将天线组合件上的支架插入印刷电路板反面双联上，然后用两只 M2.5×5 螺钉固定，如图 5 - 1 - 9 所示。并将双联引脚超出电路板部分弯脚后焊牢，否则会造成卡调谐盘。

② 天线线圈

天线线圈 1 端焊接于双联 CA - 1 端，天线线圈 2 端焊双联中点地，天线线圈 3 端焊 $V_1$ 基极（b），天线线圈 4 端焊 $R_1$、$C_2$ 公共点。注意：初级与次级线圈不要搞错，如图 5 - 1 - 19 所示。

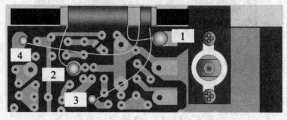

图 5 - 1 - 19　天线线圈安装

（7）电池夹线、喇叭引线

将负极弹簧、正极片安装在塑壳上，焊好连接点及黑色、红色引线，按图纸要求将正极

(红)、负极(黑)电源线分别焊在线路板的指定位置,如图 5-1-20 所示。

　　将喇叭安装于前框,用一个小起子靠带钩固定脚左侧,利用突出的喇叭定圆弧的内侧为支点,将其导入带钩压脚固定,如图 5-1-21 所示。按图纸要求分别将两根白色或黄色导线焊在喇叭与线路板上,如图 5-1-20 所示。

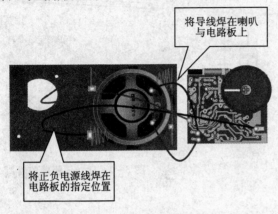

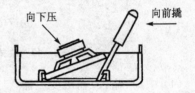

图 5-1-20　电池夹线、喇叭引线安装　　　　　　图 5-1-21　喇叭安装

### 4. 调　试

（1）检查与试听

　　收音机装配焊接完成后,检查元件有无装错位置,焊点是否脱焊、虚焊、漏焊。所焊元件有无短路或损坏。发现问题要及时修理、更正。

　　用万用表测量整机工作点及工作电流。如图 5-1-22 所示,$I_{c1}=0.18\sim0.22$ mA,$I_{c2}=0.4\sim0.8$ mA,$I_{c3}=1\sim2$ mA,$I_{c5}=2\sim5$ mA,$I_{c6}=I_{c7}=4\sim10$ mA。从后级往前级检测每级的开口工作电流,每测一级满足要求,即可将该级开口封闭,如果所有都满足要求即可进行收台试听。

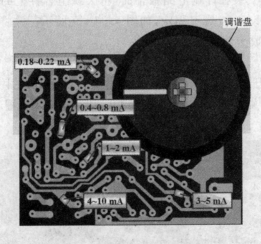

图 5-1-22　连接测试开口

　　在试听前将调谐盘安装在双连轴上,用 M2.5×4 螺钉固定,注意调谐盘指示方向如图 5-1-22 所示。另外,将周率板背面双面胶保护纸撕去(见图 5-1-23(a)),将周率板正面保护膜撕去(见图 5-1-23(b)),然后贴于前框正面,注意要贴装到位(见图 5-1-23(c))。

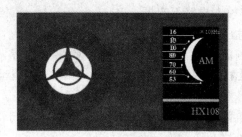

(a) 周率板背面　　　(b) 周率板正面　　　　　　　(c) 前框正面

图 5-1-23　周率板安装

（2）调整中频频率

本套件所提供的中频变压器（中周）出厂时都已调整在 465 kHz（一般调整范围在半圈左右），因此调整工作较简单。打开收音机，随便在高端找一个电台，先从 $B_5$ 开始，然后 $B_4$、$B_3$ 用无感螺丝刀（可用塑料、竹条或者不锈钢制成）向前顺序调节，调节到声音响量为止。由于自动增益控制作用，人耳对音响变化不易分辨，收听本地电台当声音已调节器到很响时，往往不易调精确，这时可以改收较弱的外地电台或者转动磁性天线方向以减小输入信号，再调到声音最响为止。按上述方法从后向前的次序反复细调两三遍至最佳音效即告完成。

（3）调整频率范围（对刻度）

① 调低端：在 550～700 kHz 范围内选一下电台。例如中央人民广播电台 640 kHz，参考调谐盘指针在 640 kHz 的位置，调整振荡线圈 $B_2$（红色）的磁芯，便收到这个电台，并调节到声音较大。这样当双联全部旋进容量最大时的接收频率约在 525～530 kHz 附近，低端刻度就对准了。

② 调高端：在 1 400～1 600 kHz 范围内选一个已知频率的广播电台，如 1 500 kHz，再将调谐盘指针指在周率板刻度 1 500 kHz 这个位置，调节振荡回路中双联顶部左上角的微调电容（CA-2），使这个电台在这位置声音最响。这样，当双联全旋出容量最小时，接收频率必定在 1 620～1 640 kHz 附近，高端就对准了。

以上步骤①与②需反复两到三次，频率刻度才能调准。

（4）统　调

利用最低端收到的电台，调整天线线圈在磁棒上的位置，使声音最响，以达到低端统调。利用最高端收听到的电台，调节天线输入回路中的微调电容（CA-1）使声音最响，以达到高端统调。为了检查是否统调好，可以采用电感量测试棒（铜铁棒）来加以鉴别。

将收音机调到低端电台位置，用测试棒铜端靠近天线线圈（$B_1$），如声音变大，则说明天线线圈电感量偏大，应将线圈向磁棒外侧稍移；用测试棒磁铁端靠近天线线圈，如果声音增大，则说明线圈电感量偏小，应增加电感量，即将线圈往磁棒中心稍加移动；用铜铁棒两端分别靠近天线线圈，如果收音机声音均变小，说明电感量正好，则电路已获得统调。

**四、安装调试中常见的问题及处理方法**

1. 常见的问题

安装调试常见的问题主要分为三个方面：

（1）静态工作电流不正常；

（2）交流通路故障；

(3) 变频电路不起振。

2. 检测修理方法

检测前提:安装正确,元器件无差错,无缺焊、错焊及虚焊。检查要领:一般由后级向前检测,先检查低功放级,再看中放和变频级。具体检测修理方法如下:

(1) 整机静态总电流测量

本机静态总电流≤25 mA,无信号时,若大于 25 mA,则该机出现短路或局部短路,无电流则电源没接上。

(2) 工作电压测量——总电压 3 V

正常情况下,$D_1$、$D_2$ 两二极管电压在$(1.3\pm0.1)$V,此电压大于 1.4 V 或小于 1.2 V 时,此机均不能正常工作。大于 1.4 V 时二极管 1N4148 可能极性接反或已坏,检查二极管。

小于 1.2 V 或无电压时,应检查:电源 3 V 是否接上;$R_{12}$电阻 220 Ω 是否接对或接好;中周(特别是白中周和黄中周)初级与其外壳是否短路。

(3) 变频级无工作电流

➤ 无线线圈次级未接好;

➤ $V_1$9018 三极管已坏或未按要求接好;

➤ 本振线圈(红)次级不通,$R_3$(100 Ω)虚焊或错焊接了大阻值电阻;

➤ 电阻 $R_1$(100 kΩ)和 $R_2$(2 kΩ)接错或虚焊。

(4) 一中放无工作电流

➤ $V_2$ 晶体管坏,或($V_2$)管脚插错(e、b、c 脚);

➤ $R_4$(20 kΩ)电阻未接好;

➤ 黄中周次级开路;

➤ $C_4$(4.7 μF)电解电容短路;

➤ $R_5$(150 Ω)开路或虚焊。

(5) 一中放工作电流大 1.5～2 mA(标准是 0.4～0.8 mA,见原理图)

➤ $R_8$(1 kΩ)电阻未接好或连接 1 kΩ 的铜箔有断裂现象;

➤ $C_5$(233)电容短路或 $R_5$(150 Ω)电阻错接成 51 Ω;

➤ 电位器坏,测量不出阻值,$R_9$(680 Ω)未接好;

➤ 检波管 $V_4$9018 损坏,或引脚插错。

(6) 二中放无工作电流

➤ 黑中周初级开路;

➤ 黄中周次级开路;

➤ 晶体管损坏或引脚接错;

➤ $R_7$(51Ω)电阻未接上;

➤ $R_6$(62 kΩ)电阻未接上。

(7) 二中放电流太大,大于 2 mA

$R_6$(62 kΩ)接错,阻值远小于 62 kΩ。

(8) 低放级无工作电流

➤ 输入变压器(蓝)初级开路;

➤ $V_5$ 三极管损坏或接错引脚;

➢ 电阻 $R_{10}$(51 kΩ)未接好或三极管引脚错焊。

(9) 低放级电流太大,大于 6 mA

$R_{10}$(51 kΩ)装错,电阻太小。

(10) 功放级无电流($V_6$、$V_7$管)

➢ 输入变压器次级不通;

➢ 输出变压器不通;

➢ $V_6$、$V_7$三极管损坏或接错引脚;

➢ $R_{11}$(1 kΩ)电阻未接好。

(11) 功放级电流太大,大于 20 mA

➢ 二极管 $D_4$ 损坏,或极性接反,引脚未焊好;

➢ $R_{11}$(1 kΩ)电阻装错了,用了小电阻(远小于 1 kΩ 的电阻)。

(12) 整机无声

➢ 检查电源有无加上。

➢ 音量电位器未打开。

➢ $B_3$黄中周外壳未焊好。

➢ 检查 $D_1$、$D_2$(1N4148)两端电压是否是(1.3±0.1)V。

➢ 是否静态电流≤25 mA。

➢ 检查各级电流是否正常:变频级(0.2±0.02)mA,一中放(0.6±0.2)mA,二中放(1.5±0.5)mA,低放(3±1)mA,功放(4±10)mA。说明:15 mA 左右属正常。

➢ 用万用表 R×1 挡测查喇叭,应有 8 Ω 左右的电阻,表棒接触喇叭引出接头时应有"喀喀"声,若无阻值或无"喀喀"声,说明喇叭已坏。测量时应将喇叭焊下,不可连机测量。

➢ 用 MF47 型万用表检查交流通路故障方法:用万用表 R×1 挡黑表棒接地,红表棒从后级往前寻找,对照原理图,从喇叭开始顺着信号传播方向逐级往前碰触,喇叭应发出"喀喀"声。当碰触到哪级无声时,则故障就在该级。该方法可测量工作点是否正常,并检查各元器件有无接错、焊错、塔焊和虚焊等。若在整机上无法查出该元件好坏,则可拆下检查。

➢ 判断变频级是否起振,用 MF47 型万用表直流 2.5 V 挡,正表棒接 $V_1$ 发射级,负表棒接地,然后用手摸双联振荡(即连接 $B_2$ 端),万用表指针应向左摆动,说明电路工作正常,否则说明电路中有故障。

(13) 噪声大

变频级工作电流太大。

(14) 灵敏度和选择性降低,有时有自激

中周序号位置搞错。

(15) 音量小

输入、输出变压器位置搞错,$V_6$、$V_7$集电极(c)和发射极(e)搞错,或 $V_6$、$V_7$ 只有一个管子工作。

**五、实训报告**

总结在实训中遇到哪些问题?是如何解决的?

### 六、补充 HX108－2A 晶体管收音机资料

HX108－2A 晶体管收音机是在 HX108－2 七管半导体收音机的基础上加以改进,功放部分采用了集成电路,其原理图如图 5－1－24 所示,装配图如图 5－1－25 所示,材料清单如表 5－1－4 所列。安装调试的方法与 HX108－2 类同,不再赘述。

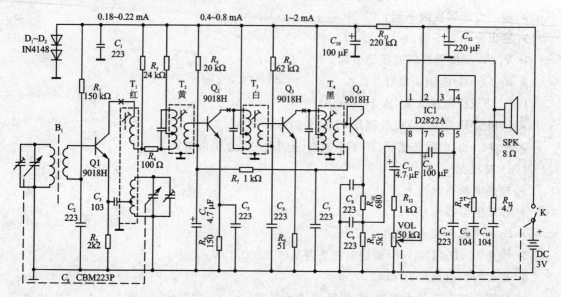

图 5－1－24　HX108－2A 晶体管收音机原理图

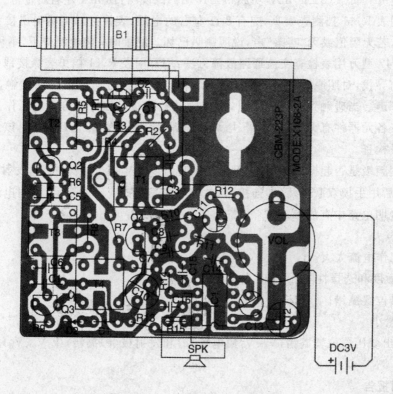

图 5－1－25　HX108－2A 装配图

表 5 - 1 - 4 HX108 - 2A 收音机套件材料清单

| 元器件位号目录 | | | | 结构件清单 | | |
|---|---|---|---|---|---|---|
| 标 号 | 名称规格 | 位 号 | 名称规格 | 序 号 | 名称规格 | 数 量 |
| $R_1$ | 电阻 150 kΩ | $C_8$ | 元片电容 223P | 1 | 前框 | 1 |
| $R_2$ | 2K2 | $C_9$ | 元片电容 223P | 2 | 后盖 | 1 |
| $R_3$ | 24 kΩ | $C_{10}$ | 电解电容 100 μF | 3 | 周率板 | 1 |
| $R_4$ | 100 | $C_{11}$ | 电解电容 4.7 μF | 4 | 调谐盘 | 1 |
| $R_5$ | 20 kΩ | $C_{12}$ | 电解电容 220 μF | 5 | 电位盘 | 1 |
| $R_6$ | 150 | $C_{13}$ | 电解电容 100 μF | 6 | 磁棒支架 | 1 |
| $R_7$ | 1 kΩ | $C_{14}$ | 元片电容 223P | 7 | 印制板 | 1 |
| $R_8$ | 62 kΩ | $C_{15}$ | 元片电容 104P | 8 | 正极片 | 1 |
| $R_9$ | 51 | $C_{16}$ | 元片电容 104P | 9 | 负极簧 | 2 |
| $R_{10}$ | 680 | B1 | 磁棒 B5X13X55 | 10 | 拎带 | 1 |
| $R_{11}$ | 5K1 | | 天线线圈 | 11 | 调谐盘螺钉 | |
| $R_{12}$ | 1 kΩ | T1 | 振荡线圈(红) | | 沉头 M2.5X4 | 1 |
| $R_{13}$ | 220 | T2 | 中周(黄) | 12 | 双联罗钉 | |
| $R_{14}$ | 4.7 | T3 | 中周(白) | | M2.5X5 | 2 |
| $R_{15}$ | 4.7 | T4 | 中周(黑) | 13 | 机芯自攻螺钉 | |
| VOL | 电位器 50K | IC1 | 集成电路 | | M2.5X6 | 1 |
| $C_0$ | 双联 CBM223P | | D2822A | 14 | 电位器螺钉 | |
| $C_1$ | 元片电容 223P | D1 | 二极管 1N4148 | | M1.7X4 | 1 |
| $C_2$ | 元片电容 223P | D2 | 二极管 1N4148 | 15 | 正极导线(10 cm) | 1 |
| $C_3$ | 元片电容 103P | Q1 | 三极管 9018H | 16 | 负极导线(10 cm) | 1 |
| $C_4$ | 电解电容 4.7 μF | Q2 | 三极管 9018H | 17 | 喇叭导线(10 cm) | 2 |
| $C_5$ | 元片电容 223P | Q3 | 三极管 9018H | 18 | 电路图、元件清单 | 1 |
| $C_6$ | 元片电容 223P | Q4 | 三极管 9018H | | | |
| $C_7$ | 元片电容 223P | SPK | 2.5 寸扬声器 8Ω | | | |

## 任务三 函数信号发生器的组装与调试

### 一、任务目标

（1）了解单片多功能集成电路函数信号发生器的功能及特点。

（2）进一步掌握波形参数的测试方法。

### 二、任务分析

1. ICL8038 原理框图

ICL8038 是单片集成函数信号发生器,其原理图如图 5 - 1 - 26 所示。它由恒流源 $I_1$ 和 $I_2$、电压比较器 A 和 B、触发器、缓冲器和三角波变正弦波电路等组成。

外接电容 $C$ 由两个恒流源充电和放电,电压比较器 A、B 的阈值分别为电源电压(即 $V_{CC}$ $+V_{EE}$)的 2/3 和 1/3。恒流源 $I_1$ 和 $I_2$ 的大小可通过外接电阻调节,但必须 $I_2 > I_1$。当触发器的输出为低电平时,恒流源 $I_2$ 断开,恒流源 $I_1$ 给 $C$ 充电,它的两端电压 $u_C$ 随时间线性上升,当 $u_C$ 达到电源电压的 2/3 时,电压比较器 A 的输出电压发生跳变,使触发器输出由低电平变为高电平,恒流源 $I_2$ 接通,由于 $I_2 > I_1$(设 $I_2 = 2I_1$),恒流源 $I_2$ 将电流 $2I_1$ 加到 $C$ 上反充电,相当于 $C$ 由一个净电流 $I$ 放电,$C$ 两端的电压 $u_C$ 又转为直线下降。当它下降到电源电压的 1/3 时,电压比较器 B 的输出电压发生跳变,使触发器的输出由高电平跳变为原来的低电平,恒流源 $I_2$ 断开,$I_1$ 再给 $C$ 充电。如此周而复始,产生振荡。若调整电路,使 $I_2 = 2I_1$,则触发器输出为方波,经反相缓冲器由引脚⑨输出方波信号。$C$ 上的电压 $u_C$ 上升与下降时间相等,为三角波,经电压跟随器从引脚③输出三角波信号。将三角波变成正弦波是经过一个非线性的变换网络(正弦波变换器)得以实现,在这个非线性网络中,当三角波电位向两端顶点摆动时,网络提供的交流通路阻抗会减小,这样就使三角波的两端变为平滑的正弦波,从引脚②输出。

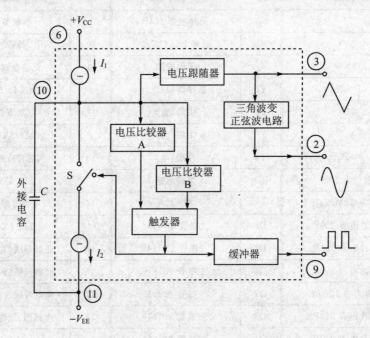

**图 5 - 1 - 26　ICL8038 原理框图**

2. ICL8038 引脚功能图

ICL8038 引脚功能图如图 5 - 1 - 27 所示。

电源电压 $\begin{cases} 单电源 10\sim30\ \mathrm{V} \\ 双电源\pm5\sim\pm15\ \mathrm{V} \end{cases}$

3. 函数信号发生器电路

函数信号发生器电路如图 5 - 1 - 28 所示。

本任务所需仪器:±12 V 直流电源、双踪示波器、频率计、数字万用表、面包板、集成芯片 ICL8038、晶体三极管 3DG12×1(9013)、电位器、电阻器、电容器等。

**三、任务实施过程**

(1) 按图 5 - 1 - 28 所示的电路图组装电路,取 $C = 0.01\ \mu\mathrm{F}$,$W_1$、$W_2$、$W_3$、$W_4$ 均置中间

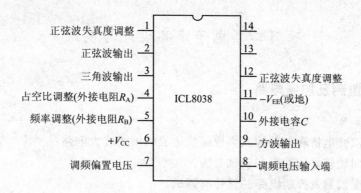

**图 5 - 1 - 27　ICL8038 引脚图**

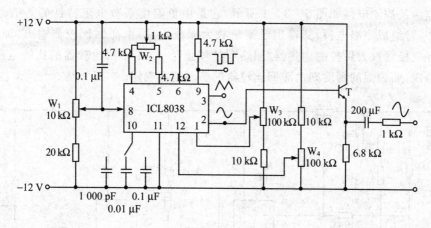

**图 5 - 1 - 28　ICL8038 构成的函数信号发生器电路**

位置。

（2）调整电路,使其处于振荡,产生方波,通过调整电位器 $W_2$,使方波的占空比达到 50%。

（3）保持方波的占空比为 50% 不变,用示波器观测 8038 正弦波输出端的波形,反复调整 $W_3$ 和 $W_4$,使正弦波不产生明显的失真。

（4）调节电位器 $W_1$,使输出信号从小到大变化,记录引脚 8 的电位及测量输出正弦波的频率,列表记录。

（5）改变外接电容 $C$ 的值（取 $C=0.1\ \mu F$ 或 1 000 pF）,观测 3 种输出波形,并与 $C=0.01\ \mu F$ 时测得的波形作比较,有何结论？

（6）改变电位器 $W_2$ 的值,观测 3 种输出波形,有何结论？

（7）如有失真度测试仪,则分别测出 $C$ 为 $0.1\ \mu F$、$0.01\ \mu F$ 和 1 000 pF 时的正弦波失真系数 $r$ 值（一般要求该值小于 3%）。

**四、实训报告**

（1）分别画出 $C=0.1\ \mu F$,$C=0.01\ \mu F$ 和 $C=1\ 000$ pF 时所观测到的方波、三角波和正弦波的波形图,从中得出什么结论？

（2）列表整理 $C$ 取不同值时 3 种波形的频率和幅值。

（3）总结组装、调整函数信号发生器的心得、体会。

# 项目二　电子产品设计与调试

## 任务一　温度监测及控制电路

### 一、任务目标

(1) 学习由双臂电桥和差动输入集成运放组成的桥式放大电路。

(2) 掌握滞回比较器的性能和调试方法。

(3) 学会温度监测及控制电路的设计与调试。

### 二、任务分析

温度监测及控制电路如图 5-2-1 所示,它是由负温度系数电阻特性的热敏电阻(NTC元件)$R_t$ 为一臂组成测温电桥,其输出经测量放大器放大后,由滞回比较器输出"加热"与"停止"信号,经三极管放大后控制加热器"加热"与"停止"。改变滞回比较器的比较电压 $U_R$ 即改变控温的范围,而控温的精度则由滞回比较器的滞回宽度确定。

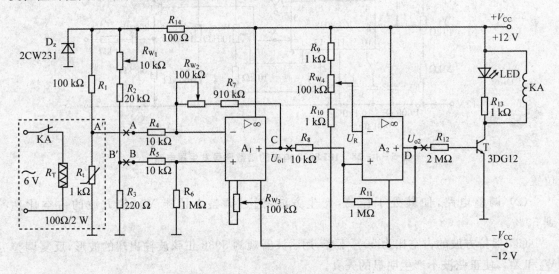

**图 5-2-1　温度监测及控制电路**

1. 测温电桥

由 $R_1$、$R_2$、$R_3$、$R_{W_1}$ 及 $R_t$ 组成测温电桥,其中 $R_t$ 是温度传感器。其呈现出的阻值与温度成线性变化关系且具有负温度系数,而温度系数又与流过它的工作电流有关。为了稳定 $R_t$ 的工作电流,达到稳定其温度系数的目的,设置了稳压管 $D_z$。$R_{W_1}$ 可决定测温电桥的平衡。

2. 差动放大电路

由 $A_1$ 及外围电路组成的差动放大电路将测温电桥输出电压 $\Delta U$ 按比例放大。其输出电压

$$U_{o1} = -\left(\frac{R_7 + R_{W_2}}{R_4}\right)U_A + \left(\frac{R_4 + R_7 + R_{W_2}}{R_4}\right)\left(\frac{R_6}{R_5 + R_6}\right)U_B$$

当 $R_4 = R_5$,$(R_7 + R_{W_2}) = R_6$ 时

$$U_{o1} = \frac{R_7 + R_{W_2}}{R_4}(U_B - U_A)$$

$R_{W_3}$ 用于差动放大器调零。

由此可见,差动放大电路的输出电压 $U_{o1}$ 仅取决于两个输入电压之差和外部电阻的比值。

3. 滞回比较器

滞回比较器的单元电路如图 5-2-2 所示,设比较器输出高电平为 $U_{oH}$,输出低电平为 $U_{oL}$,参考电压 $U_R$ 加在反相输入端。

当输出为高电平 $U_{oH}$ 时,运放同相输入端电位

$$u_{+H} = \frac{R_F}{R_2 + R_F}U_i + \frac{R_2}{R_2 + R_F}U_{oH}$$

当 $U_i$ 减小到使 $u_{+H} = U_R$,即

$$U_i = U_{TL} - \frac{R_2 + R_F}{R_F}U_F - \frac{R_2}{R_F}U_{oH}$$

此后,$U_i$ 稍有减小,输出就从高电平跳变为低电平。

当输出为低电平 $U_{oL}$ 时,运放同相输入端电位

$$u_{+L} = \frac{R_F}{R_2 + R_F}U_i + \frac{R_2}{R_2 + R_F}U_{oL}$$

当 $U_i$ 增大到使 $u_{+L} = U_R$,即

$$U_i = U_{TH} = \frac{R_2 + R_F}{R_F}U_R - \frac{R_2}{R_F}U_{oL}$$

此后,$U_i$ 稍有增加,输出又从低电平跳变为高电平。

因此 $U_{TL}$ 和 $U_{TH}$ 为输出电平跳变时对应的输入电平,常称 $U_{TL}$ 为下门限电平,$U_{TH}$ 为上门限电平,而两者的差值

$$\Delta U_T = U_{TR} - U_{TL} = \frac{R_2}{R_F}(U_{oH} - U_{oL})$$

称为门限宽度,它们的大小可通过调节 $R_2/R_F$ 的比值来调节。

图 5-2-3 为滞回比较器的电压传输特性。

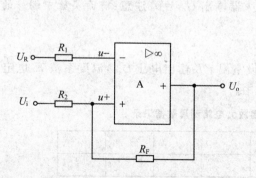

图 5-2-2 同相滞回比较器

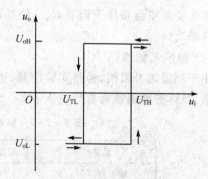

图 5-2-3 电压传输特性

由上述分析可见,图 5-2-1 中差动放大器输出电压 $U_{o1}$ 经分压后作为 $A_2$ 组成的滞回比较器的同相端输入信号,与反相输入端的参考电压 $U_R$ 相比较。当同相输入端的电压大于反相输入端的电压时,$A_2$ 输出正饱和电压,三极管 T 饱和导通。通过发光二极管 LED 的发光情况

可见,负载的工作状态为加热。反之,为同相输入信号小于反相输入端电压时,$A_2$输出负饱和电压,三极管 T 截止,LED 熄灭,负载的工作状态为停止。调节 $R_{W_4}$ 可改变参考电平,也同时调节了上下门限电平,从而达到设定温度的目的。

本任务所需仪器:±12 V 直流电源、函数信号发生器、双踪示波器、热敏电阻(NTC)、运算放大器 μA741×2、晶体三极管 9013(2 支)、发光管 LED、面包板。

**三、任务实施过程**

按图 5-2-1 所示连接实验电路,各级之间暂不连通,形成各级单元电路,以便各单元分别进行调试。

1. 差动放大器

差动放大电路如图 5-2-4 所示。它可实现差动比例运算。

(1)运放调零。将 A、B 两端对地短路,调节 $R_{W_3}$ 使 $U_o=0$。

(2)去掉 A、B 端对地短路线。从 A、B端分别加入不同的两个直流电平。当电路中 $R_7+R_{W_2}=R_6$,$R_4=R_5$ 时,其输出电压为

$$U_o = \frac{R_7 + R_{W_2}}{R_4}(U_B - U_A)$$

在测试时,要注意加入的输入电压不能太大,以免放大器输出进入饱和区。

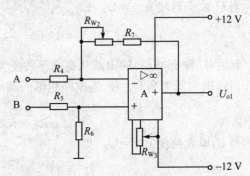

图 5-2-4 差动放大电路

(3)将 B 点对地短路,把频率为 100 Hz、有效值为 10 mV 的正弦波加入 A 点。用示波器观察输出波形。在输出波形不失真的情况下,用交流毫伏表测出 $U_i$ 和 $U_o$ 的电压。算出此差动放大电路的电压放大倍数。

2. 桥式测温放大电路

将差动放大电路的 A、B 端与测温电桥的 A′、B′端相连,构成一个桥式测温放大电路。

(1)在室温下使电桥平衡

在实验室室温条件下调节 $R_{W_1}$,使差动放大器输出 $U_{o1}=0$(**注意:**前面实验中调好的 $R_{W_3}$ 不能再动)。

(2)温度系数 $K(V/C)$

由于测温需升温槽,为使实验简易,可虚设室温 $t$ 及输出电压 $U_{o1}$,温度系数 $K$ 也定为一个常数,具体参数由读者自行填入表 5-2-1 中。

表 5-2-1 桥式测温放大电路测量数据记录

| 温度 $t$/℃ | 室温/℃ | | | | |
|---|---|---|---|---|---|
| 输出电压 $U_{o1}$/V | 0 | | | | |

由表 5-2-1 中可得到 $K=\Delta U/\Delta t$。

(3)桥式测温放大器的温度-电压关系曲线

根据前面测温放大器的温度系数 $K$ 可画出测温放大器的温度-电压关系曲线,实验时要标注相关的温度和电压的值,如图 5-2-5 所示。从图中可求得在其他温度时,放大器实际应

输出的电压值,也可得到在当前室温时,$U_{o1}$实际对应值$U_S$。

（4）重调$R_{W_1}$

使测温放大器在当前室温下输出$U_S$,即调$R_{W_1}$,使$U_{o1}=U_S$。

3．滞回比较器

滞回比较器电路如图5-2-6所示。

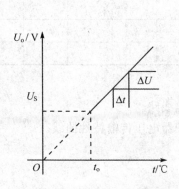

图5-2-5　温度-电压关系曲线

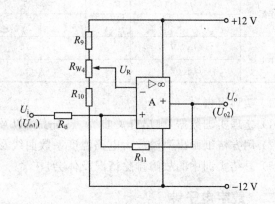

图5-2-6　滞回比较器电路

（1）直流法测试比较器的上、下门限电平

首先确定参考电平$U_R$值。调$R_{W_4}$,使$U_R=2$ V。然后将可变的直流电压$U_i$加入比较器的输入端。比较器的输出电压$U_o$送入示波器 Y 输入端(将示波器的"输入耦合方式开关"置于"DC",X 轴"扫描触发方式开关"置于"自动")。改变直流输入电压$U_i$的大小,从示波器屏幕上观察到当$U_o$跳变时所对应的$U_i$值,即为上、下门限电平。

（2）交流法测试电压传输特性曲线

将频率为100 Hz、幅度3 V的正弦信号加入比较器输入端,同时送入示波器的 X 轴输入端,作为 X 轴扫描信号。比较器的输出信号送入示波器的 Y 轴输入端。微调正弦信号的大小,可从示波器显示屏上到完整的电压传输特性曲线。

4．温度检测控制电路整机工作状况

（1）按图5-2-1所示连接各级电路。(**注意**:可调元件$R_{W_1}$、$R_{W_2}$和$R_{W_3}$不能随意变动。如有变动,必须重新进行前面的步骤)。

（2）根据所需检测报警或控制的温度$t$,从测温放大器温度-电压关系曲线中确定对应的$U_{o1}$值。

（3）调节$R_{W_4}$使参考电压$U_R'=U_R=U_{o1}$。

（4）用加热器升温,观察升温情况,直至报警电路动作报警(在实验电路中当 LED 发光时作为报警),记下动作时对应的温度值$t_1$和$U_{o11}$的值。

（5）用自然降温法使热敏电阻降温,记下电路解除时所对应的温度值$t_2$和$U_{o12}$的值。

（6）改变控制温度$t$,重新进行步骤(2)～(5)。把测试结果记入表5-2-2中。

根据$t_1$和$t_2$值,可得到检测灵敏度$t_o=(t_2-t_1)$。

**注**:实验中的加热装置可用一个100 Ω/2 W的电阻$R_T$模拟,将此电阻靠近$R_t$即可。

表5-2-2 温度检测控制电路测量数据记录

| | 设定温度 $t/℃$ | | | | | |
|---|---|---|---|---|---|---|
| 设定电压 | 从曲线上查得 $U_{o1}$ | | | | | |
| | $U_R$ | | | | | |
| 动作温度 | $t_1/℃$ | | | | | |
| | $t_2/℃$ | | | | | |
| 动作电压 | $U_{o11}/V$ | | | | | |
| | $U_{o12}/V$ | | | | | |

### 四、实训报告

(1) 整理实训数据,画出有关曲线、数据表格以及实验线路。

(2) 用方格纸画出测温放大电路温度系数曲线及比较器电压传输特性曲线。

(3) 总结实训中的故障排除情况及体会。

## 任务二  数字电子钟

### 一、任务目标

(1) 掌握数字电子钟的设计、组装及调试方法;

(2) 进一步熟悉集成电路及有关电子元器件的使用方法;

(3) 掌握综合应用各单元电路的方法及排除故障的方法。

### 二、任务分析

**1. 任  务**

(1) 用中小规模集成电路设计,并在数字电路实验箱上完成数字电子钟的组装和调试,处理所遇到的故障。

(2) 画出逻辑电路图,写出综合实训报告。

**2. 要  求**

(1) 电路具有计时功能,能够显示"时"、"分"、"秒"6位数字;

(2) 电路具有校时功能,能分别独立的校"时"和校"分";

(3) 电路具有手动清零功能。

**3. 数字电子钟整机工作原理**

数字电子钟系统框图如图5-2-7所示。

整机接通电源后,脉冲源产生频率为1 Hz的连续脉冲作为秒信号。正常工作时,所有开关均置于"正常"状态,"秒"信号送入"秒"计数器的CP输入端,秒计数器按六十进制规律进行计数;连续输入60个"秒"信号后,"秒"计数器将进位信号"分"信号送至"分"计数器的CP输入端,分计数器同样按六十进制的规律进行计数;当"分"计数器

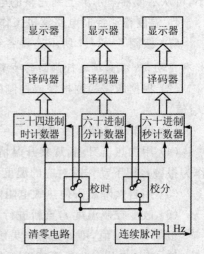

图5-2-7  数字电子钟系统框图

连续记录了 60 个脉冲后,将产生进位信号"时"信号送至"时"计数器的 CP 输入端;"时"计数器逢 24 小时复位为零,完成一天的计时。

计数器计数时,译码器将"秒"、"分"、"时"计数器输出的 8421 码译成七段数码管显示十进制所需的电信号送至 LED 数码管,由六块数码管将计数结果显示出来。

数字电子钟的校时是通过校时开关实现。分别将校"时"、校"分"开关置于"校准"状态,即可分别进行校"时"和校"分"。校时顺序应为先校"时",再校"分"。

数字电子钟的整体清零通过清零开关实现。将清零开关置于"清零"状态,可使各计数器置零,即可使时钟的"时"、"分"、"秒"全部置零。

本任务所需仪器:数字电路实验箱,集成芯片:74LS390、74LS55、74LS00、CD4511,七段 LED 共阴 0.5in 数码管等。

### 三、任务实施过程

1. 完成数字电子钟逻辑电路图的设计

(1) 秒信号发生器

可用 555 时基电路构成多谐振荡器产生频率为 1 Hz 的标准秒信号,或直接采用数字电路实验箱提供的 1 Hz 标准秒信号。

(2) 计时、校时和清零电路

用 3 片集成计数器 74LS390 分别构成"时"、"分"、"秒"计数电路。"秒"、"分"均为六十进制计数器,即显示 00～59,它们的个位为十进制,十位为六进制。"时"为二十四进制计数器,显示 00～23,个位仍为十进制,但当十位计到 2,而个位计到 4 时清零,就可实现二十四进制了。可采用异步反馈清零法进行设计。

校时电路由门电路及校"时"、校"分"开关组成。置开关在手动位置分别对"时"、"分"进行单独计数,计数脉冲由单次脉冲或连续脉冲输入。

由逻辑门电路及清零开关组成。置开关在手动位置,将清零信号送至计数器清零端。

图 5-2-8 所示为秒/分计时、校时和清零参考电路。当电路正常工作时,开关 K1 接高电平,K2 接低电平,计数器从 0～59 计数。当电路进行校时或校分时,开关 K2 接高电平。电路清零时 K1 接低电平。

二十四进制计时电路如图 5-2-9 所示。当电路正常工作时,开关 K3 接高电平,电路清零时 K3 接低电平。

(3) 译码器及显示器

译码器由 6 片 4 线-7 线译码器/驱动器 CD4511(CC4511)组成,用于将"秒"、"分"、"时"计数器输出的 8421 码译成七段数码管显示十进制所需要的驱动信号。

显示器由 6 块共阴 LED 七段显示数码管组成,根据译码器送来的驱动信号,将"秒"、"分"、"时"计数器状态显示出来。

这两部分电路在数字电路实验箱上已提供,可直接使用。

2. 用 Multisim 9 进行仿真实验

要求用 Multisim 9 对设计的单元电路秒信号发生器、计数器进行模拟、分析和验证。

3. 安装调试

数字电子钟整体电路如图 5-2-10 所示,在数字电路实验箱上完成数字电子钟的组装、调试及功能验证,并须在规定的时间内完成。

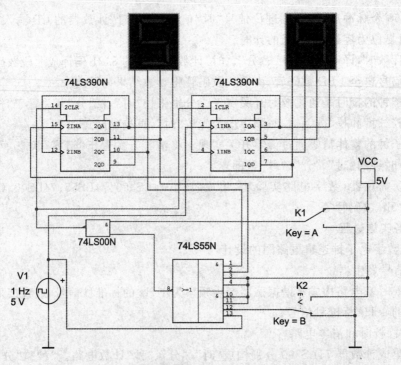

图 5-2-8　秒/分计时、校时及清零电路

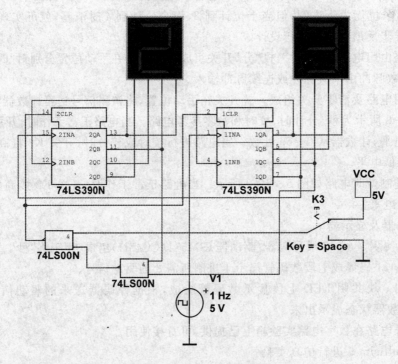

图 5-2-9　小时计时电路

## 四、常见故障及处理方法

可用数字电路实验箱上的逻辑电笔或逻辑电平指示灯查找判断故障点,逻辑笔亮绿灯表示低电平"L",亮红灯表示高电平"H",亮橙色灯表示悬空"Z"。

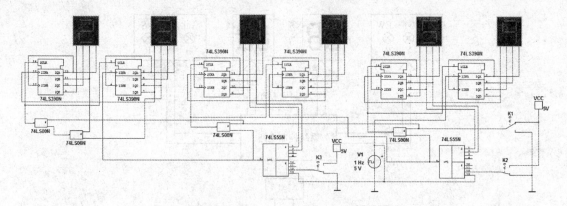

图 5 - 2 - 10 数字电子钟整体电路

下面是安装数字电子钟时经常遇到的故障及处理方法：

**1. 数码管不亮**

检查 74LS390 的 16 脚、8 脚是否漏接、接错、断线。

**2. 不计数，数码管显示"0"**

(1) 检查 74LS55、74LS00 的 14 脚和 7 脚是否漏接 $V_{cc}$ 及⊥端。

(2) 检查 74LS390 的置零端是否为高电平"H"，清零开关可能置于清零位置。

(3) 检查 74LS390 的置零端是否连续一下为高电平"H"、一下为低电平"L"，校分或校时开关可能置于校分或校时的位置。

**3. 进制不对**

(1) 二十四、六十进制变一百进制，检查反馈电路，反馈线是否断线等。

(2) 二十四、六十进制变二十进制，检查十位 74LS390 的 $CP_1$ 与 $Q_0$ 是否漏接，使其为二进制计数器。

**五、实训报告**

(1) 写出实训报告及体会。要求：写出实训体会及实训过程中遇到的问题，分析其原因，说明处理方法。

(2) 思考：若增加整点报时功能，该部分电路应如何设计？

## 任务三 交通灯控制器

**一、任务目标**

(1) 熟悉简单数字系统的设计及调试方法；

(2) 掌握综合应用各单元电路的方法及排除故障的方法。

**二、任务分析**

为了确保十字路口的车辆顺利地通过，往往采用自动控制的交通信号灯来进行指挥。其中，红灯(R)亮表示该条道路禁止通行，黄灯(Y)亮表示停车，绿灯(G)亮表示允许通行。交通灯控制器的系统框图如图 5 - 2 - 11 所示。

设计一个十字路口交通信号灯控制器，其要求如下：

(1) 它们的工作方式满足如图 5 - 2 - 12 所示工作流程。图中设南北向的红、黄、绿灯分别为 NSR、NSY、NSG，东西向的红、黄、绿灯分别为 EWR、EWY、EWG。

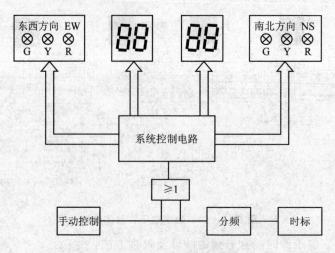

图5-2-11 交通灯控制器系统框图

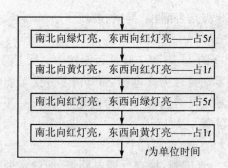

图5-2-12 交通灯信号灯工作流程

(2)两个方向的工作时序:东西向亮红灯时间应等于南北向亮黄、绿灯时间之和,南北向亮红灯时间应等于东西向亮黄、绿灯时间之和。时序工作流程图如图5-2-13所示。

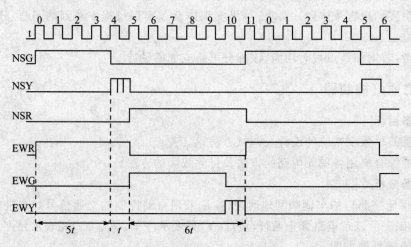

图5-2-13 时序图

图5-2-13中,假设每个单位时间为5 s,则南北、东西向绿、黄、红灯亮时间分别25 s,5 s,30 s,一次循环为60 s。其中红灯亮的时间为绿灯、黄灯亮的时间之和,黄灯是间歇闪耀。

（3）十字路口要有数字显示，作为时间提示，以便人们更直观地把握时间。具体为：当某方向绿灯亮时，置显示器为某值，然后以每秒减 1 计数方式工作，直至减到 0，十字路口红、绿灯交换，一次工作循环结束，再进入下一步某方向的工作循环。例如：当南北向从红灯转换成绿灯时，置南北向数字显示为"30"，并使数显计数器开始减"1"计数，当减到绿灯灭而黄灯亮（闪耀）时，数显的值应为 5，当减到"0"时，此时黄灯灭，而南北向的红灯亮；同时，使得东西向的绿灯亮，并置东西向的数显为"30"。

（4）可以手动调整和自动控制，夜间为黄灯闪耀。

（5）在完成上述任务后，可以对电路进行以下两方面的电路改进或扩展。

① 设某一方向（如南北）为十字路口主干道，另一方向（如东西）为次干道。主干道由于车辆、行人多，而次干道的车辆、行人少，所以主干道绿灯亮的时间，可选定为次干道绿灯亮的时间 1.5 倍或 2 倍。

② 用 LED 发光二极管模拟汽车行驶电路。当某一方向绿灯亮时，这一方向的发光二极管接通，并一个一个向前移动，表示汽车在行驶；当遇到黄灯亮时，移位发光二极管就停止，而过了十字路口的移位发光二极管继续向前移动；红灯亮时，则另一方向转为绿灯亮，那么，这一方向的 LED 发光二极管就开始移位（表示这一方向的车辆行驶）。

（6）设计方案提示：根据设计任务和要求，参考交通灯控制器的逻辑电路主要框图 5 - 2 - 11，设计方案从以下几部分进行考虑。

① 秒脉冲和分频器

因十字路口每个方向绿、黄、红灯所亮时间比例分别为 5∶1∶6，所以若选 5 s 为一单位时间，则计数器每计 5 s 输出一个脉冲。

② 交通灯控制器

由波形图可知，计数器每次工作循环周期为 12，因此可以选用十二进制计数器。计数器可以用单触发器组成，也可以用中规模集成计数器。这里选用中规模 74LS164 八位移位寄存器组成循环形十二进制计数器。循环形计数器的状态表请自行设计。根据状态表，可列出东西向和南北向绿、黄、红灯的逻辑表达式如下：

东西向

绿：$EWG = Q_4 Q_5$

黄：$EWY = \overline{Q_4} Q_5 (EWY' = EWY \times CP1)$

红：$EWR = \overline{Q_5}$

南北向

绿：$NSG = \overline{Q_4 Q_5}$

黄：$NSY = Q_4 \overline{Q_5} (NSY' = NSY \times CP1)$

红：$NSR = Q_5$

由于黄灯要求闪耀几次，所以用时标 1 s 和 EWY 或 NSY 黄灯信号相"与"即可。

③ 显示控制部分

显示控制部分是一个定时控制电路。当绿灯亮时，使减法计数器开始工作（用对方的红灯信号控制），每来一个秒脉冲，使计数器减 1，直到计数器为"0"而停止。译码显示可用 74LS248BCD 码七段译码器，显示器用 LC5011 - 11 共阴极 LED 显示器，计数器采用可预置加、减法计数器，如 74LS168、74LS193 等。

④ 手动/自动控制和夜间控制

用选择开关进行。置开关在手动位置，输入单次脉冲可使交通灯处在某一位置；开关在自动位置时，则交通信号灯按自动循环工作方式运行。夜间时，将夜间开关接通，黄灯闪亮。

⑤ 汽车模拟运行控制

用移位寄存器组成汽车模拟控制系统,参考电路如图 5-2-14 所示。即当某一方向黄(Y)、红灯(R)亮时,移位寄存器 RI 端为高(H)电平,在 CP 移位脉冲作用下向前移位,从 $Q_H$ 一直移到 $Q_A$(图 5-2-14 中 74LS164(1))。由于绿灯在黄灯、红灯为高电平时,它为低电平,所以 74LS164(1)$Q_A$ 的信号就不能送到 74LS164(2)移位寄存器的 RI 端。这样,就模拟了当黄、红灯亮时,汽车停止的功能。而当绿灯亮,黄、红灯灭(G=1,R=0,Y=0)时,74LS164(1)和 74LS164(2)都在 CP 移位脉冲作用下向前移位。这就模拟了绿灯亮时汽车向前运动这一功能。

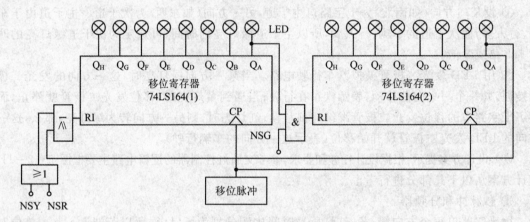

图 5-2-14 汽车模拟控制电路

(7)参考电路

根据设计任务和要求,交通信号灯控制器参考电路如图 5-2-15 所示。

① 单次手动及脉冲电路

单次脉冲是由两个与非门组成的 RS 触发器产生的,当按下 S2 时,有一个脉冲输出使 74LS164 移位计数,实现手动控制。S2 在自动位置时,由秒脉冲电路经分频后(4 分频)输入给 74LS164,这样,74LS164 为每 4s 向前移一位(计数一次)。秒脉冲电路可用晶振或 RC 振荡电路构成。

② 控制器部分

它由 74LS164 组成循环形计数器,经译码输出十字路口南北、东西两个方向的控制信号。其中黄灯信号须满足间歇闪耀,并在夜间时使黄灯一直闪亮,而绿、红灯灭。

③ 数字显示部分

当南北向绿灯亮,而东西向红灯亮时,使南北向的 74LS168 以减法计数器方式工作,从数字"30"开始下减,当减倒"00"时,南北向绿灯灭,红灯亮,而东西向红灯灭,绿灯亮。由于东西向红灯灭信号(EWR:0)使与门关断,减法计数器工作结束,而南北向红灯亮使另一方向(东西向)减法计数器开始工作。

在减法计数器开始之前,由黄灯亮信号使减法计数器先置入数据,图 5-2-15 中接入 1 s 和 $\overline{LD}$ 的信号就是由黄灯亮(为高电平)时置入数据,黄灯灭(Y=0),而红灯亮开始减计数。

本任务所需仪器:数字电路实验箱,集成芯片:74LS74、74LS164、74LS168、74LS00、74LS08、74LS32,译码显示器、LED 发光二极管、电阻、开关等由数字电路实验箱提供。

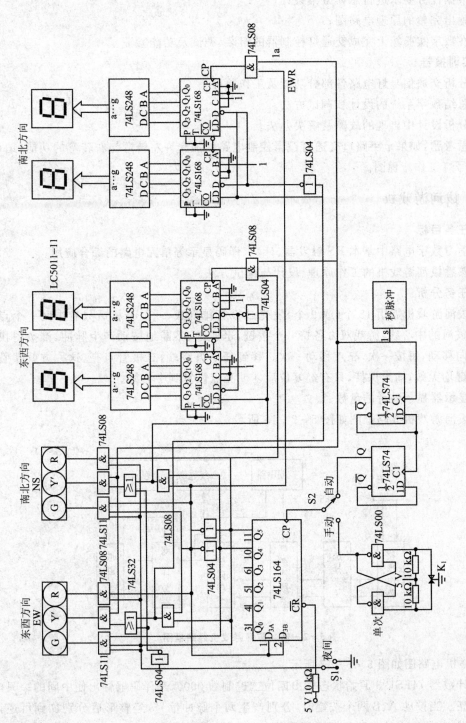

图 5－2－15　交通灯控制器参考电路

### 三、任务实施过程

(1) 根据任务要求进行总体方案设计;

(2) 画出完整的原理电路图;

(3) 在数字实验箱上完成交通灯控制器的组装、调试及功能验证。

### 四、实训报告

(1) 分析交通信号灯电路各部分功能及工作原理。

(2) 总结数字系统的设计和调试方法。

(3) 分析设计中出现的故障及解决办法。

(4) 思考题:如果十字路口交通灯逻辑控制电路增加允许左转弯与右转弯的功能,请设计并画出信号灯工作流程图。

## 任务四　拔河游戏机

### 一、任务目标

(1) 学习数字电路中基本 RS 触发器、计数、译码显示等单元电路的综合应用。

(2) 熟悉拔河游戏机的工作原理、设计与调试方法。

### 二、任务分析

(1) 拔河游戏机需用 15 个(或 9 个)发光二极管排列成一行,开机后只有中间一个点亮,以此作为拔河的中心线,游戏双方各持一个按键,迅速地、不断地按动产生脉冲,谁按得快,亮点向谁方向移动,每按一次,亮点移动一次。移到任一方终端,二极管点亮,这一方就获胜,此时双方按键均无效,输出保持,只有经复位后才使亮点恢复到中心线。

(2) 显示器显示胜者的盘数

(3) 拔河游戏机线路框图如图 5-2-16 所示。

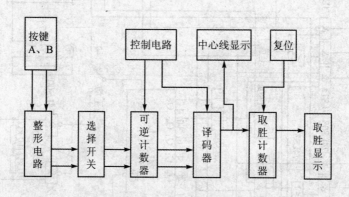

**图 5-2-16　拔河游戏机线路框图**

(4) 整机电路图如图 5-2-17 所示。

可逆计数器 74LS193 原始状态输出四位二进制数 0000,经译码器输出使中间的一只电平指示灯点亮。当按动 A、B 两个按键时,分别产生两个脉冲信号,经整形后分别加到可逆计数器上,可逆计数器输出的代码经译码器译码后,驱动电平指示灯点亮并产生位移,当亮点移到任何一方终端后,由于控制电路的作用,使这一状态被锁定,而对输入脉冲不起作用。如按动复位键,亮点又回到中点位置,比赛又可重新开始。

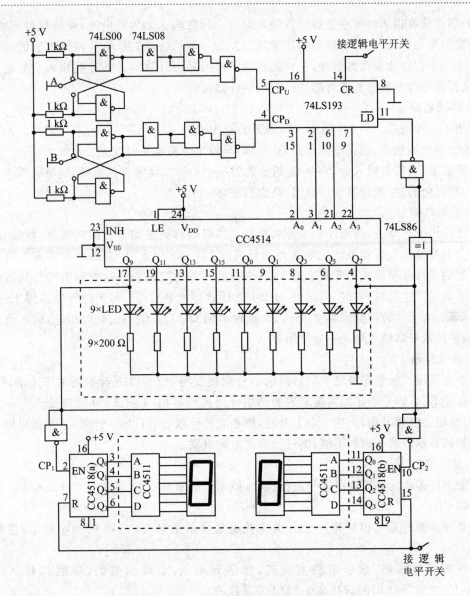

**图 5 - 2 - 17　拔河游戏机整机电路**

将双方终端指示灯的正端分别经两个与非门后接到两个十进制计数器 CC4518 的使能端 EN,当任一方取胜,该方终端指示灯点亮,产生 1 个下降沿使其对应的计数器计数。这样,计数器的输出即显示了胜者取胜的盘数。

① 编码电路

编码器有 2 个输入端和 4 个输出端,要进行加/减计数,因此选用 74LS193 双时钟二进制同步加/减计数器来完成。

② 整形电路

整形电路由与门 74LS08 和与非门 74LS00 实现。74LS193 是可逆计数器,控制加减的 CP 脉冲分别加至 5 脚和 4 脚,此时当电路要求进行加法计数时,减法输入端 $CP_D$ 必须接高电平;进行减法计数时,加法输入端 $CP_U$ 也必须接高电平,若直接由 A、B 键产生的脉冲加到 5 脚或4脚,那么就有很多时间在进行计数输入时另一计数输入端为低电平,使计数器不能计数,双方按键均失去作用,拔河比赛不能正常进行。加一整形电路,使A、B两键出来的脉冲经整形后变为一个占空比很大的脉冲,这样就减少了进行某一计数时另一计数输入为低电平的可能性,从而使每按一次键都有可能进行有效的计数。

③ 译码电路

选用4-16线CC4514译码器。译码器的输出$Q_0$～$Q_{14}$分接15个(或9个)个发光二极管,二极管的负端接地,而正端接译码器,这样,当输出为高电平时发光二极管点亮。

比赛准备,译码器输入为0000,$Q_0$输出为"1",中心处二极管首先点亮,当编码器进行加法计数时,亮点向右移,进行减法计数时,亮点向左移。

④ 控制电路

为了指出谁胜谁负,需要用一个控制电路。当亮点移到任何一方的终端时,判该方为胜,此时双方的按键均宣告无效。此电路可用异或门74LS86和非门74LS00来实现。将双方终端二极管的正极接至异或门的两个输入端,当获胜一方为"1",而另一方则为"0",异或门输出为"1",经非门产生低电平"0",再送到74LS193计数器的置数端$\overline{LD}$,于是计数器停止计数,处于预置状态,由于计数器数据端A、B、C、D和输出端$Q_A$、$Q_B$、$Q_C$、$Q_D$对应相连,输入也就是输出,从而使计数器对输入脉冲不起作用。

⑤ 胜负显示

将双方终端二极管正极经非门后的输出分别接到两个CC4518计数器的EN端,CC4518的两组4位BCD码分别接到实验装置的两组译码显示器的A、B、C、D插口处。当一方取胜时,该方终端二极管发亮,产生一个上升沿,使相应的计数器进行加一计数,于是就得到了双方取胜次数的显示。若一位数不够,则进行两位数的级联。

⑥ 复 位

为能进行多次比赛而需要进行复位操作,使亮点返回中心点,可用一个开关控制74LS193的清零端CR。

胜负显示器的复位也应用一个开关来控制胜负计数器CC4518的清零端R,使其重新计数。

本任务所需仪器:数字电路实验箱,数字万用表,双踪示波器,集成芯片:CC4514、CC4511、CC4518、74LS193、74LS00、74LS08、74LS86。

**三、任务实施过程**

(1) 测试芯片74LS193、CC4514、CC4518的功能。

(2) 按图5-2-17所示接线,逐个调试整形电路、编码电路、译码电路、控制电路、胜负显示和复位的功能,最后测试拔河游戏机整个电路的功能。

**四、实训报告**

(1) 总结拔河游戏机整个调试过程。

(2) 分析调试中发现的问题及故障排除方法,讨论结果并总结收获。

## 任务五 汽车尾灯控制电路

**一、任务目标**

(1) 掌握门电路、计数、译码器等单元电路的综合应用。

(2)熟悉汽车尾灯控制电路的工作原理、设计与调试方法。

## 二、任务分析

(1)设计一个汽车尾灯控制电路,假设汽车尾灯左右两侧各有 3 个指示灯(用发光二极管模拟),要求是:汽车正常远行时指示灯全灭;右转弯时,右侧 3 个指示灯按右循环顺序点亮;左转弯时左侧 3 个指示灯按左循环顺序点亮;临时刹车时所有指示灯同时闪烁。

(2)尾灯与汽车运行状态表如表 5-2-3 所列。

### 表 5-2-3 尾灯与汽车运行状态表

| 开关控制 | | 运行状态 | 左尾灯 | 右尾灯 |
|---|---|---|---|---|
| S1 | S0 | | D4、D5、D6 | D1、D2、D3 |
| 0 | 0 | 正常运行 | 灯灭 | 灯灭 |
| 0 | 1 | 右转弯 | 灯灭 | 按 D1、D2、D3 顺序循环点亮 |
| 1 | 0 | 左转弯 | 按 D4、D5、D6 顺序循环点亮 | 灯灭 |
| 1 | 1 | 临时刹车 | 所有的尾灯随时钟 CP 同时闪烁 | |

(3)汽车尾灯控制电路原理框图如图 5-2-18 所示。由于汽车向左或向右转弯时,3 个指示灯循环点亮,所以用三进制计数器控制译码器电路顺序输出低电平,从而控制尾灯按要求点亮。由此得出在每种运行状态下,各指示灯与各给定条件($S1$、$S0$、$CP$、$Q1$、$Q0$)的关系,即逻辑功能表如表 5-2-4 所列(表中"0"表示灯灭状态,"1"表示灯亮状态)。

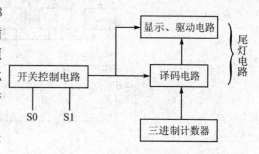

图 5-2-18 汽车尾灯控制电路原理框图

(4)设计提示:

① 三进制计数器

三进制计数器电路可由双 JK 触发器 74LS76 构成,可根据表 5-2-4 自行设计。

### 表 5-2-4 逻辑功能表

| 开关控制 | | 三进制计数器 | | 六个指示灯 | | | | | |
|---|---|---|---|---|---|---|---|---|---|
| S1 | S0 | Q1 | Q0 | D6 | D5 | D4 | D1 | D2 | D3 |
| 0 | 0 | | | 0 | 0 | 0 | 0 | 0 | 0 |
| 0 | 1 | 0 | 0 | 0 | 0 | 0 | 1 | 0 | 0 |
| | | 0 | 1 | 0 | 0 | 0 | 0 | 1 | 0 |
| | | 1 | 0 | 0 | 0 | 0 | 0 | 0 | 1 |
| 1 | 0 | 0 | 0 | 0 | 0 | 1 | 0 | 0 | 0 |
| | | 0 | 1 | 0 | 1 | 0 | 0 | 0 | 0 |
| | | 1 | 0 | 1 | 0 | 0 | 0 | 0 | 0 |
| 1 | 1 | | | CP | CP | CP | CP | CP | CP |

② 汽车尾灯电路

汽车尾灯电路如图 5-2-19 所示,其显示驱动电路由 6 个发光二极管和 6 个反相器构成;译码电路由 3 线-8 线译码器 74LS138 和 6 个与非门构成。74LS138 的 3 个输入端 A2、A1、A0 分别接 S1、Q1、Q0,而 Q1、Q0 是三进制计数器的输出端。当 S1=0,使能信号 A=G=1,计数器的状态为 00、01、10 时,74LS138 对应的输出端 $\overline{Y0}$、$\overline{Y1}$、$\overline{Y2}$ 依次为 0 有效($\overline{Y4}$、$\overline{Y5}$、$\overline{Y6}$ 信号为"1"无效),即反相器 G1~G3 的输出端也依次为 0,故指示灯 D1→D2→D3 按顺序点亮示意汽车右转弯。若上述条件不变,而 S1=1,则 74LS138 对应的输出端 $\overline{Y4}$、$\overline{Y5}$、$\overline{Y6}$ 依次为 0 有效,即反相器 G4 ～ G6 的输出端依次为 0,故指示灯 D4 →D5→D6 按顺序点亮,示意汽车左转弯。当 G=0,A=1 时,74LS138 的输出端全为 1,G6~G1 的输出端也全为 1,指示灯全灭;当 G=0,A=CP 时,指示灯随 CP 的频率闪烁。

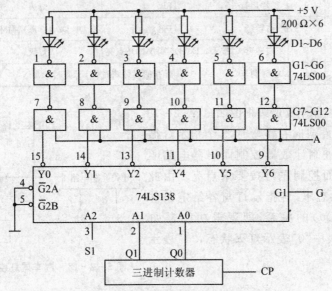

图 5-2-19 汽车尾灯电路

对于开关控制电路,设 74LS138 和显示驱动电路的使能端信号分别为 G 和 A,根据总体逻辑功能表分析及组合得 G、A 与给定条件($S_1$、$S_0$、CP)的真值表,如表 5-2-5 所列。由表 5-2-5 经过整理得逻辑表达式:

$$G = S1 \oplus S0$$

$$A = \overline{S1} S0 G S1 \overline{S0}$$

$$CP = \overline{\overline{S1} S0 G \ \overline{S1 S0 CP}}$$

由上式得开关控制电路,如图 5-2-20 所示。

③ 汽车尾灯总体参考电路

汽车尾灯总体参考电路如图 5-2-21 所示。

本任务所需仪器:数字电路实验箱,数字万用表,双踪示波器,集成芯片:74LS00、74LS20、74LS86、74LS138。

**三、任务实施过程**

(1) 根据总体要求进行总体方案设计。

(2) 画出完整的原理电路图。

表 5-2-5　开关控制电路的真值表

| 开关控制 | | CP | 使能信号 | |
|---|---|---|---|---|
| S1 | S0 | | G | A |
| 0 | 0 | | 0 | 1 |
| 0 | 1 | | 1 | 1 |
| 1 | 0 | | 1 | 1 |
| 1 | 1 | CP | | CP |

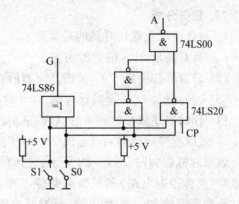

图 5-2-20　开关控制电路

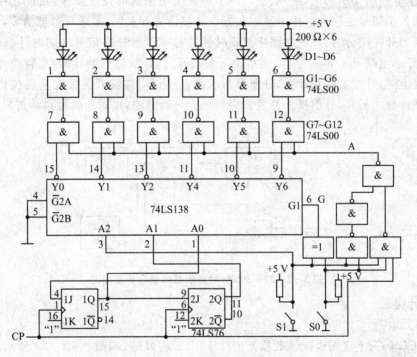

图 5-2-21　汽车尾灯总体电路

（3）在数字实验箱上完成汽车尾灯总体电路的安装、调试及功能验证。

### 四、实训报告

（1）分析汽车尾灯电路各部分功能及工作原理。

（2）总结数字系统的设计和调试方法。

（3）分析设计中出现的故障及解决办法。

## 任务六　篮球竞赛 30 s 计时器

### 一、任务目标

（1）熟悉中规模集成电路触发器、可逆计数器和显示译码器的使用方法；

（2）了解简单数字系统的实验和调试方法及一般故障排除方法。

**二、任务分析**

1. 设计篮球竞赛计时器的基本要求

(1) 具有显示 30 s 的计时功能。

(2) 设置外部操作开关,控制计时器的直接清零、启动和暂停/连续功能。

(3) 计时器为 30 s 递减计时器,其计时间隔为 1 s 。

(4) 计时器递减计时到零时,数码显示器不能灭灯,应发出光电报警信号。

2. 篮球竞赛计时器原理框图

该原理框图如图 5-2-22 所示,包括秒脉冲发生器、计数器、译码显示电路、辅助时序控制电路(简称控制电路)和报警电路等 5 个部分。其中,计数器和控制电路是系统的主要部分。计数器完成 30 s 计时功能,而控制电路具有直接控制计数器的启动计数、暂停/连续计数、译码显示电路的显示和灭灯等功能。为了保证满足系统的设计要求,在设计控制电路时,应正确处理各个信号之间的时序关系。在操作直接清零开关时,要求计数器清零,数码显示器灭灯。当启动开关闭合时,控制电路应封锁时钟信号 CP(秒脉冲信号),同时计数器完成置数功能,译码显示电路显示 30 s 字样;当启动开关断开时,计数器开始计数;当暂停/连续开关拨在暂停位置上时,计数器停止计数,处于保持状态;当暂停/连续开关拨在连续位置上时,计数器继续递减计数。另外,外部操作开关都应采取去抖动措施,以防止机械抖动造成电路工作不稳定。

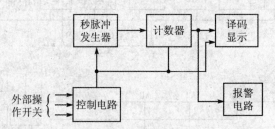

**图 5-2-22 30S 计时器的总体参考方案框图**

3. 设计提示

(1) 单元电路

8421BCD 码三十进制递减计数器是由 74LS192 构成的,如图 5-2-23 所示。三十进制递减计数器的预置数为 N=(0011 0000)8421BCD=(30)D。它的计数原理是:每当低位计数

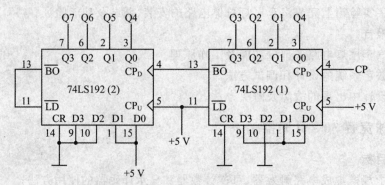

**图 5-2-23 8421BCD 码三十进制递减计数器**

器的 $\overline{BO}$ 端发出负跳变借位脉冲时,高位计数器减 1 计数。当高、低位计数器处于全 0,同时在 $CP_D=0$ 期间,高位计数器 $\overline{BO}=\overline{LD}=0$ 计数器完成异步置数,之后 $\overline{BO}=LD=1$,计数器在 $CP_D$ 时钟脉冲作用下,进入下一轮减计数。

辅助时序控制电路如图 5-2-24 所示。图中,与非门 G2、G4 的作用是控制时钟信号 CP 的放行与禁止,当 G4 输出为 1 时,G2 关闭,封锁 CP 信号;当 G4 输出为 0 时,G2 打开,放行 CP 信号,而 G4 的输出状态又受外部操作开关 S1、S2(即启动、暂停/连续开关)的控制。

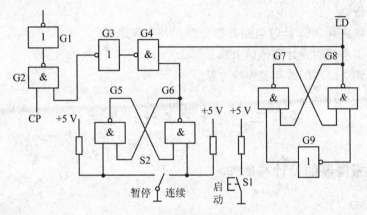

图 5-2-24　辅助时序控制电路

(2) 参考电路

篮球竞赛 30s 计时器参考电路如图 5-2-25 所示。

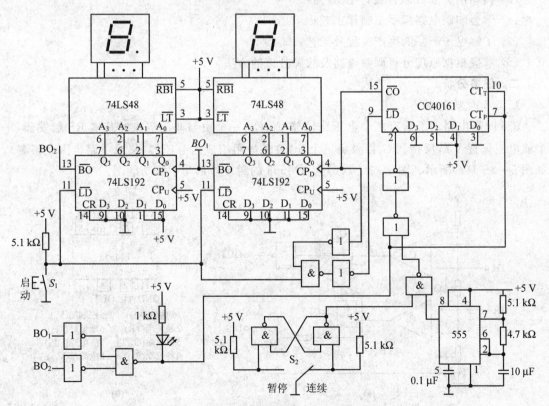

图 5-2-25　篮球竞赛 30 s 计时器参考电路

本任务所需仪器：数字电路实验箱，集成芯片：74LS192、CC40161、74LS00，译码显示电路和秒脉冲电路可由数字电路实验箱提供。

**三、任务实施过程**

（1）根据总体要求进行总体方案设计；

（2）画出完整的原理电路图；

（3）在数字实验箱上完成篮球竞赛 30 s 计时器的安装、调试及功能验证。

**四、实训报告**

（1）分析篮球竞赛 30 s 计时电路各部分功能及工作原理。

（2）总结数字系统的设计和调试方法。

（3）分析设计中出现的故障及解决办法。

# 项目三　电子产品设计与制作

## 任务一　防盗报警器的设计与制作

### 一、任务目标

（1）熟练使用万用表、示波器等仪器；

（2）掌握常用电子元器件的认识和检测；

（3）熟悉用 Protel 软件设计 PCB 图；

（4）学会印制电路板手工制作工艺；

（5）了解电子产品的生产过程及工艺；

（6）掌握根据原理分析调整电路及故障处理的方法。

### 二、任务分析

**1. 555 时基电路**

555 时基电路内部含有两个电压比较器 $C_1$、$C_2$，一个由与非门组成的基本 RS 触发器，一个放电三极管 VT，反相器 $G_3$ 以及由三个 5 kΩ 的电阻组成的分压器（集成电路也因此得名），如图 5-3-1(a)所示。图 5-3-1(b)为 LM555 的封装外形与引脚功能图。

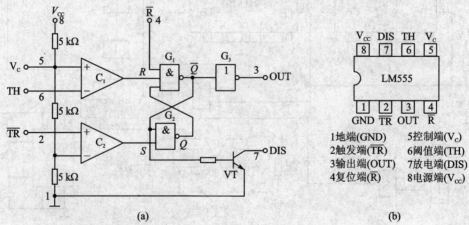

图 5-3-1　LM555 内部电路结构图及引脚排列和引脚功能

2. 防盗报警器电路原理

防盗报警器由超低频振荡和音频振荡两部分电路构成,图 5-3-2 中 555 时基电路与 $R_1$、$R_2$ 及 $C_1$ 等元件组成频率为 1 Hz 左右的脉冲振荡器,由 LM555 的第 3 引脚输出矩形波电压 $U_0$,经 $R_4$ 对 $C_2$ 进行充放电,从而在 $C_2$ 上形成矩形波电压,经 $R_5$ 加至 $Q_1$ 管的基极上,以提高 $Q_1$ 管的基极偏置电流。由 $Q_1$、$Q_2$ 管及 $R_6$、$C_3$ 等组成音频振荡器,其振荡中心频率可由 $R_6$、$C_3$ 数值确定,并随 $Q_1$ 管的基极偏置电流的大小而变化,使音调由低逐渐升高,然后再由高逐渐降低,周而复始,从而形成由低→高→低→高音调变化的报警声,只要合理地选择 $R_1$、$R_2$、$C_1$、$R_4$ 和 $C_2$ 等元件参数,即可产生警车的报警声效果。

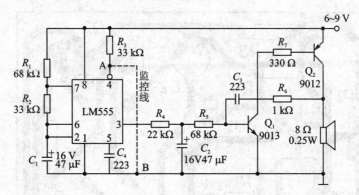

图 5-3-2　防盗报警器电路原理图

3. 热转印法制作线路板(PCB 板)

(1) 工艺原理

主要采用了热转移的原理。利用激光打印机的"碳粉"(含黑色塑料微粒)受激光打印机的硒鼓静电吸引,在硒鼓上排列出精度极高的图形及文字,在消除静电后,转移至经过特殊处理的专用热转印纸上,并经高温熔化热压固定,形成热转印纸版,再将该热转印纸覆盖在敷铜板上,由于热转印纸是经过特殊处理的,通过高分子技术在它的表面覆盖了数层特殊材料的涂层,使热转印纸具有耐高温不粘连的特性,当温度达到 180.5℃时,在高温和压力的作用下,热转印纸对融化的墨粉吸附力急剧下降,使融化的墨粉完全吸附在敷铜板上,敷铜板冷却后,形成紧固的有图形的保护层,经过腐蚀后即可形成做工精美的印制电路板。

(2) 制作过程

① 制图。用 Protel 软件制作好印制电路板图。

② 打印。必须用激光打印机将画好的印制电路板图打印在热转印纸上。如果打印出的线路不够黑,则在打印选项中若有浓度选项时将其调到最大,即最黑。

③ 加热转印。用细砂纸擦干净敷铜板,磨平四周,将打印好的热转印纸覆盖在敷铜板上,送入制板机(调到 180.5～200℃)来回压几次,使融化的墨粉完全吸附在敷铜板上。放入制版机转印前要预热,刚转印完成的 PCB 不能马上去揭转印纸,要让它自然冷却。

④ 腐蚀。敷铜板冷却后揭去热转印纸,放入双氧水＋盐酸＋水(2:1:2)混合液或 $FeCl_3$ 溶液腐蚀后即可形成做工精细的印刷电路板。

⑤ 钻孔与后续处理。腐蚀完后,对电路板进行钻孔和磨边处理,再用水砂纸去掉表面的墨粉。

本任务所需仪器:双踪示波器、数字万用表、计算机、电烙铁、电路板制作工具等。

### 三、任务实施过程

1. 防盗报警器 PCB 制作

利用 Protel DXP 2004 SP2 软件按图 5-3-2 画原理图,从原理图生成印制电路板图。要求使用单面敷铜板,尺寸为 60 mm×40 mm,参考图如图 5-3-3 所示。按上述的热转印法制作出 PCB 板。

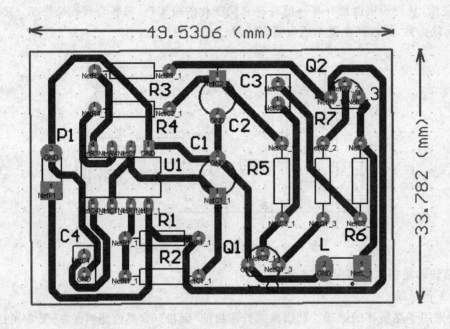

图 5-3-3 防盗报警器 PCB 图

2. 安装与调试

(1) 元器件测试

所有的元器件均用万用表测试参数及辨别好坏。

(2) 元件布局及连接走线

在网孔板上根据原理图布置好元器件的位置,插入集成电路时要注意芯片的引脚位置,要求连接线尽量走垂直线,尽量减少交叉点,电源线、喇叭及监控线接端口位置要合理。

(3) 焊 接

元件焊接时要依照由低到高的顺序焊接,导线焊接时要预先镀锡,焊接时间不要太长,以免把元件烫坏,但也不要时间过短,以免造成虚焊。

(4) 调 试

在图 5-3-2 所示的 A、B 两点末接入监控线时,正常情况下,通电后应发出报警声,这时可用示波器观测 555 时基电路输出端(3 脚)输出电压的高低电平的幅值,再观察扬声器两端的波形。

### 四、实训报告

(1) 整理实验数据,写出完整的实训报告。

(2) 思考题:可采取什么措施降低静态功耗?

### 任务二　实用小型稳压电源的设计与制作

**一、任务目标**

（1）熟练使用万用表、示波器等仪器；

（2）掌握常用电子元器件的认识和检测；

（3）进一步熟悉用 Protel 软件设计 PCB 图；

（4）学会印制电路板手工制作工艺；

（5）了解电子产品的生产过程及工艺；

（6）掌握直流稳压电源的调试及故障的处理方法。

**二、任务分析**

用三端可调正压集成稳压器 LM317 构成的稳压电源电路如图 5-3-4 所示。图中 220 V 的交流电经保险管送到变压器的初级线圈，并从次级线圈感应出经约 9 V 的交流电压送到由 4 个二极管组成的桥式整流器。经过 $C_1$ 滤波后的比较稳定的直流电送到三端稳压集成电路 LM317 的 Vin 端（3 脚）。LM317 由 Vin 端给它提供工作电压以后，便可以保持其＋Vout 端（2 脚）比其 ADJ 端（1 脚）的电压高 1.25 V。因此，只需要用极小的电流来调整 ADJ 端的电压，便可在＋Vout 端得到比较大的电流输出，并且电压比 ADJ 端高出恒定的 1.25 V。通过调整 PR1 来改变输出电压，当 PR1 向上滑动时，输出电压将会升高。

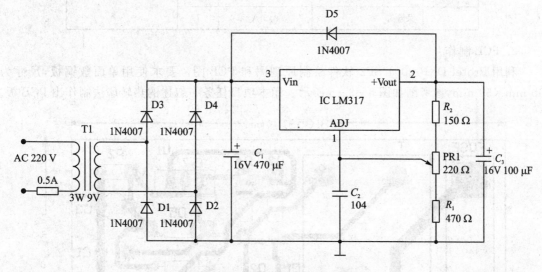

图 5-3-4　稳压电源电路原理图

图中 $C_2$ 的作用是对 LM317"1"脚的电压进行高频滤波，以提高输出电压的质量。图中 D5 的作用是当有意外情况使得 LM317 的 3 脚电压比 2 脚电压还低时，防止 $C_3$ 上电压过高而损坏 LM317。

本任务所需仪器：双踪示波器、数字万用表、计算机、电烙铁、电路板制作工具等。

**三、任务实施过程**

**1. 元件选择**

大部分元件的选择都有弹性。IC 选用 LM317 或与其功能相同的其他型号。变压器可以选择一般常见的 9～12 V 的小型变压器，二极管选 1N4001～1N4007 均可。$C_1$ 选择耐压大于

16 V、容量470～2 200 μF的电解电容均可。值得注意的是,$C_2$的容量表示法:前两位数表示容量的两位有效数字,第三位表示倍率。如果第三位数字为$N$,则它的容量为前两位数字乘以10的$N$次方,单位为pF。如$C_2$的容量为$10 \times 10^4 = 100\ 000$ pF$= 0.1$ μF。$C_2$选用普通的瓷片电容即可。$C_3$的选择类似于$C_1$,电阻选用1/8 W的小型电阻。

本制作需要的主要元件清单如表5-3-1所列。

表5-3-1 元件清单

| 编　号 | 名　称 | 型　号 | 数　量 | LM317 外形图 |
|---|---|---|---|---|
| D1～D5 | 二极管 | 1N4007 | 5 | |
| T1 | 变压器 | 3 W,9 V | 1 | |
| C1 | 电解电容 | 25 V,470 μF | 1 | |
| C2 | 电容 | 0.1 μF | 1 | |
| C3 | 电解电容 | 16 V,100 μF | 1 | |
| IC | 三端稳压集成电路 | LM317T | 1 | |
| R1 | 电阻 | 470 Ω | 1 | |
| R2 | 电阻 | 150 Ω | 1 | |
| PR1 | 可调电阻 | 200 Ω | 1 | |
| | 保险管 | 0.5 A | 1 | |

## 2. PCB制作

利用Protel DXP 2004 SP2软件绘制原理图和PCB图。要求使用单面敷铜板,尺寸为90 mm×50 mm,参考图如图5-3-5所示。用本项目任务一叙述的热转印法制作出PCB板。

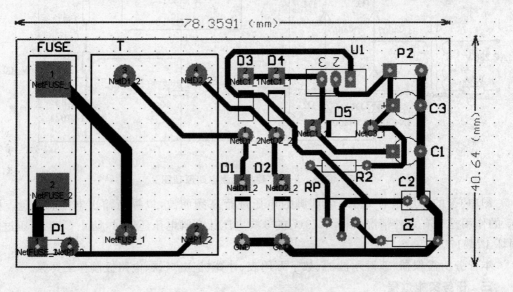

图5-3-5 稳压电源PCB图

## 3. 安装调试

装配时要注意二极管、电解电容的极性,不要装错。LM317因工作电流较小,可以不加散热片。装好后再检查一遍，无误后接通电源。这时用万用表测量 $C_1$ 两端，应有 11 V 左右的电压，再测 $C_3$ 两端，应有 2～7 V 的电压。然后调节 PR1，$C_3$ 两端的电压应该能够改变，调到所需要的电压即可。输出端可以接一根十字插头线，以便与随身听等用电器相连。

### 4．扩展应用

LM317 的输出电压可以从 1.25 V 连续调节到 37 V。其输出电压可以由下式算出：

$$\text{输出电压} = 1.25 \times (1 + \text{ADJ 端到地的电阻/ADJ 端到} + \text{Vout 端的电阻})$$

如果需要其他的电压值，即可自选改变有关电阻的阻值来得到。值得注意的是，LM317T 有一个最小负载电流的问题，即只有负载电流超过某一值时，它才能起到稳压的作用。这个电流随器件的生产厂家不同在 3～8 mA 不等，这个可以通过在负载端接一个合适的电阻来解决。

### 四、实训报告

（1）整理实验数据，写出完整的实训报告。

（2）思考扩展应用中提出的问题。

## 任务三　红外线报警器的设计与制作

### 一、任务目标

（1）掌握集成运算放大器的基本知识和基本应用电路。

（2）熟悉电路设计、制作与调试方法。

（3）学习用 Multisim 9 进行模拟、分析、验证电路的工作过程。

（4）设计一个红外线报警器，并通过组装调试培养综合分析问题的能力。

### 二、任务分析

红外线报警器电路原理图如图 5－3－6 所示。主要由热释电人体红外传感器、放大滤波电路、双限比较器、基准电压、指示电路组成。

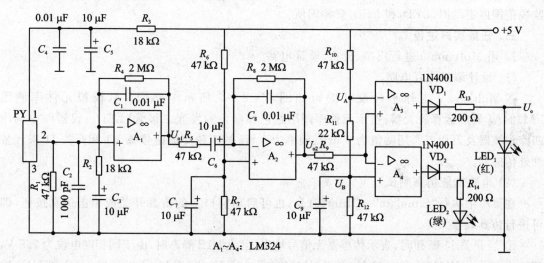

图 5－3－6　红外线报警器电路原理图

红外线报警器电路采用 SD02 型热释电人体红外传感器，当人体进入该传感器的监视范围时，传感器就会产生一个交流电压（幅度约为 1 mV），该电压的频率与人体移动的速度有关。在正常行走速度下,其频率约为 6 Hz。

电路中,$R_3$、$C_4$、$C_5$ 构成退耦电路,$R_1$ 为传感器的负载,$C_2$ 为滤波电容,以滤掉高频干扰信号,传感器的输出信号加到运算放大器 $A_1$ 的同相输入端,$A_1$ 构成同相比例放大电路,其电压放大倍数取决于 $R_4$ 和 $R_2$,其大小为

$$A_{uf1} = 1 + \frac{R_4}{R_2} = 1 + \frac{2\,000}{18} \approx 112$$

$A_1$ 放大后的信号经电容 $C_6$ 耦合至运算放大器 $A_2$ 的反相输入端,构成反相比例放大电路,电阻 $R_6$、$R_7$ 将 $A_2$ 同相端偏置于电源电压的一半。$A_2$ 的电压放大倍数为

$$A_{uf2} = -\frac{R_8}{R_5} = -\frac{2\,000}{47} \approx -42$$

因此,传感器信号经两级运放后总共放大了 $A_{uf1} \times A_{uf2} = 112 \times (-42) = -4\,704$ 倍。

$A_3$ 和 $A_4$ 构成双限幅电压比较器,$A_3$ 的参考电位为

$$U_A = \left( \frac{22 + 47}{47 + 22 + 47} \times 5 \right) V = 3 \text{ V}$$

$A_4$ 的参考电位为

$$U_B = \left( \frac{47}{47 + 22 + 47} \times 5 \right) V = 2 \text{ V}$$

另外,$C_7$、$C_9$ 为退耦电容。$C_1$、$C_3$、$C_8$ 用于保证电路对高频信号有较强的衰减作用,对低频信号有较强的放大作用。

当传感器无信号输出时,$A_1$ 静态输出电压为 $0.4 \sim 1$ V 之间;$A_2$ 在静态时,由于同相端电位为 2.5 V,其直流输出电平为 2.5 V。由于 $U_B < 2.5 \text{ V} < U_A$,所以 $A_3$、$A_4$ 输出低电平,故静态时,LED$_1$ 和 LED$_2$ 均不发光。

当人体进入监视范围时,双限比较器的输入发生变化。当人体进入时 $A_2$ 输出 $U_{o2} > 3$ V,因此,$A_3$ 输出高电平,LED$_1$ 亮;当人体退出时,$U_{o2} < 2$ V,$A_4$ 输出高电平,LED$_2$ 亮。当人体在监视范围内走动时,LED$_1$ 和 LED$_2$ 交替闪所。

### 三、任务实施过程

1. 用 Multisim 9 进行模拟、分析、验证电路

(1) 设计编辑仿真电路

在 Multisim 9 工作平台设计编辑如图 5-3-7 所示电路图。从模拟元件库调用 LM324AJ 集成运算放大器;指示元件库调用红色和绿色的发光二极管(LED);仪器库中调用四踪示波器及万用表。用幅值为 1 mV、频率为 6 Hz 的正弦交流信号源 V1 和开关 J1 来代替红外传感器。

(2) 电路功能仿真测试

在菜单中执行"Simulate"→"Run"命令;也可启动窗口上的仿真开关或单击仿真按钮,即可进行仿真观察。

① 当开关 J1 断开时,表示传感器无信号输出,运放 U1B 静态时,由于同相端电位为 2.5 V,其输出电平为 XMM1=2.428 V,由于 XMM3<2.428 V<XMM2,所以运放 U1C 和 U1D 输出为 $-5.02$ V 低电平,故静态时,LED1 和 LED2 均不发光。

② 当开关 J1 闭合,表示人体进入监视范围时,双限比较器的输入发生变化,其输入/输出波形通过四踪示波器 XSC1 观察得到,如图 5-3-8 所示。当运放 U1B 输出为 4.015V,因此,

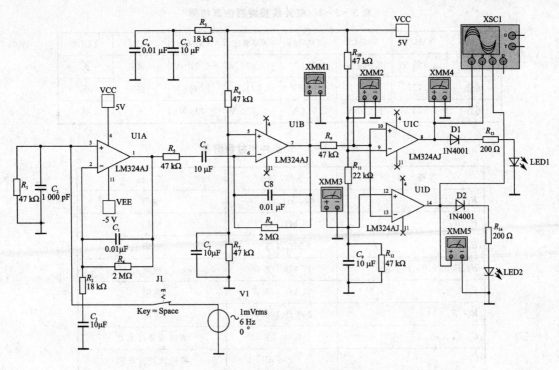

**图 5 - 3 - 7　红外线报警器仿真实验电路图**

运放 U1C 输出为 3.771 V 高电平,LED1 亮。当运放 U1B 输出为 1.928 V,故运放 U1D 输出为 3.796 V 高电平,LED2 亮,LED1 和 LED2 交替闪所。仿真结果与设计相符,如表 5 - 3 - 2 所列。

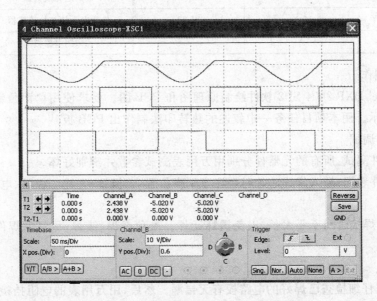

**图 5 - 3 - 8　双限比较器的输入和输出波形**

## 2. 元器件的选择

实现上述设计的红外线报警器所需的元器件和材料清单如表 5 - 3 - 3 所列。

表 5 - 3 - 2　红外线报警器仿真结果

| J1 | XMM1 | XMM2 | XMM3 | XMM4 | XMM5 | LED1 | LED2 |
|---|---|---|---|---|---|---|---|
| 断开 | 2.428 V | 2.969 V | 2.030 V | −5.020 V | −5.020 V | 灭 | 灭 |
| 闭合 | 4.022 | 3.004 V | 2.048 V | 3.771 V | −5.020 V | 亮 | 灭 |
| 闭合 | 1.928 V | 2.919 V | 2.013 V | −5.020 V | 3.796 V | 灭 | 亮 |

表 5 - 3 - 3　元器件和材料清单

| 符　号 | 规格/型号 | 名　称 |
|---|---|---|
| $R_1$ | 470 kΩ、1/8 W | 电阻 |
| $R_2$、$R_3$ | 18 kΩ、1/8 W | 电阻 |
| $R_4$、$R_8$ | 2 MΩ、1/8 W | 电阻 |
| $R_5$、$R_6$、$R_7$、$R_9$、$R_{10}$、$R_{12}$ | 47 kΩ、1/8 W | 电阻 |
| $R_{11}$ | 22 kΩ、1/8 W | 电阻 |
| $R_{13}$、$R_{14}$ | 200 Ω、1/8 W | 电阻 |
| $C_1$、$C_4$、$C_8$ | 0.01 $\mu$F | 涤纶或瓷片电容 |
| $C_2$ | 1 000 pF | 涤纶或瓷片电容 |
| $C_3$、$C_5$、$C_6$、$C_7$、$C_9$ | 10 $\mu$F | 电解电容 |
| VD1、VD2 | 1N4001 | 二极管 |
| LED$_1$、LED$_2$ | 红色、绿色 | 发光二极管 |
| U1A、U1B、U1C、U1D | LM324 | 集成运算放大器 |
| PY | SD02 | 热释电人体红外传感器 |
| | | 印制电路板 |

**3. PCB 制作**

利用 Protel DXP 2004 SP2 软件绘制原理图和 PCB 图。要求使用单面敷铜板,参考图如图 5 - 3 - 9 所示。用本项目任务一中叙述的热转印法制作出 PCB 板。

**4. 安装与调试**

(1)元器件测试:所有的元器件分别用万用表测试参数并辨别好坏。

(2)元器件装配:插入集成芯片时要注意引脚位置,二极管、发光二极管、电解电容要注意极性。

(3)焊接:焊接时间不要太长,以免烫坏元件。避免虚焊、错焊,尽量使焊件排列整齐,焊点光洁、美观。

(4)调试:

通电前,先仔细检查已焊好的电路板有无错漏。然后,用万用表的电阻挡检查电源的正负极之间有无短路和开路现象,若不正常,应排除故障后再通电进行调试。

在实验室试验时,直接用 SD02 检测人体运动。将传感器背对人体,用手臂在传感器前移动(注意传感器的预热时间),观察发光二极管的亮暗情况,即可知道电路的工作情况。

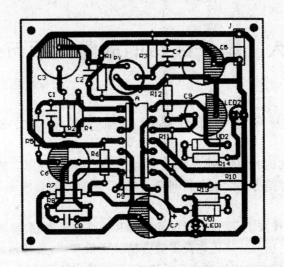

**图 5-3-9　PCB 图**

　　如电路不工作,在供电电压正常的前提下,可由前至后逐级测量各级输出端有无变化的电压信号,以判断电路及各级工作状态。在传感器无信号输出时,U1A 的静态输出电压为 0.4~1 V,U1B 的静态输出电压为 2.5 V,U1C、U1D 静态输出均为低电平。若哪一级有问题,排除该级的故障。

　　**四、实训报告**

　　(1) 根据操作情况整理实训数据。

　　(2) 写出实训小结和体会。

# 模块六　电子线路的故障分析与处理

## 项目一　电子线路故障检修的基本方法

电子线路的实验、实训的教学中，不可避免地出现各类故障现象。故障就是电路发生了异常状况，检查和排除故障是提高学生分析问题、解决问题能力的必修课，也是工程技术人员必备的实践技能。

对于一个复杂的系统来说，要从大量的元器件和线路中迅速、准确地查找出故障不是容易的事情，这就要求掌握正确的故障检查及排除方法。一般来讲，故障诊断过程是：从故障现象出发，通过反复测试，采用多种方法做出分析判断，逐步找出故障原因。

**一、任务目标**

了解电子线路常见的故障现象及检修故障的方法。

**二、任务实施过程**

1. 常见故障现象的认知

（1）使用的测试设备的故障。可能有的测试设备本身就有故障、功能失灵或测试探捧损坏，使之无法测试；还有可能是仪器使用不正确而引起的故障，如示波器旋钮挡级选择不对，造成波形异常甚至无波形。

（2）电路中元器件本身原因引起的故障。如电阻、电容、晶体管及集成器件等特性不良或损坏。这种原因引起的故障现象经常是电路有输入而无输出或输出异常。

（3）人为引起的故障。如将电源加错、连线错接或漏接、元器件参数选错、三极管管型搞错、二极管或电解电容极性接反等，都有可能导致电路不能正常工作。

（4）电路接触不良引起的故障。如虚焊、插接点接触不牢靠、电位器滑动端接触不良、接地不良及引线断线等，这种原因引起的故障一般是间歇式或瞬时出现，或者突然停止工作。

（5）各种干扰引起的故障。

2. 故障检修基本方法的认知

（1）直观检查法

直接观检查法是指不用任何仪器设备，利用人的视觉、听觉、嗅觉以及触觉来查找故障部位的方法。

通电前主要检查元器件引脚有无错接、接反、短路，印刷板有无断线，元器件有无烧焦和破裂等。通电后主要观察直流稳压电源上的电流指示值是否超出电路额定值，有无发烫、打火、冒烟现象及是否有异常响声，变压器有无焦味等。此法比较简单也较有效，故可作为对电路初步检查之用。

（2）参数测试法

参数测试法是借助于仪器设备来发现问题，并通过实际分析找出故障原因。一般利用万用表检查电路的静态工作点、支路电阻、支路电流及元器件两端的电压等。当发现测量值与设计值相差悬殊时，就可针对问题进行分析直至得以解决。

（3）信号跟踪法

通常是在电路输入端接入适当幅度与频率的信号，利用示波器并按信号的流向，从前级到后级逐级观察电压波形及幅值的变化情况。先确定故障在哪一级，然后作进一步检查。这种方法对各种电路普遍适用，在动态调试中应用更为广泛。

（4）对比法

怀疑某一电路存在问题时，可将此电路的参数和工作状态与相同的正常电路一一进行对比，从中分析故障原因，判断故障点。

（5）部件替换法

所谓部件替换法，就是利用与故障电路同类型的完好电路部件、元器件或插件板来替换故障电路中的被怀疑部分，从而可缩小故障范围以便快速、准确地找出故障点。采用这种方法力求判断准确，但对连接线层次较多、功率大的元器件及成本较高的部件，不宜采用此方法。

元器件拆下后，先测试其损坏程度，并分析故障原因，同时检查相邻元器件是否也有故障。确认无其他故障后再更换元器件。更换元器件时应注意以下事项：

① 更换电阻应采用同类型、同规格（同阻值和同功率级）的电阻。

② 对于一般退耦、滤波电容器，可用同容量、同耐压或高容量、高耐压电容器代替。对于高中频回路电容器，一定要用同型号瓷介电容器或高频介质损耗及分布电感相近的其他电容器代替。

③ 对于集成电路，应采用同型号、同规格芯片替换。对型号相同但前缀或后缀字母、数字不同的集成电路，应查有关资料弄明白其意义后方可使用。对于有多个"与"输入端的集成器件，使用中有多余输入端时，则可换用其余输入端进行试验，以判断原输入端是否有问题。

④ 晶体管的替换，尽量采用相同型号、参数相近的代替。当使用不同型号的晶体管代替时，应使其主要参数满足电路要求，并适当调整电路相应元件的参数，使电路恢复正常工作状态。

（6）补偿法

当有寄生振荡时，可用适当容量的电容器，在电路各个合适部位通过电容对地短路。如果电容接到某点寄生振荡消失，表明振荡就产生于此点附近或前级电路中。值得注意是，补偿电容要选得适当，不宜过大，通常只要能较好地消除干扰信号即可。

（7）短路法

短路法就是采取临时短接一部分电路来寻找故障的方法。如图 6-1-1 所示电路，若用万用表测得 $Q_2$ 管的集电极对地电压为零，则有可能 $L_1$ 所在支路为断路。此时不妨将 $L_1$ 两端短路，如 $V_{C2}$ 正常，那就说明故障发生在 $L_1$ 上。

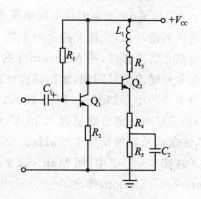

图 6-1-1　放大电路

虽然短路法检查断路故障便捷、有效，但需要注意的是，在使用此法时，应考虑到短路对电路的影响，例如对于稳压电路就不能采用短路法。

（8）断路法

断路法用于检查短路故障最为有效。这也是一种逐步缩小故障范围的方法。例如，某稳压电源因接入一带有故障的电路，使输出电流过大。此时可采取依次断开故障电路某一支路的办法来检查故障。如果断开该支路后电流恢复正常，则说明故障就发生在此支路。

在实际调试中,检查和排除故障的方法是多种多样,上面仅列举了几种常用的方法。这些方法的使用可根据设备条件、故障情况灵活掌握,对于简单的故障或许用一种方法即可查找出故障点,但对于较复杂的故障则需采用多种方法,并互相补充、互相配合,最后才能找出故障点。在一般情况下,寻找故障的常规做法是:首先采用直接观察法,排除明显的故障;然后采用万用表或示波器检查静态工作点;最后可用信号跟踪法对电路作动态检查。

## 项目二　应用 Multisim 9 诊断电子线路故障

### 任务一　应用 Multisim 9 诊断电压串联负反馈电路故障

#### 一、任务目标
(1) 了解利用 Multisim 9 对电子线路进行故障诊断的方法。
(2) 掌握 Multisim 9 对模拟电路故障诊断的方法。

#### 二、任务分析
Multisim 9 不仅能仿真正常的电子电路,而且能仿真有故障的电子电路。电子电路中某个元件损坏,电路功能必将发生变化,将电子电路丧失规定功能的现象称为电路故障。应用 Multisim 9 对电路故障进行分析诊断,应在初步分析故障并大致判断电路故障范围的基础上,用 Multisim 9 创建相关电路模块的仿真电路,以 Multisim 9 提供的虚拟仪器仪表对主要测试点及疑点元件进行仿真测试,然后对各种测试数据做出分析判断,准确找出故障位置。一般情况下,应用 Multisim 9 进行故障分析诊断,可分为分析电路故障范围、创建相关仿真电路、测试有关电路及元件和确定具体故障位置 4 个步骤。

#### 三、任务实施过程
在 Multisim 9 中创建电压串联负反馈电路,如图 6-2-1 所示。其中,运算放大器是负反馈电路的推动级,反馈支路是由电阻 $R_2$、$R_3$ 组成。该电路的输出电压 $V_0=(1+R_2/R_3)\times V_i$。当电路正常工作时,用 Multisim 9 的双踪示波器测量输入、输出波形,如图 6-2-2 所示。输入信号和输出信号同相,输出幅度比输入幅度增大了 100 倍。用 Multisim 9 的动态探针测量各节电点的电压如图 6-2-1 所示,输入端(2 点)信号电压的有效值为 99.9 mV,输出端(6 点)的信号电压的有效值为 1.10 V,运算放大器输出(4 点)的信号电压有效值为 1.87 V,输入、输出信号频率均为 100 kHz。

在图 6-2-1 中,用 Multisim 9 的故障设置功能,加入相应元件的故障。选择 Simulate→Auto Fault Option,弹出 Auto Fault 的对话框。在其中可以设置元件故障,Multisim 9 提供了 3 种故障。

> Open:将电路中的某个元件接入一个很大的电阻,使其开路。
> Short:将电路中的某个元件接入一个很小的电阻,使其短路。
> Leak:将电路中的某个元件并联接入一个电阻,新接入的电阻的大小由用户自己设置,使部分电流流过该并联电阻。

另一种设置方法:双击要设置故障的元件,在 Switch/fault 对话框中可以设置所选元件故障,同样提供了 Open、Short、Leak 三种故障。

假设信号源、负载和运算放大器正常,电路输出不正常,用 Multisim 9 的动态探针测量输

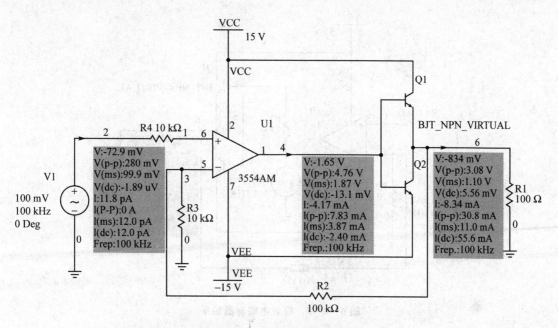

图 6-2-1 电压串联负反馈电路

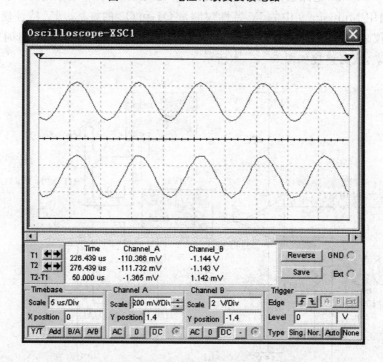

图 6-2-2 电压串联负反馈电路正常的输入与输出波形

出信号电压的峰-峰值为 24.9 nV,值很小,几乎为零。故障诊断如下:

先断开运算放大器的输出,将一个振幅为 1.9 V、频率为 100 kHz 的信号源(电路正常时运算放大器输出信号)接到由 NPN 和 PNP 组成的乙类功率放大器的输入端,用动态探针测量功率放大器的输出端,测量结果如图 6-2-3 所示。

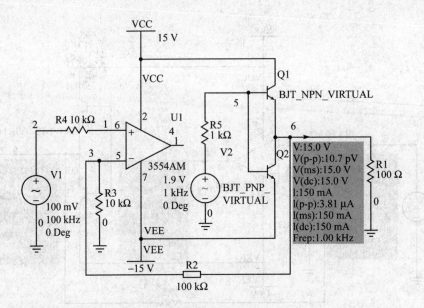

图 6-2-3　等效电路测量结果

　　从图 6-2-3 看出,电路输出信号电压的峰-峰值为 10.7 pV,近似为零。初步判断 Q1 或 Q2 有故障。利用 Multisim 9 中的 IV 特性仪测量 Q1 和 Q2 的好坏。IV 特性仪是 Multisim 9 中特有的虚拟仪表,专门用于测量二极管、晶体管、MOS 管的伏安特性。测量时被测器件应从电路中隔离开来,线路连接如图 6-2-4 所示。

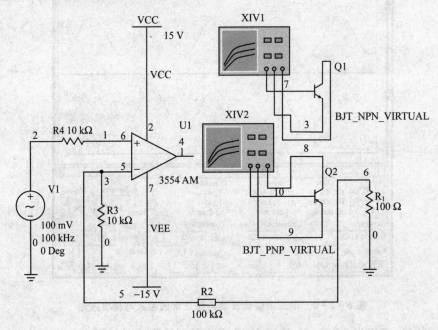

图 6-2-4　IV 特性仪测量 Q1 和 Q2 线路连接图

　　从图 6-2-5 和图图 6-2-6 观察 IV 特性仪测量的结果,说明 Q2 正常;Q1 的一个 PN 结短路,用一个好的晶体管替换原来有故障的晶体管后,故障排除,电路输出恢复正常。

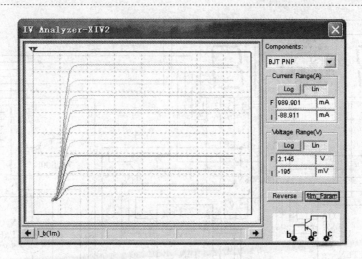

图 6 - 2 - 5　IV 特性仪测量 Q2 的结果

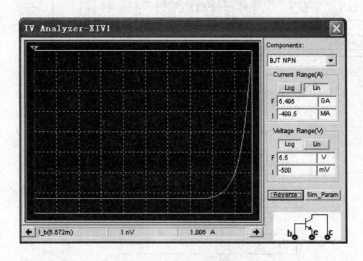

图 6 - 2 - 6　IV 特性仪测量 Q1 的结果

## 任务二　应用 Multisim 9 诊断数字集成计数器电路故障

### 一、任务目标

掌握 Multisim 9 在数字电路故障诊断中的方法。

### 二、任务实施过程

数字集成电路是组成数字电路的基本单元。数字集成电路的故障不同,对数字电路的影响也不同。在图 6 - 2 - 7 所示的数字集成计数器电路中,若信号源开路,则数码管显示为 00;反之,若数码管显示为 00,则不一定是信号源发生故障。图 6 - 2 - 7 是运用 Multisim 9 的故障设置功能,将以零有效的六十六进制递减计数器数设置为数码管显示 00 的故障现象。

Multisim 9 的虚拟仪器库中提供有对于数字逻辑电路进行测试的常用仿真仪器,例如,字信号发生器能产生 32 位同步逻辑信号,逻辑分析仪可以同步记录和显示 16 路逻辑信号等。图 6 - 2 - 7 为数码管显示 00 的故障电路的故障诊断过程,用流程图说明如图 6 - 2 - 8 所示。整个故障诊断操作过程可通过单击鼠标在 Multisim 9 中轻松完成。

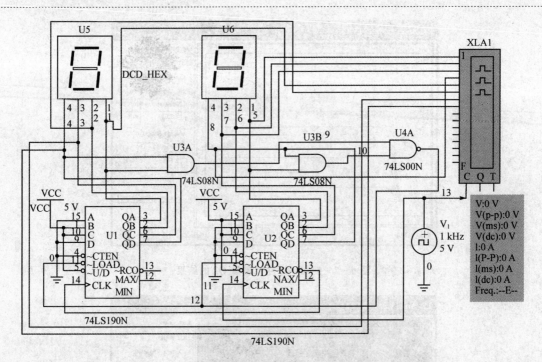

图 6 - 2 - 7　数码管显示 00 的故障电路

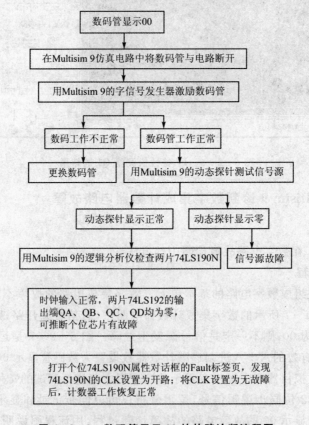

图 6 - 2 - 8　数码管显示 00 的故障诊断流程图

# 附录 A  常用逻辑门电路新旧逻辑符号对照表

常用逻辑门逻辑符号对照表如表 A-1 所列。

表 A-1  逻辑符号对照表

| 名　称 | 曾用符号 | 国外常用符号 | 国标符号 |
|---|---|---|---|
| 与门 | | | |
| 或门 | | | |
| 非门 | | | |
| 与非门 | | | |
| 或非门 | | | |
| 与或非门 | | | |
| 异或门 | | | |
| 同或门 | | | |
| 传输门 | | | |
| 集电极开路门 | | | |
| 三态输出门 | | | |

# 附录 B　部分电气图形符号

（1）电阻器、电容器、电感器和变压器的电气图形符号如表 B-1 所列。

表 B-1　电阻器、电容器、电感器和变压器的电气图形符号

| 图形符号 | 名称与说明 | 图形符号 | 名称与说明 |
|---|---|---|---|
| | 电阻器一般符号 | | 电感器、线圈、绕组或扼流圈<br>注：符号中半圆数不得少于3个 |
| | 可变电阻器或可调电阻器 | | 带磁芯、铁芯的电感器 |
| | 滑动触点电位器 | | 带磁芯连续可调的电感器 |
| | 极性电容 | | 双绕组变压器<br>注：可增加绕组数目 |
| | 可变电容器或可调电容器 | | 绕线间有屏蔽的双绕组变压器<br>注：可增加绕组数目 |
| | 双联同调可变电容器。<br>注：可增加同调联数 | | 在一个绕组上有抽头的变压器 |
| | 微调电容器 | | |

（2）半导体管的电气图形符号如表 B-2 所列。

表 B-2  半导体管的电气图形符号

| 图形符号 | 名称与说明 | 图形符号 | 名称与说明 |
|---|---|---|---|
|  | 二极管 | 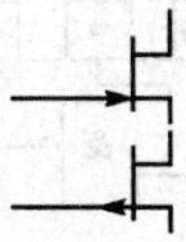 (1)<br>(2) | JFET 结型场效应管<br>(1) N 沟道<br>(2) P 沟道 |
|  | 发光二极管 | | |
|  | 光电二极管 | 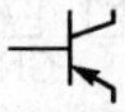 | PNP 型晶体三极管 |
|  | 稳压二极管 | 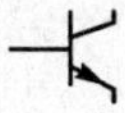 | NPN 型晶体三极管 |
| 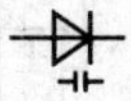 | 变容二极管 | 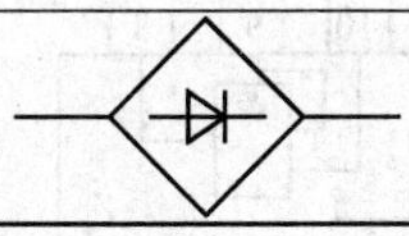 | 全波桥式整流器 |

（3）其他电气图形符号如表 B-3 所列。

表 B-3  其他的电气图形符号

| 图形符号 | 名称与说明 | 图形符号 | 名称与说明 |
|---|---|---|---|
|  | 具有两个电极的压电晶体<br>注：电极数目可增加 | 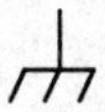 或 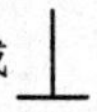 | 接机壳或底板 |
| 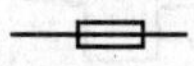 | 熔断器 | 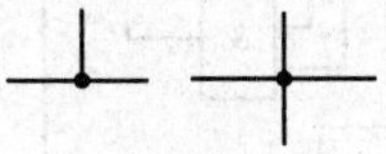 | 导线的连接 |
| | 指示灯及信号灯 | 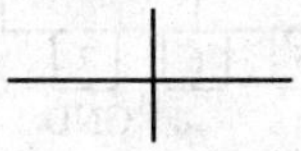 | 导线的不连接 |
|  | 扬声器 | 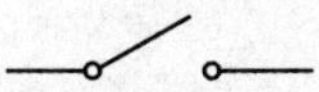 | 动合（常开）触点开关 |
|  | 蜂鸣器 |  | 动断（常闭）触点开关 |
|  | 接地 |  | 手动开关 |

# 附录 C  常用集成芯片引脚排列

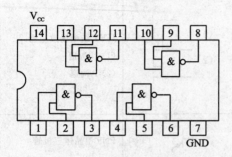

图 C - 1  74LS00 引脚排列

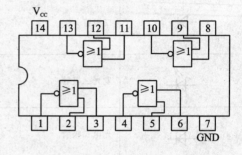

图 C - 2  74LS02 引脚排列

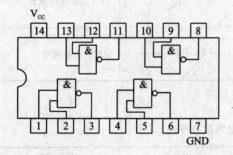

图 C - 3  74LS03 引脚排列

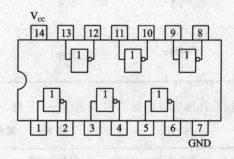

图 C - 4  74LS04 引脚排列

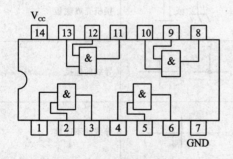

图 C - 5  74LS08 引脚排列

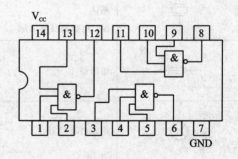

图 C - 6  74LS10 引脚排列

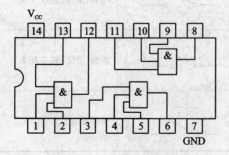

图 C - 7  74LS11 引脚排列

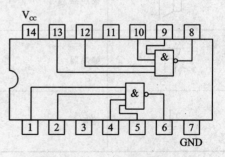

图 C - 8  74LS20 引脚排列

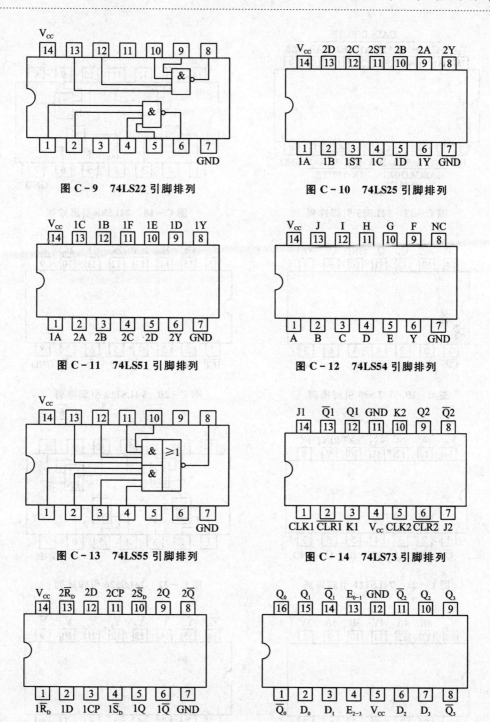

图 C-9　74LS22 引脚排列

图 C-10　74LS25 引脚排列

图 C-11　74LS51 引脚排列

图 C-12　74LS54 引脚排列

图 C-13　74LS55 引脚排列

图 C-14　74LS73 引脚排列

图 C-15　74LS74 引脚排列

图 C-16　74LS75 引脚排列

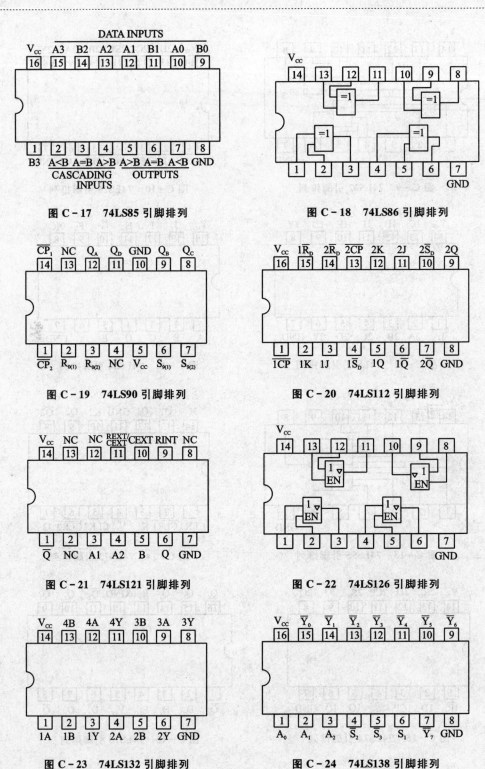

图 C - 17　74LS85 引脚排列

图 C - 18　74LS86 引脚排列

图 C - 19　74LS90 引脚排列

图 C - 20　74LS112 引脚排列

图 C - 21　74LS121 引脚排列

图 C - 22　74LS126 引脚排列

图 C - 23　74LS132 引脚排列

图 C - 24　74LS138 引脚排列

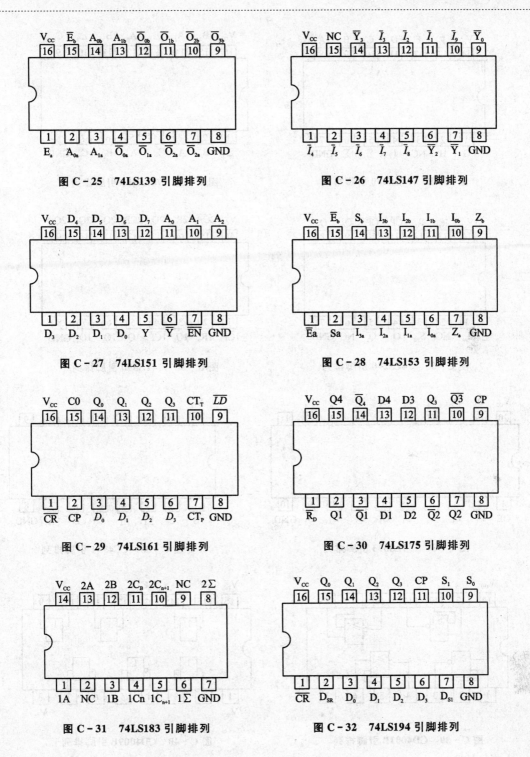

图 C-25　74LS139 引脚排列

图 C-26　74LS147 引脚排列

图 C-27　74LS151 引脚排列

图 C-28　74LS153 引脚排列

图 C-29　74LS161 引脚排列

图 C-30　74LS175 引脚排列

图 C-31　74LS183 引脚排列

图 C-32　74LS194 引脚排列

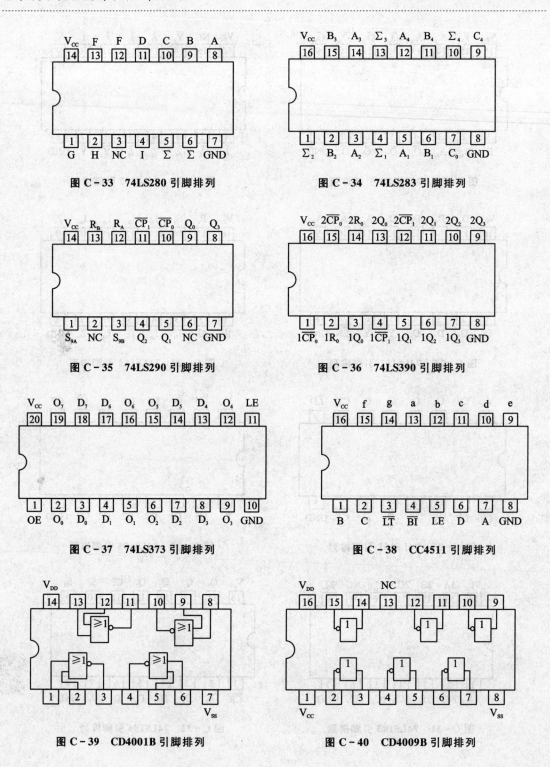

图 C-33　74LS280 引脚排列

图 C-34　74LS283 引脚排列

图 C-35　74LS290 引脚排列

图 C-36　74LS390 引脚排列

图 C-37　74LS373 引脚排列

图 C-38　CC4511 引脚排列

图 C-39　CD4001B 引脚排列

图 C-40　CD4009B 引脚排列

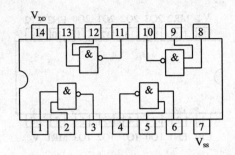

图 C - 41 CD4011B 引脚排列

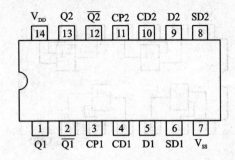

图 C - 42 CD4013B 引脚排列

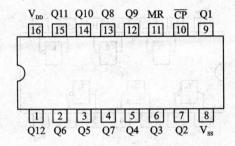

图 C - 43 CD4040B 引脚排列

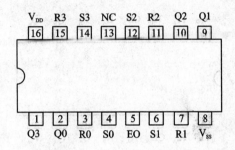

图 C - 44 CD4043B 引脚排列

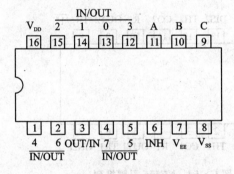

图 C - 45 CD4051B 引脚排列

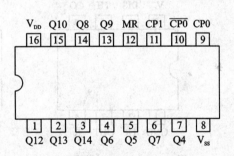

图 C - 46 CD4060B 引脚排列

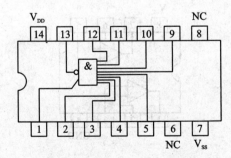

图 C - 47 CD4068B 引脚排列

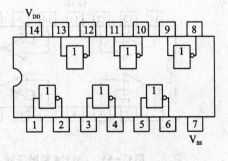

图 C - 48 CD4069B 引脚排列

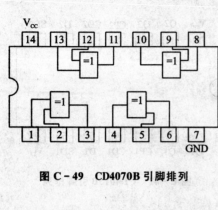

图 C‑49　CD4070B 引脚排列

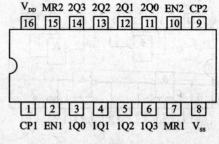

图 C‑50　CD4520B 引脚排列

图 C‑51　CD4528B 引脚排列

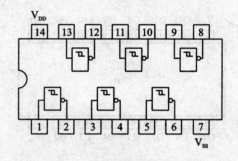

图 C‑52　CD40106B 引脚排列

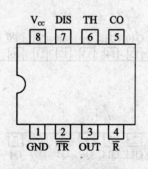

图 C‑53　NE555 引脚排列

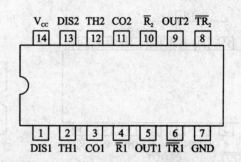

图 C‑54　NE556 引脚排列

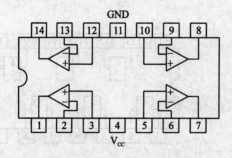

图 C‑55　LM324 引脚排列

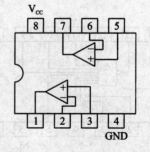

图 C‑56　LM358 引脚排列

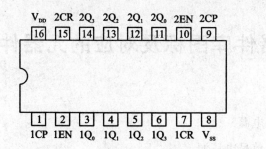

图 C-57　74LS193 引脚排列

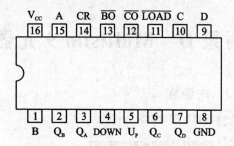

图 C-58　CC4518 引脚排列

# 附录 D  Multisim 9 元器件库图标及对应的元器件

## 1. 电源库

| | | |
|---|---|---|
| ⊕ | POWER_SOURCES | 电源 |
| ⊕ | SIGNAL_VOLTAGE_SOURCES | 信号电压源 |
| ⊕ | SIGNAL_CURRENT_SOURCES | 信号电流源 |
| ⊕ | CONTROLLED_VOLTAGE_SOURCES | 受控电压源 |
| ⊕ | CONTROLLED_CURRENT_SOURCES | 受控电流源 |
| ⊞ | CONTROL_FUNCTION_BLOCKS | 控制功能模块 |

## 2. 基本元件库

| | | |
|---|---|---|
| ■ | BASIC_VIRTUAL | 基本虚拟元件 |
| ■ | RATED_VIRTUAL | 额定虚拟元件 |
| ■ | 3D_VIRTUAL | 3D 虚拟元件 |
| ∿ | RESISTOR | 电阻器 |
| ∿ | RESISTOR_SMT | 贴片电阻器 |
| ▦ | RPACK | 排阻 |
| ∿ | POTENTIOMETER | 电位器 |
| ╫ | CAPACITOR | 电容 |
| ╫ | CAP_ELECTROLIT | 电解电容 |
| ╫ | CAPACITOR_SMT | 贴片电容 |
| ╫ | CAP_ELECTROLIT_SMT | 贴片电解电容 |
| ╫ | VARIABLE_CAPACITOR | 可变电容 |
| ∿ | INDUCTOR | 电感器 |
| ∿ | INDUCTOR_SMT | 贴片电感 |
| ∿ | VARIABLE_INDUCTOR | 可变电感 |
| ⌐ | SWITCH | 开关 |
| ⊒ | TRANSFORMER | 变压器 |
| ⊒ | NON_LINEAR_TRANSFORMER | 非线性变压器 |
| ⊡ | Z_LOAD | 复数(或 Z)负载 |

| | | |
|---|---|---|
| RELAY | 继电器 |
| CONNECTORS | 连接器 |
| SOCKETS | 插座、管座 |
| SCH_CAP_SYMS | 各种元器件图标 |

## 3. 二极管库

| | |
|---|---|
| DIODES_VIRTUAL | 二极管虚拟元件 |
| DIODE | 二极管 |
| ZENER | 稳压二极管 |
| LED | 发光二极管 |
| FWB | 单相整流桥 |
| SCHOTTKY_DIODE | 肖特基二极管 |
| SCR | 晶闸管 |
| DIAC | 双向触发二极管 |
| TRIAC | 三端双向晶闸管 |
| VARACTOR | 变容二极管 |

## 4. 晶体管库

| | |
|---|---|
| TRANSISTORS_VIRTUAL | 虚拟晶体管 |
| BJT_NPN | 双极结型 NPN 晶体管 |
| BJT_PNP | 双极结型 PNP 晶体管 |
| DARLINGTON_NPN | 达林顿 NPN 晶体管 |
| DARLINGTON_PNP | 达林顿 PNP 晶体管 |
| DARLINGTON_ARRAY | 达林顿晶体管阵列 |
| BJT_ARRAY | 双极结型晶体管阵列 |
| IGBT | 绝缘栅双极型三极管 |
| MOS_3TDN | N 沟道耗尽型金属-氧化-半导体场效应管 |
| MOS_3TEN | N 沟道增加型金属-氧化-半导体场效应管 |
| MOS_3TEP | P 沟道增加型金属-氧化-半导体场效应管 |
| JFET_N | N 沟道耗尽型结型场效应管 |
| JFET_P | P 沟道耗尽型结型场效应管 |
| POWER_MOS_N | N 沟道 MOS 功率管 |
| POWER_MOS_P | P 沟道 MOS 功率管 |

| | POWER_MOS_COMP | COMP MOS 功率管 |
| | UJT | 单结型晶体管 |
| | THERMAL_MODELS | 热效应管 |

## 5. 模拟元件库

| | ANALOG_VIRTUAL | 虚拟模拟集成电路 |
| | OPAMP | 运算放大器 |
| | OPAMP_NORTON | 诺顿运算放大器 |
| | COMPARATOR | 比较器 |
| | WIDEBAND_AMPS | 宽带运算放大器 |
| | SPECIAL_FUNCTION | 特殊功能运放 |

## 6. TTL 元件库

| | 74STD | 74LSTD 系列 |
| | 74S | 74S 系列 |
| | 74LS | 74LS 系列 |
| | 74F | 74F 系列 |
| | 74ALS | 74ALS 系列 |
| | 74AS | 74AS 系列 |

## 7. CMOS 元件库

| | CMOS_5V | CMOS 系列 |
| | 74HC_2V | 74HC 系列 |
| | CMOS_10V | CMOS 系列 |
| | 74HC_4V | 74HC 系列 |
| | CMOS_15V | CMOS 系列 |
| | 74HC_6V | 74HC 系列 |
| | TinyLogic_2V | TinyLogic 系列 |
| | TinyLogic_3V | TinyLogic 系列 |
| | TinyLogic_4V | TinyLogic 系列 |
| | TinyLogic_5V | TinyLogic 系列 |
| | TinyLogic_6V | TinyLogic 系列 |

## 8. 其他数字元件库

| | TIL | TTL 系列 |
| | DSP | DSP 系列 |

| | | |
|---|---|---|
| FPGA | FPGA | FPGA 系列 |
| PLD | PLD | PLD 系列 |
| CPLD | CPLD | CPLD 系列 |
| MICROCONTROLLERS | 微控制器 |
| MICROPROCESSORS | 微处理器 |
| VHDL VHDL | VHDL 系列 |
| MEMORY | 记忆存储器 |
| LINE_TRANSCEIVER | 线性收发器 |

## 9. 数模混合元件库

| | |
|---|---|
| MIXED_VIRTUAL | 虚拟混合元件 |
| TIMER | 定时器 |
| ADC_DAC | 模数–数模转换器 |
| ANALOG_SWITCH | 模拟开关 |
| MULTIVIBRATORS | 多谐振荡器 |

## 10. 指示器库

| | |
|---|---|
| VOLTMETER | 电压表 |
| AMMETER | 电流表 |
| PROBE | 探测器 |
| BUZZER | 蜂鸣器 |
| LAMP | 灯泡 |
| VIRTUAL_LAMP | 虚拟灯泡 |
| HEX_DISPLAY | 数码管 |
| BARGRAPH | 条柱显示 |

## 11. 混合项元件库

| | |
|---|---|
| MISC_VIRTUAL | 多功能虚拟元件 |
| TRANSDUCERS | 传感器、转换器 |
| OPTOCOUPLER | 光耦合器 |
| CRYSTAL | 石英晶体振荡器 |
| VACUUM_TUBE | 真空电子管 |
| FUSE | 保险丝 |
| VOLTAGE_REGULATOR | 电位器 |

VOLTAGE_REFERENCE                                    电压参考器

BUCK_CONVERTER                                       开关电源降压转换器

BOOST_CONVERTER                                      开关电源升压转换器

BUCK_BOOST_CONVERTER                                 开关电源升降压转换器

LOSSY_TRANSMISSION_LINE                              有损耗传输线

LOSSLESS_LINE_TYPE1                                  无损耗传输线类型 1

LOSSLESS_LINE_TYPE2                                  无损耗传输线类型 2

FILTERS                                              滤波器

MOSFET_DRIVER                                        MOSFET 驱动器

POWER_SUPPLY_CONTROLLER                              供电控制器

MISCPOWER                                            多功能电源

PWM_CONTROLLER                                       PWM 控制器

NET                                                  网络器件

MISC                                                 多功能元件

## 12. 电机元件库

SENSING_SWITCHES                                     检测开关

MOMENTARY_SWITCHES                                   瞬时开关

SUPPLEMENTARY_CONTACTS                               附加触点开关

TIMED_CONTACTS                                       同步触点开关

COILS_RELAYS                                         线圈与继电器

LINE_TRANSFORMER                                     线性变压器

PROTECTION_DEVICES                                   保护装置

OUTPUT_DEVICES                                       输出装置

## 13. 高级的外设元件库

KEYPADS                                              键盘

LCDS                                                 液晶显示器

TERMINALS                                            模拟终端机

MISC_PERIPHERALS                                     模拟外围设备

## 14. MCU 元件库

805x                                                 51 单片机

PIC                                                  PIC 单片机

RAM                                                  数据存储器

ROM                                        程序存储器

## 15. RF 射频元件库

RF_CAPACITOR                               射频电容器

RF_INDUCTOR                                射频电感器

RF_BJT_NPN                                 射频双极结型 NPN 管

RF_BJT_PNP                                 射频双极结型 PNP 管

RF_MOS_3TDN                                射频 N 沟道耗尽型 MOS 管

TUNNEL_DIODE                               隧道二极管

STRIP_LINE                                 带状传输线

FERRITE_BEADS                              陶铁磁珠

# 参考文献

[1] 刘建成,严婕.电子技术实验与设计教程[M].北京:电子工业出版社,2007.

[2] 汪红.电子技术[M].2版.北京:电子工业出版社,2007.

[3] 华成英.模拟电子技术基本教程[M].北京:清华大学出版社,2006.

[4] 杨志忠,卫桦林.数字电子技术基础[M].2版.北京:高等教育出版社,2009.

[5] 韩春光,等.模拟电子技术与实践[M].北京:电子工业出版社,2009.

[6] 聂典,等.Multisim 9 计算机仿真在电子电路设计中的应用[M].北京:电子工业出版社,2007.

[7] 卢艳红,等.基于 Multisim 10 的电子电路设计、仿真与应用[M].北京:人民邮电出版社,2009.

[8] 零点工作室.精通 Protel DXP 2004 电路设计[M].北京:电子工业出版社,2006.

[9] 王振营,等.Protel DXP 2004 电路设计与制版实用教程[M].北京:中国铁道出版社,2006.

[10] 赵广林.常用电子元器件识别/检测/选用一读通.北京:电子工业出版社,2007.

[11] 张伟,张瑾.新编实用集成电路选型手册[M].北京:人民邮电出版社,2008.

[12] 蔡大山,等.PCB 制图与电路仿真[M].北京:电子工业出版社,2010.

[13] 靳孝峰.电子技术设计实训[M].北京:北京航空航天大学出版社,2011.

[14] 郭勇.EDA 技术基础[M].2版.北京:机械工业出版社,2010.

[15] 徐旻,等.电子技术及技能训练[M].2版.北京:电子工业出版社,2012.